打好基础
税法（Ⅰ）

税务师职业资格考试辅导用书·基础进阶

斯尔教育 组编

北京理工大学出版社
BEIJING INSTITUTE OF TECHNOLOGY PRESS

图书在版编目（CIP）数据

打好基础. 税法. Ⅰ / 斯尔教育组编. –– 北京:
北京理工大学出版社, 2024.5
　税务师职业资格考试辅导用书. 基础进阶
　ISBN 978-7-5763-4022-8

　Ⅰ. ①打… Ⅱ. ①斯… Ⅲ. ①税法—中国—资格考试
—自学参考资 Ⅳ. ①F810.42

　中国国家版本馆CIP数据核字(2024)第101161号

责任编辑：武丽娟　　　　　**文案编辑**：武丽娟
责任校对：刘亚男　　　　　**责任印制**：边心超

出版发行 / 北京理工大学出版社有限责任公司

社　　址 / 北京市丰台区四合庄路6号

邮　　编 / 100070

电　　话 /（010）68944451（大众售后服务热线）

　　　　　（010）68912824（大众售后服务热线）

网　　址 / http://www.bitpress.com.cn

版 印 次 / 2024年5月第1版第1次印刷

印　　刷 / 三河市中晟雅豪印务有限公司

开　　本 / 787mm×1092mm　1/16

印　　张 / 23.25

字　　数 / 549千字

定　　价 / 46.70元

备考之路一旦开启，请你务必坚持到底！备考是一段艰难的旅程，在这段旅程中，你会遇到很多的挫折和一座座看似难以翻越的大山，但请记住，没有什么解决不了的困难。只要功夫深，铁杵磨成针，静下心来，一点一点地学，你终将抵达成功的彼岸。这本"打好基础"将会成为你备考之路上的"伙伴"，陪伴你走过这段颇有意义的旅程并见证你的成长！

王峻峻

如何学好税法（Ⅰ）科目？

各位同学，大家好！2024年税务师的备考已经正式开始了，我很荣幸能够为大家带来这本税务师考试教辅用书。在本书中，大家能够找到详尽而清晰的税法知识讲解，解析全面的税法考试的难点、重点，帮助大家更好地掌握学科知识，提高应试能力。本书的专栏设置、考点覆盖都基于税务师考试大纲制定，这样可以更好地指导各位同学的复习。欢迎和我一起开启税法（Ⅰ）科目的学习之旅，让我们通过简短的前言篇章，先行了解税法（Ⅰ）科目的学习方法和考试特点。

一、考题题型及分值（以2023年为例）

题型	单选题 （四选一）	多选题 （五选多）	计算题	综合分析题	合计
题量	40题	20题	2大题× 4小题=8小题	2大题×6小题=12小题	80题
分值	60分	40分	16分	24分	140分
每小题	1.5分	2分	2分	2分	—

二、章节概览

章节编号	章节名称	重要性
第一章	税法基本原理	★
第二章	增值税	★★★
第三章	消费税	★★★
第四章	城市维护建设税	★
第五章	土地增值税	★★★
第六章	资源税	★★
第七章	车辆购置税	★
第八章	环境保护税	★★
第九章	烟叶税	★
第十章	关税	★★
第十一章	非税收入	★★

税法（Ⅰ）收录了9个实体税种。其中，增值税是重中之重，不仅在篇幅和内容上是最多最难的章节，在考试的分值上也是比重最大的。简单学完税法基本原理后，我们就

会进入到第二章增值税的学习，对于零基础的学员来说，这是一项巨大的挑战，知识点的复杂与琐碎可能会让你无从下手，但请你务必坚持学下去。随着不断地学习和钻研，你会慢慢建立起知识框架，梳理清楚知识脉络，也会慢慢体会到税法的博大精深和巧妙之处以及学习带给你的成就感。

三、学习方法

税法最大的特点就是"碎"，学习税法最重要的就是把琐碎的知识点串起来，形成框架。这就需要我们在学习的过程中不断地归纳、总结、梳理。在此给大家以下学习建议：

（1）在学习的过程中遇到不会的问题要及时解决，切不可走马观花、一知半解，问题积累得越多，后面的学习效果就会越差。

（2）学完每个章节之后，要对本章的内容做个全面梳理，税法中的每个税种都是按照税法要素进行展开。我们可以以税法要素作为主线，总结每个要素对应的具体内容。

（3）对于一些易混淆的知识点，要进行对比学习和记忆，可以将那些易错易混淆的知识点制作成小卡片，利用碎片时间反复记忆。

（4）学完每个章节之后，要及时地进行题目练习，对知识点进行巩固和查漏补缺。

四、栏目介绍

在编写本书的过程中，我充分考虑到了大家的学习和应试需求。本书内容详实、易懂，通过清晰的文字、表格、例题和解析，帮助大家掌握复杂、晦涩的税法概念和原理。为了帮助大家更好地掌握知识点，把握命题规律，解决疑难困惑，斯尔的讲师团和教研小伙伴精心设置了非常实用的专栏。

这些专栏包括：

（一）学习提要

每章节开头的学习提要栏目，帮各位同学在学习本章之前，简明扼要地了解本章考情和考试题型，方便掌握学习节奏和对本章的把握程度。

（二）原理详解

此栏目是对晦涩知识点进行原理剖析，挖掘知识点背后的逻辑，加深大家对知识点的理解。

（三）解题高手

此栏目是对于重难点，给出考试中的考查方式和命题角度，同时提供高效和有针对性的解题技巧、规律总结、知识辨析等，让复杂的知识点一目了然，快速学会灵活运用。

（四）精准答疑

此栏目在总结了历年学习过程中大家共有疑问的基础上，提炼出有特色、典型的问题，以问题和答疑的形式呈现，贴心地为大家答疑解惑，满足学习需求。

（五）典例研习

今年的典例研习做了重大升级，即每个重要的知识点后面都为大家配备了近五年的考试真题，大家通过真题的练习更能直观的感受知识点的考查方式和考查角度，还可以及时掌握对知识点的灵活运用方法。

最后期望大家能够抓紧时间，认真学习、刻苦训练，成功通过税务师考试！

五、本年教材如何变化

章节名称	主要变化	变动解读
第一章 税法基本原理	修改：税法和经济法关系的部分表述。 增加：20世纪90年代税收法制建设的完善阶段部分内容	—
第二章 增值税	新增：先进制造业企业、集成电路企业、工业母机加计抵减政策；普遍性留抵退税政策；横琴、平潭开发有关增值税退税政策；成品油零售加油站增值税政策；消防救援设备、医疗机构受托提供服务、民用航空发动机等税收优惠政策；烟叶收购单位支付价外补贴抵扣进项税额的规定。 删除：直接用于科学研究、科学试验和教学的进口仪器、设备法定免税优惠，动漫产业（即征即退和出口免征增值税），处置抵债不动产、杭州亚运会和亚残运会、三项国际综合运动会、公共交通运输服务等优惠政策；增值税发票的使用和管理；村镇银行、农村资金互助社、由银行业机构全资发起设立的贷款公司的定义；生活、生产性服务业纳税人加计抵减政策；增值税发票的使用和管理。 修改：小额贷款内容整合、更新；退役士兵就业创业、重点群体就业创业，阶段性减免小规模纳税人政策更新；研发机构采购国产设备内容更新	本章是历年考试的重点。本年新增了增值税加计抵减政策、成品油零售加油站增值税政策；消防救援设备等税收优惠政策；同时对阶段性减免小规模纳税人，退役士兵就业创业、重点群体就业创业等政策更新，要特别关注
第三章 消费税	新增：成品油征税范围；航天煤油税收优惠；废矿物油综合利用消费税税收优惠；外购润滑油大包装改小包装、贴标等简单加工的征税规定。 修改：白酒计税价格核定权限	关注消费税征税范围新增内容及税收优惠政策

章节名称	主要变化	变动解读
第四章 城市维护建设税	修改：地方教育附加及教育费附加放到第十一章；更新退役士兵就业创业、重点群体就业创业的税收优惠政策。 删除：城市维护建设税税款专款专用的特点。 新增：经营性文化事业单位转制的税收优惠政策；"六税两费"减半征收税收优惠政策	适当关注税收优惠政策
第五章 土地增值税	删除：房地产交换，土地使用者转让、抵押或置换土地；亚运会和亚残运会等税收优惠政策。 新增：保障性住房、冬奥会和冬残奥会等税收优惠政策	关注土地增值税征税范围及新增税收优惠政策
第六章 资源税	新增：页岩气税收优惠政策；"六税两费"税收优惠	适当关注税收优惠政策
第七章 车辆购置税	新增：新能源汽车车辆购置税的税收优惠政策。 修改：车辆购置税作用的内容。 删除：2022年冬奥会和冬残奥会、农用三轮车等税收优惠	适当关注新增的税收优惠政策
第八章 环境保护税	无实质性变动	—
第九章 烟叶税	无实质性变动	—
第十章 关　税	修改：根据2024年关税调整方案公告更新了进口货物关税税率和出口关税税率；优化关税行政复议内容。 新增：集成电路和软件企业免征关税时间；国家综合性消防救援队伍进口消防救援设备免征关税。 删除：海南自由贸易港原辅料、交通运输工具及游艇、生产设备免征关税；跨境电子商务零售进口商品的税收政策	关注新增税收优惠政策
第十一章 非税收入	新增章节	关注新增内容，除教育费附加和地方教育附加之外，其它非税收入均为本年新增内容

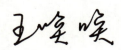

目 录

第一章 税法基本原理

重要程度： 次重点章节

平均分值： 5分

考核题型： 单项选择题、多项选择题

本章提示： 本章重点内容为税法原则，税法要素和税收立法权，其中税法原则和税收立法权为独立知识点，与后面章节联系不大，纯记忆性考点，可在考前突击记忆。税法要素与后续章节的实体税种联系紧密，初次接触有一定的理解难度，在本章先熟悉概念即可

考点精讲

第一节　税法概述

一、税收与税法（★）

（一）税收的概念

税收是一个经济学概念，可以从如下角度理解：

第一，征税的主体是国家，除了国家之外，任何机构和团体，都无权征税。

第二，国家征税依据的是政治权力。

第三，征税的基本目的是满足政府为实现国家职能的支出需要。

第四，税收分配的客体是社会剩余产品。

第五，税收具有强制性、无偿性、固定性的特征。

（二）税法的概念、特点

1.税法的概念

税法是一个法学概念，是指有权的国家机关制定的有关调整税收分配过程中形成的权利义务关系的法律规范总和。税法的调整对象是税收分配中形成的权利义务关系。

2.税法的特点

特点	区分
从立法过程来看，税法属于制定法	税法不属于习惯法
从法律性质看，税法属于义务性法规	税法不属于授权性法规
从内容看，税法具有综合性	税法不是单一的法律

提示：税法属于义务性法规，并不是指税法没有规定纳税人的权利，而是指纳税人的权利是建立在其纳税义务的基础之上，是从属性的。

| 典例研习·1-1 〔2019年单项选择题〕

关于税法的特点，下列说法正确的是（　　）。

A.从立法的内容看，税法具有单一性　　B.从立法的形式看，税法属于行政法规

C.从立法的过程看，税法属于制定法　　D.从法律性质看，税法属于授权法

🔟**斯尔解析**　本题考查税法的特点。

选项A不当选，从立法的内容看，税法具有综合性。

选项B不当选，税法是有权的国家机关制定的有关调整税收分配过程中形成的权利义务关系的法律规范总和，不单单是行政法规。

选项D不当选，从法律的性质来看，税法属于义务性法规。

🔺**本题答案** C

二、税法原则（★★）

（一）税法基本原则

从法理学的角度分析，税法基本原则可以概括成税收法律主义、税收公平主义、税收合作信赖主义、实质课税原则。

基本原则	详细内容	举例
税收法律主义（税收法定性原则）	指税法主体的权利义务必须由法律加以规定，税法的各类构成要素皆必须且只能由法律予以明确规定，没有法律规定，任何主体不得征税或减免税收。税收法律主义的要求是双向的：一方面要求纳税人必须依法纳税，另一方面要求税务机关依法征税。其功能偏重保持税法的稳定性和可预测性。三个具体原则：（1）课税要素法定原则。（2）课税要素明确原则。（3）依法稽征原则	2021年3月，中共中央办公厅、国务院办公厅印发《关于进一步深化税收征管改革的意见》指出："健全税费法律法规制度。加快推进将现行税收暂行条例上升为法律。"
税收公平主义	（1）税收负担必须根据纳税人的负担能力分配，负担能力相等，税负相同、负担能力不等，税负不同。（2）特别强调"禁止不平等对待"的法理，禁止对特定纳税人给予歧视性对待，也禁止在没有正当理由的情况下对特定纳税人给予特别优惠	个人所得税的超额累进税率
税收合作信赖主义（公众信任原则）	认为税收征纳双方的关系就其主流来看是相互信赖、相互合作的，而不是对抗性的。（1）纳税人应按照税务机关的决定及时缴纳税款，税务机关有责任向纳税人提供完整的税收信息资料。（2）没有充足的证据，税务机关不能对纳税人是否依法纳税有所怀疑，纳税人有权利要求税务机关予以信任，纳税人也应该信赖税务机关的决定是公正和准确的	"因税务机关的责任，致使纳税人、扣缴义务人未缴或少缴税款的，税务机关在三年内可以要求纳税人、扣缴义务人补交税款，但是不得加收滞纳金。"这一规定即由于税务机关的行为，纳税人基于信赖而做出少缴或未缴税款的行为，税务机关不得加收滞纳金，纳税人的信赖应该尊重
实质课税原则	指应根据纳税人的真实负担能力决定纳税人的税负，不能仅考核其表面上是否符合课税要件。实质课税的意义在于防止纳税人的避税与偷税，增强税法适用的公正性	通过转移定价或其他方式减少计税依据的，税务机关有权调整

（二）税法适用原则

税法适用原则是指税务行政机关与司法机关运用税收法律规范解决具体问题所必须遵循的准则，包含以下六项：法律优位原则，法律不溯及既往原则，新法优于旧法原则，特别法优于普通法的原则，实体从旧、程序从新原则，程序优于实体原则。

基本原则	内容	备注
法律优位原则	也称行政立法不得抵触法律原则。 在不同层次税法之间体现为： （1）税收法律的效力高于税收行政法规的效力。 （2）税收行政法规的效力高于税收行政规章的效力	效力低的税法与效力高的税法发生冲突时，效力低的税法是无效的
法律不溯及既往原则	一部新法实施后，对新法实施之前人们的行为不得适用新法，而只能沿用旧法，目的在于维护税法的稳定性和可预测性	法律不溯及既往原则和新法优于旧法原则的辨析： （1）新法旧法存在的状况不同： 法律不溯及既往适用于新法替代了旧法，新法优于旧法适用于新法旧法并存情况下。 （2）行为发生的时点不同： 法律不溯及既往，是对新法实施之前发生的行为不溯及。新法优于旧法是指新法实施之后发生的行为适用新法
新法优于旧法原则	新法、旧法对同一事项有不同规定时，新法的效力优于旧法	
实体从旧、程序从新原则	（1）实体税法不具备溯及力。 （2）程序性税法在特定条件下具备一定的溯及力，即对于一项新税法公布实施之前发生的纳税义务在新税法公布实施之后进入税款征收程序的，原则上新税法具有约束力	与法律不溯及既往原则相联系：例如，增值税一般纳税人取得2016年12月31日及以前开具的增值税专用发票、海关进口增值税专用缴款书、机动车销售统一发票，超过认证确认、稽核比对、申报抵扣期限，但符合规定条件的，仍可按照规定，继续抵扣进项税额
特别法优于普通法原则	对同一事项两部法律分别订有一般和特别规定时，特别规定的效力高于一般规定的效力	打破税法效力等级的限制，即居于特别法地位的级别较低的税法，其效力可以高于作为普通法的级别较高的税法
程序优于实体原则	（1）在诉讼发生时税收程序法优于税收实体法。 （2）为了确保国家课税权的实现，不因争议的发生而影响税款的及时、足额入库	纳税人通过税务行政复议或税务行政诉讼寻求法律保护的前提条件之一，是必须事先履行税务行政执法机关认定的纳税义务，否则，税务行政复议机关或司法机关对纳税人的申诉不予受理

解题高手 👍

命题角度：考查税法基本原则和适用原则。

按照以下三个层次把握：

（1）准确记忆"四基六适"十项原则。

例如"下列各项税法原则中，属于税法基本原则的是（　　）"，这种题目往往比较简单，但需要同学们牢记四项税法基本原则和六项税法适用原则。

（2）理解每条原则的含义。

例如"禁止对特定纳税人给予歧视性对待，这体现了税法原则中的（　　）"，此类题目要求同学们对税法原则及其原理和含义有比较深刻且准确的理解。

（3）结合案例灵活运用。

典例研习·1-2　模拟单项选择题

下列关于税法原则的表述中，正确的是（　　）。

A.实体法不具备溯及力，程序法在一定条件下具备溯及力，体现了程序优于实体原则

B.税收公平主义强调，根据纳税人的真实负担能力决定纳税人的税负，不能仅考虑外观和形式

C.提请税务行政复议必须缴清税款或提供纳税担保，体现了程序优于实体原则

D.新法优于旧法指的是新法实施之前人们发生的行为不得适用新法，而只能沿用旧法

斯尔解析 本题考查税法原则的具体含义。

选项A不当选，实体法不具备溯及力，程序法在一定条件下具备溯及力体现了实体从旧，程序从新原则。

选项B不当选，税法公平原则强调税负必须根据纳税人的负担能力分配。

选项D不当选，新法优于旧法指的是新法、旧法对同一事项有不同规定时，新法的效力优于旧法。

本题答案 C

典例研习·1-3　模拟单项选择题

下列各项中，体现税收合作信赖主义原则的是（　　）。

A.税收负担必须根据纳税人的负担能力分配

B.税法主体的权利义务必须由法律加以规定

C.没有充足证据税务机关不能对纳税人是否依法纳税有所怀疑

D.应根据纳税人的真实负担能力决定纳税人的适用税率

Ⓢ斯尔解析 本题考查税法基本原则的具体含义。

选项C当选，税收合作信赖主义原则认为税收征纳双方的关系就其主流来看是相互信赖、相互合作的，而不是对抗性的。

选项A不当选，体现税收公平主义。

选项B不当选，体现的是税收法定主义。

选项D不当选，体现实质课税原则。

▲本题答案 C

典例研习·1-4 模拟单项选择题

下列关于税法基本原则的表述中，正确的是（　　）。

A.通过转移定价或其他方式减少计税依据的，税务机关有权调整，体现的是税收公平主义

B.税收公平主义强调，禁止对特定纳税人给予歧视性对待，但是可以给予特别优惠

C.税收合作信赖主义认为税收征纳双方的关系就其主流来看是相互信赖、相互合作的，而不是对抗性的

D.只要纳税人和税务机关就减免税、退补税和延期纳税等问题达成一致，就不违反税收法律主义

Ⓢ斯尔解析 本题考查税法基本原则的具体含义。

选项A不当选，体现的是实质课税原则。

选项B不当选，税收公平主义强调，禁止对特定纳税人给予歧视性对待，也禁止在没有正当理由的情况下对特定纳税人给予特别优惠。

选项D不当选，纳税人同税务机关一样都没有选择开征、停征、减免、退补税收及延期纳税的权力，即使征纳双方就此达成一致也是违法的。

▲本题答案 C

三、税法的效力与解释（★）

（一）税法的效力

税法的效力，是指税法在什么地方、在什么时间、对什么人具有法律约束力。税法的效力范围表现为空间效力、时间效力和对人的效力。

效力	具体含义		
空间效力	分为在全国范围内有效、在地方范围内有效两种情况		
时间效力	指何时开始生效、何时终止效力和有无溯及力的问题		
	生效 （三种）	（1）税法通过一段时间后开始生效。 （2）自通过发布之日起生效（小税种、小修订）。 （3）税法公布后授权地方政府自行确定实施日期	
	失效 （三种）	（1）以新税法代替旧税法（最常见）。 （2）直接宣布某项税法失效。 （3）税法本身规定失效的日期（很少采用）	
	溯及力	税收实体法多采用从旧原则，禁止其具有溯及既往的效力。税收程序法多采用从新原则，便于税收征管。在税法实践活动中，往往还坚持"有利溯及"的原则，即在对纳税人有利的环境下，坚持税法适用上的"从轻原则"。 概括起来包括从旧、从新、从旧兼从轻、从新兼从轻四大基本原则	
对人的效力	属人原则（公民或居民）、属地原则、属地属人相结合的原则（我国采用）		

典例研习·1-5 模拟多项选择题

关于税法的效力的表述，下列选项正确的有（　　）。

A.税法的时间效力是指税法何时生效的问题

B.税法的失效方式中，我国主要采用的是直接宣布失效

C.税法的空间效力是指税法应在全国范围内有效

D.对于重要税法的个别条款的修订，目前大多采用自通过发布之日起生效的方式

E.我国采取属地、属人相结合的原则

斯尔解析 本题考查税法效力的规定。

选项D当选，对于重要税法个别条款的修订和小税种的设置，较易理解和掌握，因此大多采用自通过发布之日起生效的方式。

选项A不当选，税法的时间效力是指税法何时生效、何时终止效力和有无溯及力问题，而不单是何时生效问题。

选项B不当选，我国主要采用的是新法替代旧法的税法失效方式。

选项C不当选，税法的空间效力是指税法包括在全国范围内有效及在地方范围内有效。

本题答案 DE

（二）税法的解释

税法的解释是指其法定解释，即有法定解释权的国家机关，在法律赋予的权限内，对有关税法或其条文进行的解释。

法定解释具有解释主体的**专属性**、**内容的权威性**、**适用的针对性**、**普遍性**和**一般性**。

解释的划分		具体含义	判案依据
按解释权限划分	立法解释	税收立法机关对所设立税法的正式解释，是事后解释。按立法机关不同，可分为： （1）全国人大常委会解释税收法律（法律解释与法律具有同等效力）。 提示：法律有以下情况之一的，由全国人大常委会解释。法律的规定需要进一步明确具体含义的。法律制定后出现新的情况，需要明确适用法律依据的。 （2）国务院解释税收行政法规及授权立法制定的暂行条例。 （3）地方人大解释地方税收法规	是
	司法解释	司法解释的主体只能是"两高"：最高人民法院作出的**审判解释**、最高人民检察院作出的**检察解释**、最高人民法院和最高人民检察院联合作出的**共同解释**。 提示：税法司法解释在我国仅限于**税收犯罪**范围	是
	行政解释	也称执法解释，是指国家税务机关在执法过程中对税收法律、法规等如何具体应用所作的解释	否
按解释的尺度不同	字面解释	严格依税法条文的字面含义进行解释，不扩大也不缩小	—
	限制解释	对税法条文所进行的窄于其字面含义的解释	
	扩充解释	对税法条文所进行的大于其字面含义的解释	

四、税法与其他部门法的关系（★）

1.税法与宪法的关系

《中华人民共和国宪法》（以下简称《宪法》）是国家的根本法，属于母法，是其他法律的立法基础。税法依据宪法而制定，其位阶低于宪法。

提示：

《宪法》第五十六条规定："中华人民共和国公民有依照法律纳税的义务。"

2.税法与民法的关系

（1）区别：

①调整对象不同。民法是调整平等主体之间财产关系和人身关系。税法调整的是国家与纳税人之间的税收征纳关系。

②法律关系的建立及其调整适用的原则不同。民事法律关系建立及其调整是按照自愿、公平、等价有偿、诚实信用的原则进行的，民事主体双方的地位平等，意思表示自由。税收法律关系体现国家单方面的意志，权利义务关系不对等。

③调整的程序和手段不同。

a.民事纠纷应按民事诉讼程序解决，而税务纠纷一般先由上一级税务机关复议，对**复议决定不服时，才可通过行政诉讼程序解决**。

b.民法以民事手段作为调整手段，**违法者主要承担民事责任**。税法的调整手段则具有综合性，**违法者不仅包括民事责任，还包括行政责任和刑事责任**。

c.处理民事纠纷适用调解原则，而解决税收法律关系中的争议，不适用此原则。不过作为例外，涉及税务行政赔偿的，可以适用调解原则。

（2）联系：

税法大量借用了民法的概念、规则和原则。例如：税法中对于纳税人的确定，必须以民法中关于民事法律关系主体的条件为依据；税法对自然人和法人的解释与确定必须与民法相一致；等等。

提示：从总体上看，税法与民法的原则是不同的，但是也有例外，如税法的合作信赖原则就有民法诚实信用原则的影子，其原理是相近的。

3.税法与行政法的关系

（1）密切联系：

税法具有行政法的一般特性：

①都是调整国家机关之间、国家机关与法人或自然人之间的法律关系。

②居于领导地位的一方都是国家。

③都体现国家单方面的意志。

④解决争议的方式都是按照行政复议程序和行政诉讼程序进行。

（2）区别：

①税法具有经济分配的性质，并且经济利益由纳税人向国家无偿单方面转移，这是一般行政法所不具备的。

②税法与社会再生产，特别是与物质资料再生产的全过程密切相连，其联系的深度和广度是一般行政法无法比拟的。

③税法是一种义务性法规，并且是以货币收益转移的数额作为纳税人所尽义务的基本度量。而行政法大多为授权性法规，少数义务性法规也不涉及货币收益的转移。

4.税法与经济法的关系

（1）税法与经济法有着十分密切的联系：

①税法具有较强的经济属性。

②经济法中的许多法律、法规是制定税法的重要依据。**例如，企业所得税法的立法与公司法、破产法等密切相连**。

③经济法中的一些概念、原则、规则在税法中大量应用。**例如，印花税中合同的概念来源于经济法中的规定**。

（2）区别：

①经济法调整的是经济管理关系，税法的调整对象则含有较多的税务行政管理的性质。

②税法解决争议一般适用行政复议、行政诉讼，经济法中普遍采用协商、调解、仲裁、民事诉讼程序。

5.税法与刑法的关系

（1）联系：

①税法和刑法在调整对象上有衔接和交叉。

②司法调查程序一致。

③都具备明显的强制性。

（2）区别：

①调整对象不同，两者分属不同的法律部门。

②税法属于义务性法规，而刑法属于禁止性法规。

③法律责任的承担形式不同。

提示：违反税法，并不一定就是刑事犯罪，还要看情节轻重，行为严重到触及刑法时，才会受到刑事处罚。

6.税法与国际法

税法与国际法是相互影响、相互补充、相互配合的。

解题高手 👍

命题角度：以客观题的形式考查税法与其他法律关系的异同。

本部分看似文字内容较多，但其实只要理解了税法的调整对象、理解了税法是一种义务性法规等特点，会发现各法间的对比均大同小异。

典例研习·1-6 2019年多项选择题

关于税法与民法的关系，下列说法正确的有（　　）。

A.税法大量借用了民法的概念、规则和原则

B.民法与税法中权利义务关系都是对等的

C.民法原则从总体上说不适用于税收法律关系的建立和调整

D.税法的合作信赖原则与民法的诚实信用原则是对抗的

E.涉及税务行政赔偿的可以适用民事纠纷处理的调解原则

斯尔解析 本题考查税法与民法关系的判断。

选项C当选、选项B不当选，民事主体双方的地位平等，意思表示自由。民法原则从总体上说不适用于税收法律关系的建立和调整。税收法律关系体现国家单方面的意志，权利义务关系不对等。

选项D不当选，税法的合作信赖原则与民法的诚实信用原则是相近的。

▲本题答案 ACE

第二节 税收法律关系

一、税收法律关系的概念与特点（★）

（一）税收法律关系的概念

税收法律关系是税法所确认和调整的，国家与纳税人之间在税收分配过程中形成的权利义务关系。税收法律关系是法律关系的一种具体形式，具有法律关系的一般特征。

（二）税收法律关系的特点

（1）主体的一方只能是国家。

税收法律关系是双主体。主体的一方可以是任何负有纳税义务的法人和自然人，但是另一方只能是国家。

（2）体现国家单方面的意志。

（3）权利义务关系具有不对等性。

（4）具有财产所有权或支配权单向转移的性质。

提示：在税收法律关系中，国家享有较多的权利，纳税人承担较多的义务。

| 典例研习·1-7 模拟单项选择题

关于税收法律关系的特点，下列表述正确的是（　　）。

A.税收法律关系可以发生于企业及企业之间

B.税收法律关系的成立、变更等以主体双方意思表示一致为要件

C.权利义务关系具有对等性

D.具有财产所有权单向转移的性质

斯尔解析 本题考查税收法律关系的特点。

选项A不当选，税收法律关系是双主体。主体的一方可以是任何负有纳税义务的法人和自然人，但是另一方只能是国家。

选项B不当选，税收法律关系体现国家单方面的意志。

选项C不当选。在税收法律关系中，国家享有较多的权利，纳税人承担较多的义务，具有不对等性。

本题答案 D

二、税收法律关系的基本构成（★）

（一）税收法律关系的主体

税收法律关系的主体，是指税收法律关系中依法享有权利和承担义务的双方当事人。税收法律关系是双主体。

主体		含义
征税主体	税务机关	(1) 国家是真正意义上的征税主体。 (2) 税务机关通过获得授权成为法律意义上的征税主体
纳税主体	纳税人	(1) 按在民法中身份不同分为：自然人、法人、非法人单位。 (2) 按征税权行使范围不同分为：居民纳税人、非居民纳税人

提示：不同种类的纳税主体，在税收法律关系中享受的权利和承担的义务也不尽相同。

精准答疑

问题：征税主体是税务机关，但是税收法律关系的特点又说主体的一方只能是国家，如何理解？

解答：严格意义上，只有国家才能享有税收的所有权，因此，国家是真正的征税主体。但是国家通过法律授权的方式赋予具体的国家职能机关来代其行使征税权力，因此，税务机关通过获得授权成为法律意义上的征税主体。

（二）税收法律关系的客体

税收法律关系的客体，是指税收法律关系主体的权利义务所指向的对象，一般认为，税收法律关系的客体就是税收利益，包括物和行为两大类。具体而言，在税收征纳法律关系中，税收利益表现为纳税主体部分财产的单向转移，同时也表现为征税主体税收收入的无偿取得。

（三）税收法律关系的内容

税收法律关系的内容，是指税收法律关系主体所享有的权利和所承担的义务，主要包括纳税人的权利义务和征税机关的权利义务。

三、税收法律关系的产生、变更、消灭（★）

税收法律关系的变化过程可以概括为税收法律关系的产生、变更、消灭，引起变化的原因如下表所示：

变化过程	引起原因
产生	以引起纳税义务成立的法律事实为基础和标志。 提示：国家颁布新法，出现新的纳税主体都可能引发新的纳税行为出现，但其本身并不直接产生纳税义务，税收法律关系的产生只能以纳税主体应税行为的出现为标志
变更	(1) 由于纳税人自身的组织状况发生变化（如改组、合并分立等）。 (2) 由于纳税人的经营或财产情况发生变化（如个体户改为企业经营）。 (3) 由于税务机关组织结构或管理方式发生变化（如国税地税合并后纳税人变更税务登记）。 (4) 由于税法的修订或调整（如税收优惠政策变化）。 (5) 因不可抗力造成的破坏（如自然灾害后经批准减税）

续表

变化过程	引起原因
消灭	(1) 纳税人履行纳税义务（如完税）。 (2) 纳税义务因超过期限而消灭。 (3) 纳税义务的免除（如免税）。 (4) 某些税法的废止（如营业税）。 (5) 纳税主体的消失（如企业注销）

| 典例研习·1-8 2018年多项选择题

下列属于引起税收法律关系变更原因的有（　　）。

A.纳税义务因超过追缴期限而消灭

B.税法修订或调整

C.纳税人自身组织状况发生变化

D.纳税人履行了纳税义务

E.纳税人经营或者财产状况发生变化

🔍 **斯尔解析** 本题考查引起税收法律关系变更的原因。

引起税收法律关系变更的原因主要包括：

(1) 由于纳税人自身的组织状况发生变化。（选项C当选）

(2) 由于纳税人的经营或财产情况发生变化。（选项E当选）

(3) 由于税务机关组织结构或管理方式的变化。

(4) 由于税法的修订或调整。（选项B当选）

(5) 因不可抗力造成的破坏。

选项AD不当选，纳税义务因超过追缴期限而消灭和纳税人履行了纳税义务是税收法律关系消灭的原因。

🔺 **本题答案** BCE

第三节　税收实体法与税收程序法

一、税收实体法（★★）

我国现行税收实体法主要包括18个实体税种，其中按大类可大致划分为：

（1）货物劳务税法：增值税、消费税、关税等。

（2）所得税法：企业所得税、个人所得税、土地增值税等。

（3）财产税法：房产税、车船税、契税等。

（4）行为税法：耕地占用税等。

税收实体法的结构具有规范性和统一性的特点，主要表现为：

（1）税种与税收实体法一一对应，一税一法。

（2）税收要素的固定性。

税法要素，解决每一个具体税种"对谁征税，对什么征税，征多少税，在什么时间、什么地点征税"的问题。

提示：后续对每一个具体税种的学习，都将围绕这些税法要素展开。因此，在进入具体税种的学习之前，需要了解并掌握关键税法要素的基本概念，从而使后续具体税种的学习更加"有章可依"。

（一）纳税义务人

1.纳税义务人的概念

纳税义务人简称"纳税人"，是税法中规定的直接负有纳税义务的单位和个人，也称"纳税主体"。纳税义务人一般分为自然人和法人两种，这是法律上的用语。我国通常所称的纳税人，是指负有纳税义务的单位和个人。

2.相关概念的区分

（1）负税人与纳税人。

①负税人是实际负担税款的单位和个人。

②纳税人是直接向税务机关缴纳税款的单位和个人。

③纳税人和负税人可能一致、也可能不一致。

纳税人如果能够通过一定途径把税款转嫁或转移出去，纳税人就不再是负税人。例如：消费税的纳税人一般是生产并销售应税消费品的单位，但负税人则是最终的消费者，二者不一致。但对于企业所得税，纳税人和负税人则是一致的。

（2）代扣代缴义务人、代收代缴义务人、代征代缴义务人。

代收代缴义务人、代扣代缴义务人、代征代缴义务人都不是纳税义务人。

①代扣代缴义务人：有义务从持有的纳税人收入中扣除其应纳税款并代为缴纳的企业、单位和个人。

例如：个人所得税由公司代扣代缴。

②代收代缴义务人：有义务借助与纳税人的经济交往而向纳税人收取应纳税款并代为缴纳的单位。

例如：消费税委托加工环节由受托方代收代缴。

③代征代缴义务人：因税法规定，受税务机关委托而代征税款的单位和个人。

例如：进口环节的增值税、消费税由海关代征。

精准答疑

问题： 纳税人、负税人和扣缴义务人之间的关系是什么？

解答： （1）纳税人和负税人可能一致，例如企业所得税；也可能不一致，例如增值税、消费税。

（2）纳税人与扣缴义务人一定不一致。扣缴义务人负有的是扣缴义务，不是纳税义务。

（3）扣缴义务人和负税人可能一致，例如境外单位向境内单位提供服务，对于增值税来说，境外单位是纳税人，境内单位既是负税人，又是代扣代缴义务人。

| 典例研习·1-9 2017年单项选择题

关于纳税人和负税人，下列说法正确的是（　　）。

A.所得税的纳税人和负税人通常是不一致的

B.税负转嫁可以造成纳税人与负税人不一致

C.流转税的纳税人和负税人通常是一致的

D.扣缴义务人是纳税人，不是负税人

斯尔解析 本题考查纳税人和负税人关系的判断。

选项AC不当选，流转税的纳税人和负税人通常是不一致的，所得税的纳税人和负税人通常是一致的。

选项D不当选，扣缴义务人不是纳税人，但可能是负税人。例如，境外单位向境内单位提供服务，境内单位既是增值税的负税人，又是增值税的代扣代缴义务人。

本题答案 B

（二）课税对象

1.课税对象的概念

（1）课税对象又称征税对象。通过规定课税对象，解决"对什么征税"这一问题。

（2）课税对象是构成税收实体法诸要素中的基础性要素，体现着不同税种的基本界限，是区别一种税与另一种税的最主要标志，体现着各种税的基本征税范围，也决定了各个不同税种的名称。

例如：增值税的征税对象包括货物和应税劳务。企业所得税的征税对象是企业利润。

（3）课税对象会对税源、税收负担问题产生直接影响。此外，其他要素的内容一般都是以课税对象为基础确定的。

2.与课税对象相关的概念

（1）计税依据（税基）。

计税依据是指税法中规定的据以计算各种应征税款的依据或标准。课税对象是从质的方面对征税所作的规定，而计税依据则是从量的方面对征税所作的规定，是课税对象**量**的表现。

计税依据按照计量单位的性质可划分为从价计征和从量计征两种。

分类	具体规定
从价计征	价值形态，以征税对象的价值作为计税依据，包括应纳税所得额、销售收入等
从量计征	实物形态，以课税对象的数量、重量、容积、面积等作为计税依据。例如城镇土地使用税，以占用土地的面积作为计税依据

（2）税目。

税目是课税对象的**具体化**，反映**具体**的征税范围，代表征税的**广度**。

提示：不是所有的税种都有规定税目。

划分税目的主要作用：一是进一步明确征税范围。二是解决课税对象的归类问题，并根据归类确定税率。

税目可分为列举税目和概括税目：

分类	具体规定	优点	缺点
列举税目	细列举：按照每一产品或项目设计税目，如消费税中的"小汽车"。 粗列举：按两种以上的产品设计税目，如消费税中"鞭炮、焰火"	界限明确，便于征管人员掌握	税目过多，不便于查找，不利于征管
概括税目	小概括：如消费税"酒"税目中的"其他酒"。 大概括：如消费税中"其他贵重首饰和珠宝玉石"	税目较少，查找方便	税目过粗，不便于贯彻合理的负担政策

（3）税源。

税源是指税款的最终来源，或者说税收负担的最终归宿。税源的大小可体现纳税人的负担能力。

课税对象与税源，少数情况下是一致的（如所得税），大部分情形下是不一致的（如消费税、资源税、房产税等）。

| 典例研习 · 1-10　（模拟单项选择题）

下列关于税法要素的说法中，正确的是（　　）。

A.税目反映了征税的具体范围，体现征税的广度

B.税源是区别一种税与另一种税的重要标志

C.计税依据是对征税对象质的界定

D.应纳税额体现纳税人的负担能力

（三）税率

税率是计算税额的**尺度**，代表课税的**深度**，是税收制度的**核心和灵魂**。

1.比例税率、定额税率与累进税率

税率形式		具体规定
比例税率（从价计征）		对同一征税对象，不论其数额大小，均按同一比例征税的税率
	产品比例税率	一种（或一类）产品采用一个税率（如大部分消费税、增值税的应税产品）
	行业比例税率	对不同行业采用不同的税率（如增值税的各项应税服务）
	地区差别比例税率	对同一课税对象，按照不同地区的生产水平和收益水平，采用不同的税率（如城市维护建设税）
	有幅度的比例税率	对同一课税对象，税法只规定最低税率和最高税率，各地区在幅度内确定具体的适用税率（如契税、资源税）
定额税率（从量计征）		按征税对象的计量单位规定固定的税额，不受课税对象价值量变化的影响
	地区差别定额税率	即对同一课税对象按照不同地区分别规定不同的征税数额。如城镇土地使用税、耕地占用税
	分类分项定额税率	首先按某种标志把课税对象分为几类，每一类再按一定标志分为若干项，然后对每一项分别规定不同的征税数额。如车船税、部分资源税、环境保护税、船舶吨税、部分关税、部分消费税、部分印花税
累进税率		同一课税对象，随数量的增大，征收比例也随之增高的税率
	全额累进税率	由于税收负担不合理，我国的税收法律制度中已不采用
	超额累进税率	将征税对象数额的逐步递增划分为若干等级，按等级规定相应的税率，税率依次提高，对每个等级分别计算税额，将计算结果相加后得到应纳税款，如个人所得税综合所得、经营所得适用超额累进税率
	超率累进税率	指以课税对象数额的相对率为累进依据，分别规定相应的差别税率，对每个等级分别计算税额，将计算结果相加后得到应纳税款，我国目前只有土地增值税适用超率累进税率

（1）超额累进税率示例：个人综合所得税率表（年度）。

级数	全年应纳税所得额	税率（%）	速算扣除数（元）
1	不超过36 000元的部分	3	0
2	超过36 000元至144 000元的部分	10	2 520
3	超过144 000元至300 000元的部分	20	16 920
4	超过300 000元至420 000元的部分	25	31 920
5	超过420 000元至660 000元的部分	30	52 920
6	超过660 000元至960 000元的部分	35	85 920
7	超过960 000元的部分	45	181 920

（2）超率累进税率示例：土地增值税四级超率累进税率表。

级数	增值额与扣除项目金额的比率	税率（%）	速算扣除系数（%）
1	未超过50%的部分	30	0
2	超过50%，未超过100%的部分	40	5
3	超过100%，未超过200%的部分	50	15
4	超过200%的部分	60	35

原理详解

为了方便计算，引入了速算扣除数，其原理是基于全额累进税率比超额累进税率计算多出来的部分，即有重复计算的部分，这个多计算的常数叫速算扣除数。

公式：速算扣除数=全额累进方法计算的税额−超额累进方法计算的税额。

公式变形后：超额累进方法计算的税额=全额累进方法计算的税额−速算扣除数。

举例：小王2023年全年的综合所得应纳税所得额为200 000元，按照全额累进方法计算的税额=200 000×20%=40 000（元）。

按照超额累进方法计算的税额=36 000×3%+（144 000−36 000）×10%+（200 000−144 000）×20%=23 080（元）。

速算扣除数=40 000−23 080=16 920（元）。

2.其他形式税率

序号	其他形式税率	含义	提示
1	名义税率	税法规定的税率	由于减免税政策等因素实际税率常常低于名义税率
	实际税率	实际负担率=实际缴纳税额÷计税依据实际数额	
2	边际税率	边际税率=增加的税额÷增加的收入	（1）比例税率下，边际税率=平均税率。累进税率下，边际税率往往大于平均税率。 （2）边际税率的提高会带动平均税率的上升。边际税率上升幅度越大，平均税率提高就越多
	平均税率	平均税率=全部税额÷全部收入	
3	零税率	课税对象的持有人负有纳税义务，但无须缴纳税款	零税率是免税的一种方式。 负税率主要用于负所得税的计算
	负税率	政府利用税收形式对所得额低于某一特定标准的家庭或个人予以补贴的比例	

│ 典例研习·1-11 （模拟多项选择题）

下列关于税率的说法中。正确的有（ ）。

A.实际税率往往高于名义税率

B.比例税率下，边际税率等于平均税率

C.车辆购置税采用幅度比例税率

D.土地增值税采用超率累进税率

E.税率是计算税额的尺度，代表课税的深度

🔍 **斯尔解析** 本题考查不同税种的税率形式。

选项B当选，比例税率下，边际税率=平均税率。累进税率下，边际税率往往大于平均税率。

选项D当选，土地增值税采用四级超率累进税率。

选项E当选，税率是计算税额的尺度，代表课税的深度，是税收制度的核心和灵魂。

选项A不当选，由于减免税政策等因素实际税率常常低于名义税率。

选项C不当选，车辆购置税采用统一比例税率10%。

▲ **本题答案** BDE

（四）税收优惠（减税、免税）

减税、免税是对某些纳税人或课税对象的鼓励或照顾措施。

1.减免税的基本形式

基本形式	特点	具体表现
税基式减免	通过直接缩小计税依据的方式实现减税、免税，适用范围最广	起征点、免征额、项目扣除、跨期结转
税率式减免	通过直接降低税率的方式实行的减税、免税	重新确定税率、选用其他税率、零税率
税额式减免	通过直接减少应纳税额的方式实行的减税、免税	全部免征、减半征收、核定减免率、抵免税额、另定减征税额

原理详解

起征点与免征额。

起征点是征税对象达到一定数额开始征税的起点，当纳税人收入达到或超过起征点时，就其收入全额征税。

免征额是在征税对象的全部数额中免予征税的数额，当纳税人收入超过免征额时，则只就超过的部分征税。

2.减免税的具体分类

分类	特点
法定减免	由各种税的基本法规定，具有长期的适用性
临时减免	又称为"困难减免"，主要是照顾纳税人某些特殊的暂时的困难，具有临时性的特点
特定减免	法定减免的补充，分为无期限和有期限两种，大多是有限期的

典例研习·1-12 2018年单项选择题

下列减免税中，属于税率式减免的是（　）。

A.起征点　　　　　　　　　B.零税率

C.免征额　　　　　　　　　D.抵免税额

斯尔解析 本题考查减免税的基本形式。

选项B当选，税率式减免具体包括重新确定税率、选用其他税率、零税率等形式。

选项AC不当选，属于税基式减免。

选项D不当选，属于税额式减免。

本题答案 B

（五）税收附加与加成

减税、免税是减轻税负的措施。与之相反的是，税收附加和税收加成是加重纳税人负担的措施。

分类	特点
税收附加	也称地方附加，以正税税款为依据，按规定的附加率计算附加额。 例如：教育费附加和地方教育附加
税收加成	根据规定税率计税后，再以应纳税额为依据加征一定成数的税额，一成相当于加征应纳税额的10%，十成相当于加征应纳税额的100%。 例如：耕地占用税中占用基本农田加按150%征收

原理详解

税收加成与税率提高的区别：税收加成或加倍实际上是税率的延伸，但因这种措施只是针对个别情况，所以没有采取提高税率的办法，而是以已征税款为基础再加征一定的税款。例如，在耕地占用税中，纳税人占用"基本农田"时，加征50%的耕地占用税。

（六）纳税环节

纳税环节是指税法规定的课税对象在从生产到消费的流转过程中应当缴纳税款的环节。按照纳税环节的多少，可将税收课征制度划分为两类：一次课征制和多次课征制。

流转税在生产和流通环节纳税，所得税在分配环节纳税。

（七）纳税期限

纳税期限是纳税人向国家缴纳税款的法定期限。

1.决定纳税期限的因素

（1）税种的性质。

货物劳务税，纳税期限比较短，一般按月或季征收，企业所得税，一般按年征收，按季预缴。

（2）应纳税额的大小。

同一税种，纳税人生产经营规模大、应纳税额多的，纳税期限短，反之则纳税期限长。

2.纳税期限的三种形式

（1）按期纳税，如增值税。

（2）按次纳税，如车辆购置税、耕地占用税。

（3）按年计征，分期预缴或缴纳，如企业所得税、房产税、城镇土地使用税。

原理详解 💡

纳税期限具体有以下三个概念：

项目	解释
纳税义务发生时间	一般为应税行为发生的时间
纳税期限	纳税人发生纳税义务后，每隔一段固定时间汇总一次纳税义务的时间
缴库期限	纳税期限届满后，纳税人将应纳税款实际缴入国库的期限

二、税收程序法（★★）

税收程序法，是指规范税务机关和税务行政相对人在行政程序中权利义务的法律规范的总称，例如《中华人民共和国税收征收管理法》。

1.税收程序法的作用

（1）保障实体法实施，弥补实体法的不足。

（2）规范和控制行政权行使。

（3）保障纳税人合法权益。

（4）提高执法效率。

2.税收程序法的主要制度

（1）表明身份制度。

（2）回避制度。

（3）职能分离制度。

（4）听证制度。

提示：

行政机关拟作出下列行政处罚决定，应当告知当事人有要求听证的权利，当事人要求听证的，行政机关应当组织听证：①较大数额罚款。②没收较大数额违法所得、没收较大价值非法财物。③降低资质等级、吊销许可证件。④责令停产停业、责令关闭、限制从业。⑤其他较重的行政处罚。⑥法律、法规、规章规定的其他情形。

此外税务机关对公民作出2 000元以上（含本数）罚款或者对法人或者其他组织作出1万元以上（含本数）罚款适用听证制度。

（5）时限制度。

第四节　税法的运行

一、税收立法（★★）

（一）税收立法的概念

税收立法，是指国家机关依照其职权范围，通过一定程序制定（包括修改和废止）税收法律规范的活动，即特定的国家机关就税收问题所进行的立法活动。

第一，从立法的主体来看，国家机关包括全国人大及其常委会、国务院及其有关职能部门、拥有地方立法权的地方政权机关等。

第二，税收立法权的划分，是税收立法的核心问题。

第三，税收立法必须经过法定程序。

第四，制定税法是税收立法的重要部分，但不是全部，修改、废止税法也是其必要的组成部分。

（二）税收立法权

在我国，划分税收立法权的直接法律依据主要是《宪法》与《立法法》。

制定机关	法律形式及层级	要点提示	举例
全国人大及其常委会	税收法律：层级仅次于宪法而高于税收法规、规章	提出议案、审议、通过、由国家主席签署主席令予以公布	《企业所得税法》《个人所得税法》《车船税法》《环境保护税法》《烟叶税法》《船舶吨税法》《资源税法》《车辆购置税法》《耕地占用税法》《城市维护建设税法》《契税法》《印花税法》《税收征收管理法》等
国务院	税收行政法规：层级低于法律高于规章	（1）制定程序：立项、起草、审查、决定和公布。 （2）总理签署国务院令公布实施。应在公布后的30日内报全国人大常委会备案。 （3）目前，我国税法体系中的税收法律的实施细则或实施条例都是以此形式出现	经授权制定的，如《增值税暂行条例》。根据其职权制定的，如《个人所得税法实施条例》《税收征收管理法实施细则》

续表

制定机关	法律形式及层级	要点提示	举例
国务院各部、各委员会	税务部门规章：层级低于法律和行政法规	（1）制定程序：立项、起草、审查、决定、公布、解释、修改和废止。 （2）以**国家税务总局令**公布，公布之日起30日后施行，部分规章也可自公布之日起施行。 （3）已有规定才可制定，且原则上不重复法律及行政法规已明确规定的内容。 （4）应当符合上位法的规定，有依据才能定。 （5）不得溯及既往。 （6）国家税务总局负责解释	财政部颁布的《增值税暂行条例实施细则》、国家税务总局颁发的《税务代理试行办法》
县以上税务机关（内设、派出、临时机构不可）	税务规范性文件	（1）影响纳税人、缴费人、扣缴义务人等税务行政相对人权利、义务，在本辖区内具有普遍约束力并在一定期限内反复适用的文件。 （2）制定程序：起草、审查、决定、发布、备案、清理。 （3）制定主体必须是税务机关。 （4）非立法行为，适用主体非特定，不具有可诉性，向后发生效力。 （5）以公告形式发布，公布之日起30日后施行，部分文件也可以自公布之日起施行。 （6）合规审查：包括权益性审核、合法性审核、世贸组织规则合规性评估。未经审查的税务规范性文件，不予签发	《青岛市增值税一般纳税人资格认定管理办法》等

提示：目前，我国的18个实体税种中有12个实体税种均已立法，以法律的形式发布，只有增值税、消费税、土地增值税、房产税、城镇土地使用税和关税尚未立法。

| 典例研习·1-13 （模拟单项选择题）

下列各法律法规中，属于税务部门规章的是（　　）。

A.《企业所得税法实施条例》

B.《税收征收管理法》

C.《税务代理试行办法》

D.《青岛市增值税一般纳税人资格认定管理办法》

🔍斯尔解析　本题考查税收立法权的划分。

选项A不当选，《企业所得税法实施条例》是国务院制定的，属于税收行政法规。

选项B不当选，《税收征收管理法》是全国人大及其常委会制定的，属于法律。

选项D不当选，《青岛市增值税一般纳税人资格认定管理办法》属于税务规范性文件。

▲本题答案　C

二、税收执法（★★）

　　一般而言，执法是指国家机关及其公务人员依照法定的职权和程序，贯彻实施法律的活动，包括一切执行法律和适用法律的活动。

项目	内容
税收执法 的特征	（1）具有单方意志性和法律强制力。 （2）税收执法是具体行政行为。 （3）税收执法具有裁量性。 （4）税收执法具有主动性。 （5）税收执法具有效力先定性。 （6）税收执法是有责行政行为
税收执法 基本原则	（1）合法性：执法主体法定、执法内容合法、执法程序合法、执法根据合法。 （2）合理性：存在的原因主要是行政自由裁量权的存在
税收 执法监督	税收执法监督的主体是税务机关，对象是税务机关及其工作人员，内容是税务机关及其工作人员的行政执法行为。 提示：执法监督不同于税务稽查，税务稽查主要是针对纳税人和其他税务行政相对人 税收执法监督包括事前监督（如税务规范性文件合法性审核制度）、事中监督（如重大税务案件审理制度）和事后监督（如税收执法检查、复议应诉），分别是指在税收执法行为作出之前实施、在权力行使过程中各环节相互制约、对执法结果实施的监督

三、税收司法（★）

税收司法狭义上是指审判机关依法对涉税案件行使审判权，广义上包括涉税案件过程中刑事侦查权、检察权和审判权等一系列司法权力的行使。

税收司法的基本原则：

（1）税收司法独立性原则，独立性是司法权的生命。

（2）税收司法中立性原则，不告不理。

税收司法包括税收行政司法、税收刑事司法、税收民事司法三方面内容，要点如下表所示：

项目		内容
税收行政司法	概念	指法院等司法机关（税收司法的主体）所受理的涉及税务机关的诉讼案件和非诉讼案件的执行申请等，包括行政诉讼制度和强制执行程序制度
	作用	保障纳税人合法权益的救济性制度安排，同时可以通过对税务机关的征税行为加以审查监督，督促其依法行政
	司法审查的特点	（1）以具体税收行政行为为审查对象。 （2）对具体行政行为的审查，仅局限于合法性审查
税收刑事司法		（1）税务机关、公安机关、检察院和法院四个国家机关参与。 （2）经历案件移送、立案侦查、提起公诉和司法裁判四个阶段。 （3）以《刑法》和《刑事诉讼法》为法律依据。 （4）既包括税务机关及其执法人员的刑事责任，也包括纳税人、扣缴义务人及其他相对人的刑事责任
税收民事司法	税收优先权	（1）税收优先于无担保债权，法律另有规定的除外。 （2）纳税人欠缴的税款发生在抵押、质押或者留置之前的，税收优先于抵押权、质权、留置权。 （3）税收优先于罚款、没收违法所得
	税收代位权	指欠缴税款的纳税人怠于行使其到期债权而对国家税收即税收债权造成损害时，由税务机关以自己的名义代替纳税人行使其债权的权利
	税收撤销权	指税务机关对欠缴税款的纳税人滥用财产处分权而对国家税收造成损害的行为，请求法院予以撤销的权利

| 典例研习·1-14 2017年多项选择题

下列关于税收司法的说法中，正确的有（　　）。

A.税收刑事司法以《刑法》和《中华人民共和国刑事诉讼法》为法律依据

B.税收司法的主体是税务机关

C.税收领域中的司法审查以具体税收行政行为为审查对象

D.税收司法的基本原则包括税收司法独立性原则和税收司法中立性原则

E.保障纳税人的合法权益是税收行政司法制度的重要内容

斯尔解析 本题考查税收司法的内容辨析。

选项B不当选，税收司法的主体是人民法院、人民检察院和公安机关。

▲本题答案 ACDE

第五节 税收制度的建立与发展

一、中国历史上的税法

略。

二、中华人民共和国成立后税收制度的建立与发展（★）

1.税收法制建设的发展阶段

阶段	对应期间
建立与调整	20世纪50年代至20世纪70年代
初创阶段	20世纪80年代
完善阶段	20世纪90年代
新阶段	21世纪

2.一些最新法律法规的实施时间

税法	施行时间
车船税法	2012年1月1日起
环境保护税法	2018年1月1日起
烟叶税法	2018年7月1日起

续表

税法	施行时间
船舶吨税法	2018年7月1日起
车辆购置税法	2019年7月1日起
耕地占用税法	2019年9月1日起
资源税法	2020年9月1日起
契税法	2021年9月1日起
城市维护建设税法	2021年9月1日起
印花税法	2022年7月1日起

3.财税改革关键时间点

（1）全面营改增时间：2016年5月1日。

（2）2018年5月、2019年4月两次降低增值税税率，减轻企业税负。

（3）自2018年10月1日起，个人所得税费用扣除标准由3 500元提高至5 000元并优化税率表。自2019年1月1日起，实施综合与分类相结合的个人所得税制度并允许纳税人享受六项专项附加扣除，并对综合所得实施年度汇算。自2022年1月1日起，增加3岁以下婴幼儿照护个人所得税专项附加扣除。

（4）截至2022年6月底，我国已与109个国家（地区）正式签署了避免双重征税协定，其中与105个国家（地区）的协定已生效。内地和香港、澳门两个特别行政区签署了税收安排，大陆与台湾地区签署了税收协议。

（5）进一步深化税收征管改革。

2021年3月，中共中央办公厅、国务院办公厅印发《关于进一步深化税收征管改革的意见》，指导思想和主要目标如下：

①指导思想。

以习近平新时代中国特色社会主义思想为指导，全面贯彻党的十九大和十九届二中、三中、四中、五中全会精神，围绕把握新发展阶段、贯彻新发展理念、构建新发展格局，深化税收征管制度改革，着力建设以服务纳税人缴费人为中心、以发票电子化改革为突破口、以税收大数据为驱动力的具有高集成功能、高安全性能、高应用效能的智慧税务，深入推进精确执法、精细服务、精准监管、精诚共治，大幅提高税法遵从度和社会满意度，明显降低征纳成本，充分发挥税收在国家治理中的基础性、支柱性、保障性作用，为推动高质量发展提供有力支撑。

②主要目标。

a.到2022年，在税务执法规范性、税费服务便捷性、税务监管精准性上取得重要进展。

b.到2023年，基本建成"无风险不打扰、有违法要追究、全过程强智控"的税务执法新体系，实现从经验式执法向科学精确执法转变；基本建成"线下服务无死角、线上服务不打烊、定制服务广覆盖"的税费服务新体系，实现从无差别服务向精细化、智能化、个性化服务转变。基本建成以"双随机、一公开"监管和"互联网+监管"为基本手段、以重点监管为补充、以"信用+风险"监管为基础的税务监管新体系，实现从"以票管税"向"以数治税"分类精准监管转变。

c.到2025年，深化税收征管制度改革取得显著成效，基本建成功能强大的智慧税务，形成国内一流的智能化行政应用系统，全方位提高税务执法、服务、监管能力。

典例研习在线题库

至此，税法（Ⅰ）的学习已经进行了10%，继续加油呀！

● 10%

第二章　增值税

学习提要

重要程度： 重点章节

平均分值： 60分以上

考核题型： 所有题型

本章提示： 本章为税法（Ⅰ）中最重要的章节，也是学习难度最大的章节。本章重点内容有增值税征税范围的辨析，税率和征收率，一般计税方法下销项税额和进项税额的计算，特定应税行为增值税的税务处理等。学习本章内容时需要在反复听课的基础上加强对题目的练习，还需要借助思维导图进行反复梳理

考点精讲

第一节　增值税概述

一、增值税的概念

增值税是以单位和个人生产经营过程中取得的增值额为课税对象征收的一种税。

（一）理论增值额

从理论上讲，增值额是企业在生产经营过程中新创造的那部分价值。即货物或劳务价值中的"V+M"部分，V是劳动者创造的价值，M是剩余价值或盈利。"V+M"在我国相当于净产值或国民收入部分。

现实经济生活中，对增值额可以从以下两个方面理解：

第一，从一个生产经营单位来看，增值额是指该单位销售货物或提供劳务的收入额扣除为生产经营这种货物或劳务而外购的那部分货物或劳务价款后的余额。

第二，从一项货物或劳务来看，增值额是该货物或劳务经历的生产和流通的各个环节所创造的增值额之和，也就是该项货物或劳务的最终销售价值。

举例：货物在各环节的增值与关系（假定每一环节没有物质消耗，都是该环节新创造的价值）。

项目	销售额（元）	增值额（元）
生产企业	100	100
批发商	150	50
零售商	240	90
合计	—	240

（二）法定增值额

实行增值税的国家，据以征税的增值额都是一种法定增值额，并非理论上的增值额。

法定增值额可以等于理论增值额，也可以大于或小于理论上的增值额。造成法定增值额与理论增值额不一致的一个重要原因是对外购固定资产的处理办法不同。

二、增值税的类型

增值税按对外购固定资产处理方式的不同，可划分为生产型增值税、收入型增值税和消费型增值税。

类型	外购固定资产处理	备注
生产型增值税（我国1994年1月1日至2008年12月31日）	不允许扣除任何外购固定资产的价款	法定增值额 > 理论增值额

续表

类型	外购固定资产处理	备注
收入型增值税（由于计算困难未被广泛采用）	允许扣除当期计入产品价值的折旧费部分	法定增值额=理论增值额
消费型增值税（我国从2009年1月1日起执行）	允许将当期购入固定资产价款一次性全部扣除	法定增值额<理论增值额

提示：2016年5月1日起，在全国范围内全面推开营业税改征增值税试点，建筑业、房地产业、金融业、生活服务业纳入试点范围，由缴纳营业税改为缴纳增值税，至此，营业税全部改征增值税。

┃典例研习·2-1

假定某企业报告期货物销售额为78万元，从外单位购入的原材料等流动资产价款为24万元，购入机器设备等固定资产价款为40万元，当期计入成本的折旧费用为5万元。根据上述资料，计算该企业的理论增值额及不同情形下的法定增值额。

⑤斯尔解析

理论增值额=78−24−5=49（万元）

类型	法定增值额（万元）	法定增值额与理论增值额差额（万元）
生产型增值税	78−24=54	5
收入型增值税	78−24−5=49	0
消费型增值税	78−24−40=14	−35

三、增值税的计税原理和计税方法

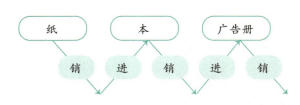

项目	销售额（元）	增值额（元）	应纳增值税（元）
纸	100	100	100×13%=13
本	150	50	50×13%=6.5
广告册	240	90	90×13%=11.7
合计	—	260	31.2

项目	销售额（元）	应纳增值税（元）	进项税额（元）	应纳增值税（元）
纸	100	100×13%=13	0	13−0=13
本	150	150×13%=19.5	13	19.5−13=6.5
广告册	240	240×13%=31.2	19.5	31.2−19.5=11.7

因此，对于每一家处于抵扣链条中的企业（一般纳税人适用一般计税方法的情形）：

应纳税额＝当期销项税额－当期进项税额

在"抵扣链条"下，可以体现出增值税三个非常重要的原理：

（1）按全部销售额计算税款，但只对货物或劳务价值中新增价值部分征税。

（2）实行税款抵扣制度，对以前环节已纳税款予以扣除。

（3）税款随着货物的销售逐环节转移，最终消费者是全部税款的承担者，但政府并不直接向消费者征税，而是在生产经营的各个环节分段征收，各环节的纳税人并不承担增值税税款。

四、增值税的特点和优点

（一）增值税的特点

（1）不重复征税，具有税收中性的特征。

（2）逐环节征税，逐环节扣税，最终消费者承担全部税款。

（3）税基广阔，具有征收的普遍性和连续性。

（二）增值税的优点

（1）能够平衡税负，促进公平竞争。

（2）既便于对出口商品退税，又可避免对进口商品征税不足。

（3）在组织财政收入上具有稳定性和及时性。

（4）在税收征管上可以互相制约，交叉审计。

第二节　增值税纳税人和扣缴义务人

一、增值税纳税人与扣缴义务人的基本规定（★★）

（一）纳税义务人

1.概念

在中华人民共和国境内销售货物或加工、修理修配劳务（以下简称"劳务"）、销售服务、无形资产、不动产以及进口货物的单位和个人，为增值税的纳税人。这里所称的个人，是指个体工商户和其他个人。

原理详解 💡

如何理解单位和个人？

（1）单位不仅包括企业，也包括行政单位、事业单位、军事单位、社会团体及其他单位等。

（2）在税收法律法规中的个人，包括个体工商户和其他个人。

①个体工商户是指登记注册为个体工商户的，以个体工商户名义从事经营业务的个人。

②其他个人指的是自然人（"你、我、他"）。

在后面税法的学习中，需要注意区分税法中的"个人"和"其他个人"。

2.特殊应税行为的纳税人规定

（1）单位以承包、承租、挂靠方式经营的，以发包人、出租人、被挂靠人（以下统称发包人）的名义对外经营，且发包人承担相关法律责任的，以该发包人为纳税人。不同时满足上述两个条件的，以承包人、承租人、挂靠人为纳税人。

（2）建筑企业与发包方签订建筑合同后，以内部授权或者三方协议等方式，授权集团内其他纳税人（以下称第三方）为发包方提供建筑服务，并由第三方直接与发包方结算工程款的，由第三方缴纳增值税，与发包方签订建筑合同的建筑企业不缴纳增值税。

提示：实际提供建筑服务并收取款项的第三方为纳税人。

（3）资管产品运营过程中发生的增值税应税行为，以资管产品管理人为增值税纳税人。

提示：资管产品管理人，包括银行、信托公司、公募基金管理公司及其子公司、证券公司及其子公司、期货公司及其子公司、私募基金管理人、保险资产管理公司、专业保险资产管理机构、养老保险公司。

（4）对报关进口的货物，以进口货物的收货人或办理报关手续的单位和个人为进口货物的纳税人。对代理进口货物，以海关开具的完税凭证上的纳税人为增值税纳税人。

提示：对报关进口的货物，凡是海关的完税凭证开具给委托方的，对代理方不征增值税。凡是海关的完税凭证开具给代理方的，对代理方应按规定征收增值税。

精准答疑 🎯

问题：资管产品管理人履行完纳税义务之后，投资人拿到收益后是否还要缴纳增值税？

解答：资管产品运营过程中发生的增值税应税行为，以资管产品的管理人为增值税纳税人，投资人不是纳税义务人，没有增值税的纳税义务，取得的收益无须再缴纳增值税。

（二）扣缴义务人

中华人民共和国境外（以下简称境外）的单位或个人在境内提供应税劳务，在境内未设有经营机构的，其应纳税款以境内代理人为扣缴义务人。在境内没有代理人的，**以购买者为扣缴义务人**。

境外单位或个人在境内销售服务、无形资产或者不动产，在境内未设有经营机构的，**以购买方为增值税扣缴义务人**。财政部和国家税务总局另有规定的除外。

二、增值税一般纳税人与小规模纳税人（★★★）

（一）增值税纳税人分类依据及标准

为了适应纳税人经营管理规模差异大、财务核算水平不一的实际情况，将增值税纳税人分为一般纳税人和小规模纳税人。分类管理有利于税务机关加强重点税源管理，简化小型企业的计算缴纳程序。分类的基本依据是纳税人的年应税销售额。

（二）纳税人登记管理

年应税销售额	一般规定	特殊规定
＞500万元	应当办理增值税一般纳税人资格登记手续	（1）其他个人不得办理一般纳税人登记。 （2）非企业性单位、不经常发生应税行为的企业、单位和个体工商户可选择按照小规模纳税人纳税
≤500万元	办理小规模纳税人登记	会计核算健全的，能够提供准确的税务资料，可以办理一般纳税人登记

（三）年应税销售额的规定

（1）年应税销售额，是指纳税人在连续不超过12个月或4个季度的经营期内累计应征增值税销售额，**包括纳税申报销售额（含免税销售额和税务机关代开发票销售额）、稽查查补销售额、纳税评估调整销售额**。

销售服务、无形资产或者不动产有扣除项目的纳税人，其应税行为年销售额**按未扣除之前的销售额计算**。

纳税人偶然发生的销售无形资产、转让不动产的销售额，**不计入**应税行为年应税销售额。

（2）经营期，是指在纳税人存续期内的连续经营期间，含未取得销售收入的月份或季度。稽查查补销售额和纳税评估调整销售额计入查补税款申报当月（或当季）的销售额，不计入税款所属期销售额。

例如：纳税人1月份发生未开票收入10万元，6月份税务机关发现该笔收入未申报缴纳增值税，则该笔收入计入6月份的销售额中，不计入1月份。

提示：除国家税务总局另有规定外，纳税人登记为一般纳税人后，不得转为小规模纳税人。

典例研习·2-2 （2018年多项选择题）

下列销售额应计入增值税纳税人判定标准的有（　　　）。

A.纳税评估调整的销售额

B.稽查查补的销售额

C.免税销售额

D.税务机关代开发票销售额

E.偶尔发生的销售无形资产销售额

斯尔解析 本题考查纳税人判定标准中年应税销售额的确定。

选项ABCD当选，年应税销售额是指纳税人在连续不超过12个月或4个季度的经营期内累计应征增值税销售额，包括纳税申报销售额、稽查查补销售额、纳税评估调整销售额。纳税申报销售额是指纳税人自行申报的全部应征增值税销售额，其中包括免税销售额和税务机关代开发票销售额。

选项E不当选，纳税人偶然发生的销售无形资产、转让不动产的销售额，不计入应税行为年应税销售额。

本题答案 ABCD

典例研习·2-3 （2019年单项选择题）

下列纳税人，必须办理一般纳税人登记的是（　　　）。

A.其他个人

B.非企业性单位

C.不经常发生应税行为的单位

D.年应税销售额超过500万元且经常发生应税行为的工业企业

斯尔解析 本题考查一般纳税人登记的规定。

选项A不当选，年应税销售额超过规定标准的其他个人不能登记为一般纳税人。

选项B不当选，年应税销售额超过规定标准的非企业性单位，可选择按照小规模纳税人纳税。

选项C不当选，年应税销售额超过规定标准但不经常发生应税行为的单位和个体工商户，可选择按照小规模纳税人纳税。

本题答案 D

解题高手🫰

命题角度：判定是否需要登记为一般纳税人。

分类标准总结如下：

（1）年应税销售额超过500万元，必须登记成为一般纳税人，有两个例外：

①年应税销售额超过规定标准的其他个人。

②不经常发生应税行为的单位和个体工商户，以及非企业性单位、不经常发生应税行为的企业，可选择按照小规模纳税人纳税。

（2）如果年应税销售额未达到500万元，即为小规模纳税人，有一个例外：会计核算健全，能够提供准确税务资料的，可以向主管税务机关办理一般纳税人登记。

第三节　征税范围

增值税征税范围包括货物的生产、批发、零售和进口四个环节，2016年5月1日以后，营业税改征增值税试点行业扩大到销售服务、无形资产或者不动产，增值税的征税范围覆盖第一产业、第二产业和第三产业。

增值税征税范围概览如下表所示：

征税范围	应税行为	备注
"传统"	销售或者进口货物	货物指有形动产
	销售劳务	劳务指加工、修理修配
"营改增"	销售服务	交通运输服务、邮政服务、电信服务、建筑服务、金融服务、现代服务、生活服务
	销售无形资产	有偿转让无形资产的所有权或使用权
	销售不动产	有偿转让不动产的所有权

一、征税范围的一般规定（★★★）

（一）销售或者进口的货物（税率13%或9%）

销售货物是指有偿转让货物的所有权。货物是指有形动产，包括电力、热力和气体在内。**有偿，不仅指从购买方取得货币，还包括取得货物或其他经济利益。**

进口货物，是指申报进入我国海关境内的货物。只要是报关进口的应税货物，均属于增值税征税范围。

（二）销售劳务（税率13%）

销售劳务是指有偿提供加工、修理修配劳务。

加工，即通常所说的委托加工业务。委托加工业务，是指由委托方提供原料及主要材料，受托方按照委托方的要求制造货物并收取加工费的业务，加工后的货物的所有权仍属于委托者。

修理修配，是指受托对损伤和丧失功能的货物进行修复，使其恢复原状和功能的业务。

提示：

（1）单位或者个体工商户聘用的员工为本单位或者雇主提供加工、修理修配劳务不包括在内。

（2）供电企业利用自身输变电设备对并入电网的企业自备电厂生产的电力产品进行电压调节，属于提供加工劳务。收取的并网服务费，按照"销售劳务"征收增值税。

（三）销售服务

销售服务，是指提供交通运输服务、邮政服务、电信服务、建筑服务、金融服务、现代服务、生活服务。

1.交通运输服务（税率9%）

交通运输服务，是指利用运输工具将货物或者旅客送达目的地，使其空间位置得到转移的业务活动，包括陆路运输服务、水路运输服务、航空运输服务和管道运输服务。

子目	具体内容
陆路运输服务	（1）包括铁路运输、公路运输、缆车运输、索道运输、地铁运输、城市轻轨运输等。 （2）出租车公司向使用本公司自有出租车的出租车司机收取的管理费用，按照"陆路运输服务"缴纳增值税。 （3）网络货运经营者和实际承运人均应当依法履行纳税或扣缴税款义务。网络货运经营，是指经营者依托互联网平台整合配置运输资源，以承运人身份与托运人签订运输合同，委托实际承运人完成道路货物运输，承担承运人责任的道路货物运输经营活动。网络货运经营不包括仅为托运人和实际承运人提供信息中介和交易撮合等服务的行为。网络货运经营者应遵照国家税收法律法规，依法依规抵扣进项税额，不得虚开虚抵增值税发票等扣税凭证
水路运输服务	程租、期租业务属于水路运输服务
航空运输服务	（1）湿租业务属于航空运输服务。 （2）航天运输服务，按照"航空运输服务"征收增值税
管道运输服务	通过管道设施输送气体、液体、固体物质的运输业务活动
其他特殊规定	（1）运输工具舱位承包业务，发包方和承包方均按照"交通运输服务"缴纳增值税。 （2）运输工具舱位互换业务，互换运输工具舱位的双方均按照"交通运输服务"缴纳增值税。 （3）无运输工具承运业务，按照"交通运输服务"缴纳增值税。 （4）逾期票证收入，纳税人已售票但客户逾期未消费取得的逾期票证收入，按照"交通运输服务"缴纳增值税

原理详解 💡

（1）交通运输服务中的"程租""期租""湿租"的含义。

①水路运输服务中的"程租"，是指用配备操作人员的船舶完成某一特定航次的运输任务并收取租赁费的业务。

②水路运输服务中的"期租"，是指将配备有操作人员的船舶租给他人一定期限并收取租赁费的业务。

③航空运输服务中的"湿租"，是指将配备有机组人员的飞机租给他人一定期限并收取租赁费的业务

上述三项业务的特点都是配备人员（船舶操作人员、飞机机组人员），所以配备人员的交通工具租赁业务应按照"交通运输服务"（税率9%）缴纳增值税。

相对应的，不配备操作人员、机组人员的光租、干租，属于"有形动产租赁服务"（税率13%）。

（2）无运输工具承运业务，是指经营者以承运人身份与托运人签订运输服务合同，收取运费并承担承运人责任，然后委托实际承运人完成运输服务的经营活动。

（3）运输工具舱位承包业务，是指承包方以承运人身份与托运人签订运输服务合同，收取运费并承担承运人责任，然后以承包他人运输工具舱位的方式，委托发包方实际完成相关运输服务的经营活动。

（4）运输工具舱位互换业务，是指纳税人之间签订运输协议，在各自以承运人身份承揽的运输业务中，互相利用对方交通运输工具的舱位完成相关运输服务的经营活动。

2.邮政服务（税率9%）

邮政服务，是指中国邮政集团公司及其所属邮政企业提供邮件寄递、邮政汇兑和机要通信等邮政基本服务的业务活动。

子目	具体内容
邮政普遍服务	函件、包裹（仅限于邮政包裹）、邮票发行以及报刊发行等业务活动
邮政特殊服务	义务兵平常信函、机要通信、盲人读物和革命烈士遗物的寄递等业务活动
其他邮政服务	邮册等邮品销售、邮政代理等业务活动

提示：中国邮政速递物流股份有限公司及其子公司（含各级分支机构），不属于中国邮政集团公司所属邮政企业。

解题高手 👍

命题角度： "邮政服务"与其他服务项目的辨析。

(1) 只有中国邮政集团及其所属邮政企业提供的才属于"邮政服务"。

(2) 邮品（例如邮票）销售属于"邮政服务"，而不是销售货物。

3.电信服务

电信服务，是指利用有线、无线的电磁系统或者光电系统等各种通信网络资源，提供语音通话服务，传送、发射、接收或者应用图像、短信等电子数据和信息的业务活动。

子目	具体内容
基础电信服务 （税率9%）	利用固网、移动网、卫星、互联网，提供语音通话服务，出租或出售带宽、波长等网络元素等业务活动
增值电信服务 （税率6%）	利用固网、移动网、卫星、互联网，有线电视网络，提供短信、彩信、电子数据和信息的传输及应用、互联网接入服务等业务活动。 提示：卫星电视信号落地转接服务，按照"增值电信服务"缴纳增值税

4.建筑服务（税率9%）

建筑服务，包括工程服务、安装服务、修缮服务、装饰服务和其他建筑服务。

子目	具体内容
工程服务	新建、改建各种建筑物、构筑物的工程作业
安装服务	生产设备、动力设备、起重设备、运输设备、传动设备、医疗实验设备以及其他各种设备、设施的装配、安置工程作业
修缮服务	对建筑物、构筑物进行修补、加固、养护、改善，使之恢复原来的使用价值或者延长其使用期限的工程作业
装饰服务	对建筑物、构筑物进行修饰装修，使之美观或者具有特定用途的工程作业
其他建筑服务	上列工程作业之外的各种工程作业服务，如钻井、拆除建筑物或者构筑物、平整土地、园林绿化、疏浚（不包括航道疏浚）、建筑物平移、搭脚手架、爆破、矿山穿孔、表面附着物（包括岩层、土层、沙层等）剥离和清理等工程作业

解题高手

命题角度：建筑服务和其他服务的辨析。

项目	征税范围
固定电话、有线电视、宽带的开户费，初装费	建筑服务——安装服务
固定电话、有线电视、宽带的使用费	电信服务
针对不动产的修缮	建筑服务——修缮服务
针对有形动产的修理修配	销售劳务
物业为业主提供的装修服务	建筑服务——装饰服务
物业费	现代服务——商务辅助服务
建筑施工设备出租给他人使用并配备操作人员	建筑服务
只出租建筑施工设备不配备操作人员	现代服务——有形动产租赁服务

5.金融服务（税率6%）

金融服务包括贷款服务、直接收费金融服务、保险服务和金融商品转让。

子目	具体内容
贷款服务	指将资金贷与他人使用而取得利息收入的业务活动。 各种占用、拆借资金取得的收入，包括以下内容： （1）金融商品持有期间（含到期）利息收入。 提示：包括保本收益、报酬、资金占用费、补偿金等名目的收入。 （2）信用卡透支利息收入。 （3）买入返售金融商品利息收入。 （4）融资融券收取的利息收入。 （5）押汇、罚息、票据贴现、转贷等业务取得的利息及利息性质的收入。 （6）融资性售后回租取得的利息及利息性质的收入。 提示：以货币资金投资收取的固定利润或者保底利润，按照"贷款服务"缴纳增值税
直接收费金融服务	提供货币兑换、账户管理、电子银行、信用卡、信用证、财务担保、资产管理、信托管理、基金管理、金融交易场所（平台）管理、资金结算、资金清算、金融支付等服务
保险服务	人身保险服务、财产保险服务

续表

子目	具体内容
金融商品转让	（1）指转让外汇、有价证券、非货物期货和其他金融商品（包括基金、信托、理财产品等各类资产管理产品和各种金融衍生品）所有权的业务活动。 （2）非货物期货转让属于"金融商品转让"，而货物期货则按"销售货物"缴纳增值税。 （3）纳税人转让因同时实施股权分置改革和重大资产重组而首次公开发行股票并上市形成的限售股，以及上市首日至解禁日期间由上述股份孳生的送、转股，按照"金融商品转让"缴纳增值税。 提示： ①纳税人购入基金、信托、理财产品等各类资产管理产品持有至到期，不属于金融商品转让。 ②转让非上市公司股权不属于"金融商品转让"，不缴纳增值税

原理详解 💡

（1）"保本收益、报酬、资金占用费、补偿金"是指合同中明确承诺到期本金可全部收回的投资收益。金融商品持有期间（含持有至到期）取得的非保本的上述收益，不属于利息或利息性质的收入，不征收增值税。

（2）融资性售后回租，是指承租方以融资为目的，将资产出售给从事融资性售后回租业务的企业后，从事融资性售后回租业务的企业将该资产出租给承租方的业务活动。所以融资性售后回租取得的利息及利息性质的收入应按照"贷款服务"缴纳增值税。

精准答疑 🎯

问题： 金融商品转让和持有收益如何缴纳增值税？

解答：

项目		税务处理
上市公司股票	持有期间股息收入	不征收增值税
	转让	按照"金融商品转让"征收增值税
非上市公司股权	持有期间股息收入及转让行为	都不征收增值税
理财产品	保本理财产品持有期间收益	按照"贷款服务"缴纳增值税
	非保本理财产品持有期间收益	不征收增值税
	转让	按照"金融商品转让"征收增值税

提示：转让环节，关注是否"上市"，未上市不需要缴纳增值税。持有期间环节，关注是否"保本"，不保本的不需要缴纳增值税。

6.现代服务（除租赁服务以外，其他的均适用6%税率）

现代服务，是指围绕制造业、文化产业、现代物流产业等提供技术性、知识性服务的业务活动。包括研发和技术服务、信息技术服务、文化创意服务、物流辅助服务、租赁服务、鉴证咨询服务、广播影视服务、商务辅助服务和其他现代服务。

子目	具体内容
研发和技术服务	研发服务、合同能源管理服务、工程勘察勘探服务、专业技术服务
信息技术服务	（1）软件服务，是指提供软件开发服务、软件维护服务、软件测试服务的业务活动。 （2）电路设计及测试服务。 （3）信息系统服务，包括网站对非自有的网络游戏提供的网络运营服务。 （4）业务流程管理服务。 （5）信息系统增值服务。 提示：纳税人通过蜂窝数字移动通信塔（杆）及配套设施，为电信企业提供的基站天线等塔类站址管理业务，按照"信息技术服务"缴纳增值税
文化创意服务	（1）设计服务，包括工业设计、平面设计、供应链设计等各种设计服务。 （2）知识产权服务，包括对专利、商标、著作权、软件、集成电路布图设计的登记、鉴定、评估、认证、检索服务。 （3）广告服务，包括广告代理和广告的发布、播映、宣传、展示等。 （4）会议展览服务，包括宾馆、旅馆、旅社、度假村和其他经营性住宿场所提供会议场地及配套服务的活动
物流辅助服务	（1）航空服务，包括航空地面服务和通用航空服务。 （2）港口码头服务，包括航道疏浚、港口设施经营人收取的港口设施保安费。 （3）货运客运场站服务。 （4）打捞救助服务。 （5）装卸搬运服务。 （6）仓储服务。 （7）收派服务，是指接受寄件人委托，在承诺的时限内完成函件和包裹的收件、分拣、派送服务的业务活动

续表

子目	具体内容
租赁服务（税率13%或9%）	融资租赁服务和经营租赁服务。 （1）将建筑物、构筑物等不动产的广告位出租给其他单位或者个人用于发布广告，按照"租赁服务——不动产租赁服务"缴纳增值税。 （2）将飞机、车辆等有形动产的广告位出租给其他单位或者个人用于发布广告，按照"租赁服务——有形动产租赁服务"缴纳增值税。 （3）车辆停放服务、道路通行服务（包括过路费、过桥费、过闸费等）等按照"租赁服务——不动产租赁服务"缴纳增值税。 （4）水路运输的光租业务、航空运输的干租业务，属于经营租赁服务，按照"租赁服务——有形动产租赁服务"缴纳增值税
鉴证咨询服务	认证服务、鉴证服务和咨询服务。 提示：翻译服务和市场调查服务按照"咨询服务"缴纳增值税
广播影视服务	广播影视节目（作品）的制作服务、发行服务和播映（含放映）服务
商务辅助服务	企业管理服务、经纪代理服务（包括货物运输代理服务、代理报关服务等）、人力资源服务、安全保护服务。 提示：拍卖行受托拍卖取得的手续费或佣金收入，按照"经纪代理服务"缴纳增值税
其他现代服务	（1）指除研发和技术服务、信息技术服务、文化创意服务、物流辅助服务、租赁服务、鉴证咨询服务、广播影视服务和商务辅助服务以外的现代服务。 （2）纳税人对安装运行后的机器设备提供的维护保养服务，按照"其他现代服务"缴纳增值税。 （3）自2018年1月1日起，纳税人为客户办理退票而向客户收取的退票费、手续费等收入，按照"其他现代服务"缴纳增值税

原理详解 💡

融资租赁和融资性售后回租辨析。

融资租赁，是指出租人根据承租人所要求的规格、型号、性能等条件购入有形动产或者不动产租赁给承租人，合同期内租赁物所有权属于出租人，承租人只拥有使用权，合同期满付清租金后，承租人有权按照残值购入租赁物，以拥有其所有权。不论出租人是否将租赁物销售给承租人，均属于融资租赁。按照标的物的不同，融资租赁服务可分为有形动产融资租赁服务和不动产融资租赁服务。融资租赁按照"现代服务——租赁服务"缴纳增值税。

融资性售后回租，是指承租方以融资为目的，将资产出售给从事融资性售后回租业务的企业后，从事融资性售后回租业务的企业将该资产出租给承租方的业务活动。在这个经济行为中，承租方没有实质出售设备，所以"出售资产"给出租方的行为不属于增值税的征税范围，而出租方从承租方收回的利息性质部分收入按照"金融服务——贷款服务"缴纳增值税。

解题高手👍

命题角度：考查不同征税范围之间的辨析。

（1）不同"租"的辨析。

项目	说明	具体征税范围	税率
有形动产融资租赁VS融资性售后回租	有形动产融资租赁	租赁服务——有形动产租赁服务	13%
	融资性售后回租	金融服务——贷款服务	6%
水路运输服务	程租、期租	交通运输服务——水路运输服务	9%
	光租	租赁服务——有形动产租赁服务	13%
航空运输服务	湿租	交通运输服务——航空运输服务	9%
	干租	租赁服务——有形动产租赁服务	13%
出租建筑施工设备	配备操作人员	建筑服务	9%
	不配备操作人员	租赁服务——有形动产租赁服务	13%
广告位出租	飞机、车辆	租赁服务——有形动产租赁服务	13%
	建筑物、构筑物	租赁服务——不动产租赁服务	9%

（2）其他项目的辨析。

项目	说明	具体征税范围	税率
票证相关	逾期票证收入	交通运输服务——航空运输服务	9%
	退票费、手续费收入	现代服务——其他现代服务	6%
修理VS修缮	修理（货物）	加工修配	13%
	修缮（不动产）	建筑服务	9%
邮政VS收派	邮政包裹	邮政服务	9%
	快递公司包裹	现代服务——物流辅助服务	6%

典例研习·2-4 （2018年多项选择题）

下列应按照"有形动产租赁服务"缴纳增值税的有（　　）。

A.航空运输的干租业务

B.有形动产经营租赁

C.有形动产融资租赁

D.水路运输的期租业务

E.水路运输的程租业务

⑤斯尔解析 本题考查增值税征税范围的辨析。

选项A当选，航空运输的干租业务属于有形动产租赁服务。

选项BC当选，租赁服务包括融资租赁服务和经营租赁服务。

选项DE不当选，水路运输的期租和湿租业务属于交通运输服务。

▲本题答案 ABC

典例研习·2-5 （2020年多项选择题）

根据增值税征税范围的规定，下列说法正确的有（　　）。

A.道路通行服务按"不动产租赁服务"缴纳增值税

B.向客户收取退票费按"其他现代服务"缴纳增值税

C.融资租赁按"金融服务"缴纳增值税

D.车辆停放服务按"有形动产租赁服务"缴纳增值税

E.融资性售后回租按"租赁服务"缴纳增值税

⑤斯尔解析 本题考查增值税征税范围的辨析。

选项CE不当选，融资租赁按"租赁服务"缴纳增值税，融资性售后回租按"金融服务"缴纳增值税。

选项D不当选，车辆停放服务按"不动产租赁服务"缴纳增值税。

▲本题答案 AB

7.生活服务（税率6%）

生活服务，是指为满足城乡居民日常生活需求提供的各类服务活动。包括文化体育服务、教育医疗服务、旅游娱乐服务、餐饮住宿服务、居民日常服务和其他生活服务。

子目	具体内容
文化体育 服务	（1）文化服务，包括文艺创作、文艺表演、文化比赛，图书馆的图书和资料借阅，档案馆的档案管理，文物及非物质遗产保护，组织举办宗教活动、科技活动、文化活动，提供游览场所。 （2）体育服务，是指组织举办体育比赛、体育表演、体育活动，以及提供体育训练、体育指导、体育管理的业务活动

续表

子目	具体内容
教育医疗服务	（1）教育服务，是指提供学历教育服务、非学历教育服务、教育辅助服务。 （2）医疗服务，包括各类检查诊疗服务，也包括与医疗服务相关的提供药品、医用材料器具、救护车、病房住宿和伙食的业务
旅游娱乐服务	（1）旅游服务，是指根据旅游者的要求，组织安排交通、游览、住宿、餐饮、购物、文娱、商务等服务的业务活动。 （2）娱乐服务，是指为娱乐活动同时提供场所和服务的业务
餐饮住宿服务	（1）餐饮服务，是指通过同时提供饮食和饮食场所的方式为消费者提供饮食消费服务的业务活动。 （2）住宿服务，是指提供住宿场所及配套服务等的活动
居民日常服务	主要为满足居民个人及其家庭日常生活需求提供的服务。包括市容市政管理、家政、婚庆、养老、殡葬、照料和护理、救助救济、美容美发、按摩、桑拿、氧吧、足疗、沐浴、洗染、摄影扩印等服务
其他生活服务	除文化体育服务、教育医疗服务、旅游娱乐服务、餐饮住宿服务和居民日常服务之外的生活服务

解题高手👍

命题角度：考查不同征税范围之间的辨析。

项目	征税范围
纳税人在游览场所经营索道、摆渡车、电瓶车、游船等取得的收入	生活服务——文化体育服务
游览场所以外的缆车运输、索道运输	交通运输服务——陆路运输服务
外卖食品	生活服务——餐饮服务
现场制作食品并直接销售给消费者	生活服务——餐饮服务
非现场制作食品销售	销售货物
以长（短）租形式出租酒店式公寓并提供配套服务	生活服务——住宿服务
植物养护	生活服务——其他生活服务
园林绿化	建筑服务——其他建筑服务

| 典例研习·2-6 2021年单项选择题

下列行为不属于增值税"现代服务"征收范围的是（　　）。

A.在游览场所经营索道、摆渡车业务

B.度假村提供会议场地及配套服务

C.将建筑物广告位出租给其他单位用于发布广告

D.为电信企业提供基站天线等塔类站址管理业务

斯尔解析 本题考查增值税征税范围的辨析。

选项A当选，在游览场所经营索道、摆渡车业务，按照"生活服务——文化体育服务"缴纳增值税。

选项B不当选，度假村提供会议场地及配套服务，按照"现代服务——文化创意服务——会议展览服务"缴纳增值税。

选项C不当选，将建筑物广告位出租给其他单位用于发布广告，按照"现代服务——租赁服务——不动产租赁服务"缴纳增值税。

选项D不当选，为电信企业提供基站天线等塔类站址管理业务，按照"现代服务——信息技术服务——信息系统服务"缴纳增值税。

▲本题答案 A

（四）销售无形资产（除转让土地使用权外均适用6%税率）

销售无形资产，是指有偿转让无形资产所有权或者使用权的业务活动。

无形资产，是指不具实物形态，但能带来经济利益的资产，包括技术、商标、著作权、商誉、自然资源使用权和其他权益性无形资产。

（1）技术，包括专利技术和非专利技术。

（2）自然资源使用权，包括土地使用权、海域使用权、探矿权、采矿权、取水权和其他自然资源使用权。

（3）其他权益性无形资产，包括基础设施资产经营权、公共事业特许权、配额、经营权（包括特许经营权、连锁经营权、其他经营权）、经销权、分销权、代理权、会员权、席位权、网络游戏虚拟道具、域名、名称权、肖像权、冠名权、转会费等。

提示：纳税人通过省级土地行政主管部门设立的交易平台转让补充耕地指标，按照销售无形资产缴纳增值税，税率为6%。

转让土地使用权适用9%税率。

精准答疑

问题： 销售软件属于销售无形资产吗？

解答：（1）软件产品在我国增值税征税范围中属于"货物"范畴，适用13%的税率，不属于销售无形资产。同时针对软件企业销售自产软件产品，还有增值税即征即退的优惠政策，具体内容见本章的税收优惠部分内容。

（2）软件服务是指软件开发服务、软件维护服务、软件测试服务的业务活动，按照"现代服务——信息技术服务"缴纳增值税。

（五）销售不动产（9%税率）

销售不动产，是指有偿转让不动产所有权的业务活动，适用9%税率。

转让建筑物有限产权或者永久使用权的，转让在建的建筑物或者构筑物所有权的，以及在转让建筑物或者构筑物时一并转让其所占土地的使用权的，按照销售不动产缴纳增值税。

提示：虽然单独转让土地使用权属于销售无形资产，但如果在转让土地使用权的同时，也将地上的建筑物或者构筑物一起转让，则属于销售不动产。

二、不征收增值税的规定及征税范围的特殊规定（★★）

（一）不征收增值税的规定

记忆提示	具体情形
非营业活动	（1）单位或者个体工商户聘用的员工为本单位或者雇主提供取得工资的服务，单位或者个体工商户为员工提供应税服务。 （2）代为收取的满足条件的政府性基金或者行政事业性收费。 （3）各党派、共青团、工会、妇联、中科协、青联、台联、侨联收取党费、团费、会费，以及政府间国际组织收取会费，属于非经营活动，不征收增值税。 （4）房地产主管部门或者其指定机构、公积金管理中心、房地产开发企业以及物业管理单位代收的住宅专项维修资金
特定金融相关	（1）存款利息、被保险人获得的保险赔付。 （2）融资性售后回租业务中，承租方出售资产的行为
"整体资产转让"	（1）纳税人在资产重组过程中，通过合并、分立、出售、置换等方式，将全部或者部分实物资产以及与其相关联的债权、负债和劳动力一并转让给其他单位和个人，不属于增值税的征税范围，其中涉及的货物转让，不动产、土地使用权转让行为，不征收增值税。 （2）将全部或者部分实物资产以及与其相关联的债权、负债经多次转让后，最终的受让方与劳动力接收方为同一单位和个人的，也不属于增值税的征税范围，其中货物的多次转让，不征收增值税
特定公益行为	纳税人根据国家指令无偿提供的铁路运输服务、航空运输服务，属于以公益活动为目的的服务

提示:

代为收取的政府性基金或者行政事业性收费需同时满足以下条件:

（1）由国务院或者财政部批准设立的政府性基金，由国务院或者省级人民政府及其财政、价格主管部门批准设立的行政事业性收费。

（2）收取时开具省级以上（含省级）财政部门监（印）制的财政票据。

（3）所收款项全额上缴财政。

（二）增值税征税范围的特殊规定

对于征税行为的特殊规定，需重点关注：对于同一类行为，哪些情形属于征税范围、哪些情形不属于征税范围。

特殊项目	属于征税范围的行为	不属于征税范围的行为
财政补贴收入	财政补贴收入，与其销售货物、劳务、服务、无形资产、不动产的收入或者数量直接挂钩的	其他情形的财政补贴收入
罚没物品	经营单位购入罚没物品再销售、国家指定销售单位将罚没物品再销售、专管机关再经营应征增值税的货物	罚没物品公开拍卖收入、变价处理收入，如数上缴财政
单用途商业预付卡和支付机构预付卡（多用途卡）	（1）售卡方因发行或者售卡并办理相关资金收付结算业务取得的手续费、结算费、服务费、管理费等收入。（2）持卡人到特约商户购买货物或服务，特约商户应按规定缴纳增值税（不得开具增值税发票）	售卡或者持卡人充值取得的充值或预收资金（可开具普票，不得开具增值税专用发票）

原理详解

加油卡如何开票?

购油单位在购买加油卡时可取得普通发票，待凭卡加油后可按规定取得增值税专用发票。

依据《成品油零售加油站增值税征收管理办法》（国家税务总局令2002年2号）第十二条规定，发售加油卡、加油凭证销售成品油的纳税人（以下简称"预售单位"）在售卖加油卡、加油凭证时，应按预收账款方法作相关账务处理，不征收增值税。预售单位在发售加油卡或加油凭证时可开具普通发票，如购油单位要求开具增值税专用发票，待用户凭卡或加油凭证加油后，根据加油卡或加油凭证回笼纪录，向购油单位开具增值税专用发票。接受加油卡或加油凭证销售成品油的单位与预售单位结算油款时，接受加油卡或加油凭证销售成品油的单位根据实际结算的油款向预售单位开具增值税专用发票。

精准答疑

问题： "不征税""免税""零税率"三者的区别。

解答： "不征税"通俗的理解就是上述行为不在增值税征税规定范围内，不需要缴纳增值税。

"免税"是指特定项目虽然在增值税的征税范围内，但国家给予政策优惠，允许免征增值税。但免税行为上一环节所负担的增值税进项税额不可以抵扣。

与"免税"相似的一个概念是"零税率"。"零税率"与"免税"的最大区别就是在"零税率"的情形下，上一环节的进项税额仍然可以正常抵扣，或者享受出口退（免）税政策。

| 典例研习·2-7 （模拟多项选择题）

下列属于增值税征税范围的有（   ）。

A.单位聘用的员工为本单位提供（取得工资）的运输服务

B.航空运输企业提供的湿租业务

C.广告公司提供的广告代理业务

D.房地产评估咨询公司提供的房地产评估业务

E.出租车公司向使用本公司自有出租车的出租车司机收取的管理费用

（斯尔解析）本题考查增值税征税范围的辨析。

选项BE当选，均按"交通运输服务"缴纳增值税。

选项C当选，按"现代服务——文化创意服务"缴纳增值税。

选项D当选，按"现代服务——鉴证咨询服务"缴纳增值税。

选项A不当选，单位或者个体工商户聘用的员工为本单位或者雇主提供取得工资的服务、单位或者个体工商户为员工提供应税服务不征收增值税。

▲本题答案 BCDE

| 典例研习·2-8 （2019年单项选择题）

根据增值税的相关规定，下列说法正确的是（   ）。

A.单位取得存款利息应缴纳增值税

B.工会组织收取工会经费应缴纳增值税

C.单位获得财产保险赔付应缴纳增值税

D.单位取得与销售收入无关的中央财政补贴不缴纳增值税

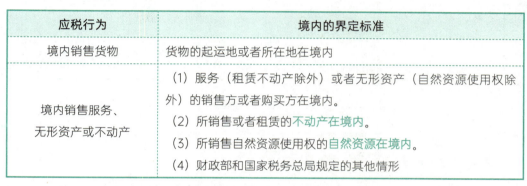

斯尔解析　本题考查增值税征税范围的特殊规定。

选项D当选，财政补贴，与其销售货物、劳务、服务、无形资产、不动产的收入或者数量直接挂钩的，应按规定计算缴纳增值税；其他情形的财政补贴收入不属于增值税征税范围，无须缴纳增值税。

选项ABC不当选，均不属于增值税的征税范围，不征收增值税。

本题答案　D

三、境内销售的界定（★★★）

（一）一般规定

应税行为	境内的界定标准
境内销售货物	货物的起运地或者所在地在境内
境内销售服务、无形资产或不动产	（1）服务（租赁不动产除外）或者无形资产（自然资源使用权除外）的销售方或者购买方在境内。 （2）所销售或者租赁的不动产在境内。 （3）所销售自然资源使用权的自然资源在境内。 （4）财政部和国家税务总局规定的其他情形

（二）不属于在境内销售服务或无形资产

记忆提示	具体范围
"完全发生在境外"	（1）境外单位或者个人向境内单位或者个人销售完全在境外发生的服务。 （2）境外单位或者个人向境内单位或者个人销售完全在境外使用的无形资产。 （3）境外单位或者个人向境内单位或者个人出租完全在境外使用的有形动产
"特定服务地点在境外"	（1）境外的单位或者个人发生的下列行为： ①为出境的函件、包裹在境外提供的邮政服务、收派服务。 ②向境内单位或者个人提供的工程施工地点在境外的建筑服务、工程监理服务。 ③向境内单位或者个人提供的工程、矿产资源在境外的工程勘察勘探服务。 ④向境内单位或者个人提供的会议展览地点在境外的会议展览服务。 （2）境内单位和个人作为工程分包方，为施工地点在境外的工程项目提供建筑服务，从境内工程总承包方取得的分包款收入，视同从境外取得收入

解题高手👍

命题角度：判断应税服务行为是否属于"境内"。

提供方	接受方	销售行为的类型	地点规定	是否属于征税范围
不限		销售、租赁不动产	不动产在境内的	属于"境内"应征收增值税
		自然资源使用权	自然资源在境内的	
内	内或外	销售服务和无形资产	—	
外	内	销售服务和无形资产	在境内发生、使用或部分在境内发生、使用	
			完全在境外发生、使用的	不属于"境内"不征收增值税
	外	销售服务和无形资产	—	

▎典例研习·2-9　2017年单项选择题

下列业务属于在我国境内发生增值税应税行为的是（　　）。

A.英国会展单位在我国境内为境内某单位提供会议展览服务

B.境外企业在巴基斯坦为我国境内单位提供工程勘察勘探服务

C.我国境内单位转让在德国境内的不动产

D.新西兰汽车租赁公司向我国境内企业出租汽车，供其在新西兰考察中使用

⑤斯尔解析　本题考查增值税境内销售的判定。

选项A当选，境外单位向境内单位提供的完全在境内发生的服务，属于"境内"应征收增值税。

选项B不当选，向境内单位或者个人提供的工程、矿产资源在境外的工程勘察勘探服务，不属于在境内销售服务。

选项C不当选，销售的不动产在境外的，不属于在境内销售不动产。

选项D不当选，境外单位或者个人向境内单位或者个人出租完全在境外使用的有形动产，不属于在境内销售服务。

▲本题答案　A

典例研习·2-10 [2022年单项选择题]

根据增值税现行政策规定，下列业务属于在境内销售服务、无形资产或不动产的是（　　）。

A.境外单位为境内单位提供境外矿山勘探服务

B.境外单位向境内单位出租境外的厂房

C.境外单位向境内单位销售在境外的不动产

D.境外单位向境内单位销售在境内使用的商标使用权

斯尔解析 本题考查增值税境内销售的判定。

选项D当选、选项A不当选，境外单位为境内单位提供在完全在境外发生使用的服务、无形资产不属于在境内销售服务和无形资产，不征收增值税，销售在境内发生、使用或部分在境内发生、使用的服务，属于在境内的销售行为，应征收增值税。

选项BC不当选，所销售或租赁的不动产在境外，不属于境内的应税行为。

本题答案 D

四、视同销售的征税规定（★★★）

有些货物移送行为，销售服务、无形资产或不动产的行为虽未产生"实实在在的销售额"，企业需要进行视同销售处理，有两个目的：

（1）防止通过这些行为逃避纳税，造成税基被侵蚀，税款流失。

（2）避免税款抵扣链条的中断，导致各环节间税负的不均衡，造成重复征税。

（一）视同销售货物

单位或者个体工商户的下列行为，视同销售货物：

（1）将货物交付其他单位或者个人**代销**。

（2）销售**代销**货物。

（3）设有两个以上机构并实行**统一核算**的纳税人，将货物从一个机构移送其他机构**用于销售**，但相关机构设在同一县（市）的除外。

用于销售，是指受货机构发生以下情形之一的经营行为：

①向购货方开具发票。

②向购货方收取货款。

提示：

a.受货机构的货物移送行为有上述两种情形之一的，应当向所在地税务机关缴纳增值税。未发生上述两种情形的，则应由总机构统一缴纳增值税。

b.如果受托机构只就部分货物向购买方开具或收取货款，则应当区别不同情况计算并分别向总机构所在地或分支机构所在地税务机关缴纳税款。

（4）将自产、委托加工的货物用于**非增值税应税项目**。

（5）将自产、委托加工的货物用于**集体福利或个人消费**。

（6）将自产、委托加工或购进的货物作为**投资**，提供给其他单位或个体工商户。

（7）将自产、委托加工或购进的货物**分配**给股东或投资者。

（8）将自产、委托加工或购进的货物**无偿赠送**给其他单位或者个人。

原理详解 💡

如何理解机构之间移送的视同销售？

统一核算并不是指增值税汇总缴纳，而是指总机构对分支机构的控制以及监督管理，是总机构对其财务、业务、人员等直接进行统一核算和管理。

总分机构之间之所以视同销售，是因为总分机构之间移送货物用于销售属于机构内部的货物移送，不是销售行为，不应该征税，但因为我国目前增值税的征收管理是实行属地管理的，如果总机构和分支机构之间移送货物用于销售不作为应税行为，而是在最终销售时才征税，将导致税收由移出地转移到移入并销售的地方缴纳，同时移入机构将无进项抵扣。

（二）视同销售服务、无形资产或者不动产

（1）单位或者个体工商户向其他单位或者个人无偿提供服务，但用于公益事业或者以社会公众为对象的除外。

（2）单位或者个人向其他单位或者个人无偿转让无形资产或者不动产，但用于公益事业或者以社会公众为对象的除外。

（3）纳税人出租不动产，租赁合同中约定免租期的，不属于视同销售服务。

| 典例研习·2-11

判断以下行为是否属于增值税视同销售行为。

（1）服装公司将自产的服装交给百货公司代销。

（2）化妆品公司将自产的化妆品小样赠送给客户。

（3）白酒生产企业将委托加工收回的白酒分配给股东单位。

（4）电脑生产企业将自产的笔记本电脑用于年会抽奖，奖励给职工。

（5）坚果公司将外购的杏仁露作为中秋节礼物发放给职工。

（6）线下零售商将其品牌和连锁经营权无偿转让给某互联网电商企业。

（7）航空公司根据国家指令无偿提供的境外撤侨服务。

⑤ **斯尔解析**

属于视同销售行为的有：（1）（2）（3）（4）（6）。

不属于视同销售行为的有：（5）（7）。

| 典例研习·2-12 〔2018年单项选择题〕

下列收入中，不征收增值税的是（　　）。

A.被保险人获得的保险赔付

B.供电企业进行电力调压并按照电量向电厂收取的并网服务费

C.销售自产机器设备同时提供安装服务取得的安装费

D.销售代销货物取得的收入

🔍斯尔解析　本题考查增值税征税范围的规定。

选项A当选，被保险人获得的保险赔付属于不征收增值税的项目。

选项B不当选，供电企业进行电力调压并按照电量向电厂收取的并网服务费，按照销售劳务征收增值税。

选项C不当选，一般纳税人销售自产机器设备的同时提供安装服务，应分别核算机器设备和安装服务的销售额，安装服务可以按照甲供工程选择适用简易计税方法计税。

选项D不当选，销售代销货物，视同销售货物，征收增值税。

🌱本题答案 A

五、混合销售和兼营行为的征税规定（★）

1.混合销售

一项销售行为如果既涉及货物又涉及服务，为混合销售。

混合销售行为，应按照纳税人从事的主业征税：

（1）从事货物生产、批发零售的单位和个体工商户的混合销售，按照销售货物缴纳增值税。

（2）其他单位和个体工商户的混合销售行为，按照销售服务缴纳增值税。

（3）特殊规定：销售活动板房、机器设备、钢结构件等自产货物的同时提供建筑、安装服务，不属于混合销售，应分别核算货物和建筑服务的销售额（分别适用不同的税率和征收率）。

提示：一般纳税人销售外购机器设备的同时提供安装服务，如果分别核算机器设备和安装服务的销售额，同样可以按照兼营处理，分别适用不同的税率和征收率。

2.兼营行为

兼营行为是指纳税人的经营范围既包括销售货物和加工修理修配劳务，又包括销售服务、无形资产或者不动产。

（1）发生适用于不同税率或征收率的应税销售行为，应当分别核算适用不同税率或者征收率的销售额。

（2）如果未分别核算销售额：兼营不同税率的，**从高适用税率**。兼营不同征收率的，从高适用征收率。兼营不同税率和征收率的，**从高适用税率**。

（3）纳税人兼营免税、减税项目的，应当分别核算免税、减税项目的销售额，未分别核算的，**不得减税、免税**。

解题高手👍

命题角度：注意兼营行为和混合销售行为的区别。

混合销售需要同时满足以下两个条件（特殊规定除外）：

（1）在同一项销售行为中发生。

（2）该项行为既涉及销售货物又涉及销售服务。

销售货款和服务价款是同时从一个购买方取得的。不同时满足两个条件的即为兼营。

混合销售的纳税主要原则是按"经营主业"划分，分别按照"销售货物""销售服务"等不同应税交易征收增值税。

兼营的纳税原则是分别核算、分别按照适用税率或征收率征收增值税；对兼营行为不分别核算的，从高适用税率或征收率征收增值税。

│典例研习·2-13

判断下列行为是属于混合销售行为还是兼营行为。

（1）甲公司销售自产机器设备的同时提供建筑服务。

（2）某建材商店销售建材给张三，另外为李四提供装饰服务。

（3）酒店提供住宿的同时提供一次性洗漱用品。

（4）饭店提供餐饮服务的同时向就餐客人销售饮料酒水。

（5）某家电城销售冰箱并送货上门。

（6）甲公司既提供设计服务又提供装饰服务。

⑤斯尔解析

属于混合销售行为的有：（3）（4）（5）。

属于兼营行为的有：（1）（2）（6）。

第四节　增值税的计税方法

增值税的计税方法，包括一般计税方法，简易计税方法和扣缴计税方法等。

增值税纳税人分为一般纳税人和小规模纳税人，其中不同类型纳税人、计税方法和税率征收率的对应情况如下：

纳税人类型	计税方法	税率/征收率
一般纳税人	通常（默认）情形：一般计税方法	税率
	特殊情形：采用简易计税方法	征收率
小规模纳税人	简易计税方法	征收率

一、一般计税方法

增值税一般计税方法，我国采用的是间接计算法，即国际上通行的购进扣税法。对纳税人发生的销售额征税，同时纳税人购进项目所含进项税额可以抵扣。

当期销项税额抵扣当期进项税额后的余额为应纳增值税额。应纳税额计算公式：

当期应纳增值税税额＝当期销项税额－当期进项税额

当期销项税额＝不含税销售额×适用税率＝含税销售额÷（1＋适用税率）×适用税率

当期销项税额小于当期进项税额不足抵扣时，其不足部分可以结转下期继续抵扣或留抵退税。

一般纳税人发生应税销售行为，除适用简易计税方法的，均应采用一般计税方法计算缴纳增值税。（一般计税方法的相关内容在"第六节　一般计税方法应纳税额的计算"进行详细讲解）

二、简易计税方法

为方便小规模纳税人，减轻小规模纳税人的征税成本，我国对小规模纳税人采用简易计税方法，只对小规模纳税人发生的销售额征税，同时小规模纳税人购进项目所含进项税额不可以抵扣。

一般纳税人发生特定销售行为，也可以选择简易计税方法计税，但不可以抵扣进项税额。

计算公式：

应纳税额＝不含税销售额×征收率＝含税销售额÷（1＋征收率）×征收率

三、扣缴计税方法

境外单位或者个人在境内发生应税行为，在境内未设有经营机构的，以其境内代理人为扣缴义务人。在境内没有代理人的，以购买方为扣缴义务人。扣缴义务人按照下列公式计算应扣缴税额：

应扣缴税额＝接受方支付的价款÷（1＋税率）×税率

| 典例研习 · 2-14

　　2023年5月居民企业甲向A国乙企业支付特许权使用费5 000万元（含应代扣代缴的税额）。乙企业未派人来中国提供服务，在境内没有设立经营机构或代理人，请计算该特许权使用费甲企业应代扣代缴的增值税。

⑨斯尔解析

代扣代缴的增值税=5 000÷（1+6%）×6%=283.02（万元）

第五节　税率和征收率

一、增值税的税率（★★★）

　　我国增值税的税率目前有13%、9%、6%及零税率四档。

（一）13%、9%、6%税率的适用情形

税率	具体内容	
13%	销售货物、劳务、有形动产租赁服务或者进口货物	
9%	销售或者进口右列货物	粮食等初级农产品、食用植物油、食用盐
		自来水、暖气、冷气、热水、煤气、石油液化气、天然气、二甲醚、沼气、居民用煤炭制品
		图书、报纸、杂志、音像制品、电子出版物
		饲料、化肥、农药、农机、农膜
	销售服务	销售交通运输、邮政、建筑、基础电信、不动产租赁服务、销售不动产、转让土地使用权
6%	（1）现代服务（租赁服务除外）、增值电信服务、金融服务、生活服务。 （2）销售无形资产（转让土地使用权除外）	

　　提示：（1）纳税人受托对垃圾、污泥、污水、废气等废弃物进行专业化处理（即运用填埋、焚烧、净化、制肥等方式，对废弃物进行减量化、资源化和无害化处置）。

项目		受托方征税范围	税率
产生货物	货物归委托方	销售劳务	13%
	货物归受托方	现代服务——专业技术服务	6%
未产生货物			

（2）加工、修理修配劳务适用13%税率。有形动产租赁服务适用13%税率，而不动产租赁服务适用9%税率。

（3）基础电信服务税率为9%，增值电信服务税率为6%。

（4）与"土地不动产"相关的适用税率一般为9%，但纳税人通过省级土地行政主管部门设立的交易平台转让补充耕地指标，按照销售无形资产缴纳增值税，税率为6%。

（5）适用9%的货物细节如下表所示。

低税率货物	包括	不包括
农产品	指农林牧渔业生产的各种初级产品，包括经辗磨等工艺加工后的粮食（如面粉、米、玉米面、玉米渣等），切面等粮食复制品，"粗加工"蔬菜（含腌菜、咸菜），烟叶、毛茶、水果、干果、花椒大料（粗加工），药用植物（中药原药植物、中药饮片），巴氏杀菌乳、灭菌乳、鲜奶，玉米胚芽，人工合成牛胚胎（按低税率征税）	"精加工"的调制乳、酸奶、奶酪、奶油、淀粉、速冻食品、方便面，精制茶、边销茶、茶饮料，各种熟食品、罐头、胡椒粉、果脯、蜜饯、中成药等（按基本税率征税）
食用植物油	棕榈油、核桃油、花椒油、橄榄油、杏仁油、葡萄籽油等	肉桂油、桉油、香茅油、环氧大豆油、氢化植物油、皂脚
自来水	—	农业灌溉用水、引水工程输送的水等
居民用煤炭制品	煤球、煤饼、蜂窝煤和引火炭	原煤和工业用煤
图书、报纸、杂志	中小学课本配套产品（包括各种纸制品或图片）	—
饲料	包括单一大宗饲料、混合饲料、配合饲料、复合预混饲料、浓缩饲料，豆粕、宠物饲料	直接用于动物饲养的粮食、饲料添加剂
农药、农机、农膜	农机整机、小农具、农用杀虫设备等	农机零部件，用于人类日常生活的各种类型包装的日用卫生用药（如卫生杀虫剂、驱虫剂、驱蚊剂、蚊香等）

解题高手

命题角度：9%税率货物和13%税率货物辨析。

具体内容	税率
玉米胚芽	9%
玉米蛋白粉、淀粉、方便食品、速冻食品、罐头	13%
肉桂油、桉油、香茅油、环氧大豆油、氢化植物油	13%
毛茶	9%
精制茶、边销茶	13%
中药饮片	9%
中成药	13%
原木	9%
锯材	13%
咸蛋、松花蛋、腌制的蛋	9%
巴氏杀菌乳、灭菌乳	9%
调制乳、酸奶、奶酪、奶油	13%
煤球、煤饼、蜂窝煤、引火炭	9%

典例研习·2-15　模拟多项选择题

下列适用9%税率的有（　　）。

A.蔬菜罐头

B.农机零部件

C.宠物饲料

D.蜂窝煤

E.中药饮片

⑤斯尔解析　本题考查9%税率的适用情形。

选项CDE当选，适用9%税率征收增值税。

选项AB不当选，适用13%税率征收增值税。

▲本题答案　CDE

典例研习·2-16 （模拟多项选择题）

增值税一般纳税人发生的下列应税行为中，适用6%税率计征增值税的有（　　）。

A.提供建筑服务

B.销售现场制作食品

C.提供会议场地及配套服务

D.提供植物养护服务

E.纳税人采取填埋、焚烧等方式进行专业化处理，未产生货物

斯尔解析 本题考查增值税税率的运用。

选项B当选，纳税人现场制作食品并销售属于提供餐饮服务，适用6%的税率。

选项C当选，提供会议场地及配套服务属于"现代服务——文化创意服务——会议展览"服务，适用6%的税率。

选项D当选，按照"其他生活服务"缴纳增值税，适用6%的税率。

选项E当选，纳税人采取填埋、焚烧等方式进行专业化处理，未产生货物按照"现代服务——专业技术服务"缴纳增值税，适用6%的税率。

选项A不当选，一般纳税人提供建筑施工服务适用9%的税率。

本题答案 BCDE

典例研习·2-17 （2018年单项选择题）

下列项目中，2019年4月1日后适用增值税13%税率的货物是（　　）。

A.肉桂油　　　　　　　　　B.葡萄籽油

C.巴氏杀菌乳　　　　　　　D.图书

斯尔解析 本题考查增值税的税率。

选项A当选，肉桂油、桉油、香茅油不属于农业产品的范围，适用13%的税率。

选项BCD不当选，图书、葡萄籽油、巴氏杀菌乳均适用9%的税率。

本题答案 A

（二）零税率

原理详解 💡

注意零税率和免税的区别：

（1）零税率表示出口环节税率为零（即销项为零），但上一个环节负担的进项税额仍然可以正常抵扣，或者享受退税［出口退（免）税政策］。

（2）"免税项目"的上一个环节所负担的增值税进项税额不可以抵扣。

1.适用零税率的应税行为

境内单位和个人跨境销售规定范围内的服务，税率为零。

（1）国际运输服务：

①境内单位或个人提供程租服务，该交通工具用于国际和中国港澳台运输服务的，由出租方申请适用增值税零税率。

②境内单位或个人向境内单位或个人提供期租、湿租服务，如果承租方利用该交通工具提供国际和中国港澳台运输服务，由承租方适用增值税零税率。如果是境内单位或个人直接向境外单位或个人提供的期租、湿租服务，由出租方适用增值税零税率。

③无运输工具承运方式提供的国际运输服务，由境内实际承运人适用增值税零税率，无运输工具承运业务的经营者适用增值税免税政策。

国际运输零税率的适用方总结如下：

行为		零税率适用方
程租		出租方
期租、湿租	向境内单位提供	承租方
	向境外单位提供	出租方
无运输工具承运业务		实际承运人

提示：国际运输必须取得相关资质，才可以适用增值税零税率。未取得资质的，适用增值税免税政策。

（2）航天运输服务。

（3）向境外单位提供的完全在境外消费的下列服务：研发服务、合同能源管理服务、设计服务、广播影视节目（作品）的**制作和发行**服务、软件服务、电路设计及测试服务、信息系统服务、业务流程管理服务、离岸服务外包业务、转让技术。

提示：

完全在境外消费需要符合下列要求：

①服务的实际接受方在境外，且与境内的货物和不动产无关。

②无形资产完全在境外使用，且与境内的货物和不动产无关。

③财政部和国家税务总局规定的其他情形。

（4）境内单位和个人发生的与中国香港、澳门、台湾有关的应税行为，除另有规定外，适用零税率。

2.放弃使用零税率

境内的单位和个人销售适用增值税零税率的服务或无形资产的，可以放弃适用增值税零税率，选择免税或按规定缴纳增值税。放弃适用增值税零税率后，36个月内不得再申请适用增值税零税率。

二、增值税的征收率（★★★）

目前，我国增值税征收率为3%和5%两档形式。对一般纳税人选择简易计税方法计税的情形及小规模纳税人简易计税方法的情形，适用相应征收率。

此外，在两档征收率的基础上，对特别的应税行为，减按特殊征收率征收，后续将针对每一类具体情形逐一展开。（详见"第七节　简易计税方法应纳税额的计算"）

第六节　一般计税方法应纳税额的计算

一般计税方法的应纳税额，是指当期销项税额抵扣当期进项税额后的余额。

应纳税额计算公式：

当期应纳增值税额＝当期销项税额－当期进项税额

一、销项税额

纳税人销售货物、劳务、服务、无形资产或者不动产，按照销售额和税法规定的税率计算收取的增值税额，为销项税额。

销项税额＝销售额×税率

（一）销售额确定的一般规定（★★★）

销售额为纳税人发生应税销售行为收取的全部价款和价外费用，但是不包括收取的销项税额。具体来说，应税销售额包括以下内容：

1.全部价款

销售货物、劳务、服务、无形资产、不动产取自于购买方的全部价款及价内税。

2.价外费用

（1）向购买方收取的价外费用，不论会计制度如何核算，均应并入销售额。

价外费用，是指价外收取的各种性质的收费。例如，向购买方收取的手续费、补贴、基金、集资费、返还利润、奖励费、违约金、滞纳金、延期付款利息、赔偿金、代收款项、代垫款项、包装费、优质服务费等。价外费用一般都是含税金额，需要按照所销售货物的适用税率进行换算。

对于含税销售额，我们需先将其换算不含税销售额，换算公式如下：

不含税销售额＝含税销售额÷（1+增值税税率）

（2）不包含在价外费用中的项目。

①受托加工应征消费税的消费品所代收代缴的消费税。

②销货同时代办保险收取的保险费、向购买方收取的代购买方缴纳的车辆购置税、车辆牌照费。

③同时符合以下条件的代垫运费：承运部门的运输费用发票开具给购买方，且纳税人将该项发票转交给购买方的。

④代为收取的同时满足以下条件的政府性基金或者行政事业性收费：

a.由国务院或者财政部批准设立的政府性基金，由国务院或者省级人民政府及其财政、价格主管部门批准设立的行政事业性收费。

b.收取时开具省级以上（含省级）财政部门监（印）制的财政票据。

c.所收款项全额上缴财政。

提示：上述项目实际上是纳税人在各个环节代收代付的款项，包括委托加工环节代收的支付给税务机关的消费税，支付给保险公司的保险费，支付给税务机关的车辆购置税和支付给车辆管理机构的车辆牌照费等，属于"证据确凿"的代收代付。

精准答疑

问题： 如何分辨含税销售额和不含税销售额的情况。

解答： 一般情况下，题目中如果出现"价税合计金额""含税价格""零售价格""价外费用""包装物租金或押金"等字眼，如无特别说明，都是含税销售额，需进行价税分离。

但如果出现的是"不含税收入""增值税专用发票上注明的金额""增值税专用发票上注明的价款"这种字眼，则为不含税销售额，无须价税分离。

总结：含税收入与不含税收入的判定如下。

类型	具体内容
不含税收入	专票金额、增值税专用发票上注明的价款等
含税收入	零售价、普票价税合计金额、价外费用，包装物押金、包装物租金等

典例研习 · 2-18　2019年单项选择题

某企业为增值税一般纳税人，2024年4月提供汽车租赁服务，开具增值税专用发票，注明金额50万元。提供汽车车身广告位出租服务，开具增值税普通发票，注明价税合计金额67.8万元。出租上月购置房屋，开具增值税专用发票，注明金额100万元。该企业当月上述业务增值税销项税额为（　　）万元。

A.15.6

B.18.9

C.23.3

D.25.6

斯尔解析 本题考查一般纳税人销项税额的计算。

选项C当选，提供汽车租赁服务，按照"现代服务——有形动产租赁服务"缴纳增值税，适用税率13%。提供汽车车身广告位出租服务，按照"经营租赁服务"缴纳增值税，适用税率13%。出租不动产，按照"不动产租赁服务"缴纳增值税，适用税率9%。其中67.8万元为价税合计金额，需作价税分离。

综上，该企业当月上述业务增值税销项税额=50×13%+67.8÷（1+13%）×13%+100×9%=23.3（万元）。

本题答案 C

（二）特殊销售方式下销售额的确定（★★★）

在市场竞争过程中，纳税人会采取某些特殊、灵活的销售方式销售货物、劳务、服务、无形资产或者不动产。这些特殊销售方式下销售额的确定方法如下：

销售方式	描述	增值税税务处理	
折扣销售（商业折扣）	因购货方购货数量较大等原因而给予购货方的价格优惠	销售额和折扣额在同一张发票（金额栏）上分别注明的，可按折扣后的销售额征收增值税。如果仅在发票"备注栏"注明折扣额的，不得从销售额中减除。如果将折扣额另开发票，不论财务上如何处理，不得减除折扣额	
销售折扣（现金折扣）	在发生应税销售行为后，为了鼓励购货方及早偿还货款的一种折扣优待	销售折扣不得从销售额中减除，实质上是一种融资性质的理财费用。例如：10天内付款给予5%折扣，20天内付款给予3%折扣，30天内付款给予1%折扣	
销售折让或销售退回	因售出商品的质量不合格等原因而在售价上给予的减让	（1）销售折让可以通过开具红字专用发票从"发生销货退回或折让当期"销售额中减除。（2）开具发票之后，如果由于购买方在一定时期内累计购买货物达到一定数量，或由于市场价格下降等原因，销货方给予购货方相应的价格优惠或补偿等折扣、折让行为，可按照有关规定开具红字增值税发票	
以旧换新	折价收回同类旧货物，并以折价款部分冲减货物价款的一种销售方式	金银首饰	按实际收取的价款（即冲减旧货价款后的差额）为销售额
		其他商品	按新货物的同期销售价格确定销售额
以物易物	不以货币结算，而是以同等价款的货物相互结算	双方均作购销处理，各自分别全额核算销售额并计算销项税额，并且以各自收到的货物核算购进金额并计算进项税额。提示：如果收到货物不能取得增值税专用发票或其他扣税凭证，不得抵扣进项税额	

销售方式	描述	增值税税务处理
还本销售	在销售货物后，到一定期限由销售方一次或分次退还给购货方全部或部分价款	不得从销售额中减除还本支出
包装物押金	一般货物和啤酒、黄酒	收到时不并入销售额，逾期或超过一年时并入销售额
	其他酒类	收到时并入销售额
贷款服务	一般规定	以提供贷款服务取得的全部利息及利息性质的收入为销售额
	按期计收利息的	结息日当日计收的全部利息收入，均应计入结息日所属期的销售额
	金融机构开展贴现、转贴现业务	以其实际持有票据期间取得的利息收入作为贷款服务销售额
直接收费金融服务		以收取的手续费、佣金、酬金、管理费、服务费、经手费、开户费、过户费、结算费、转托管费等各类费用为销售额
直销企业	直销企业先将货物销售给直销员，直销员再将货物销售给消费者的	以向直销员收取的全部价款和价外费用为销售额
	直销企业通过直销员向消费者销售货物，直接向消费者收取货款	以向消费者收取的全部价款和价外费用为销售额

原理详解

（1）对于折扣销售的开票要求。

税法中对纳税人采取折扣方式销售货物销售额的核定，之所以强调销售额与折扣额必须在同一张发票上注明，主要是从保证增值税征收管理的需要，即征税、扣税相一致考虑的。如果允许对销售额开一张销货发票，对折扣额再开一张退款红字发票，就可能造成销货方按减除折扣额后的销售额计算销项税额，而购货方却按未减除折扣额的销售额及其进项税额进行抵扣，会造成增值税计算征收上的混乱。

（2）包装物押金的处理。

根据税法的相关规定，纳税人为销售货物而出租出借包装物收取的押金，单独记账的、时间在1年内又未过期的，不并入销售额征税；但对逾期未收回不再退还的包装物押金，应按所包装货物的适用税率计算纳税。这里需要注意两个问题：

一是"逾期"的界定，"逾期"是指按合同约定实际逾期和1年（12个月）孰早为期限，对收取1年以上的押金，无论是否退还均并入销售额征税。

二是押金属于含税收入，应先将其换算为不含税销售额再并入销售额征税。

另外，包装物押金与包装物租金不能混淆，包装物租金属于价外费用，在收取时便并入销售额征税。

对销售除啤酒、黄酒以外的其他酒类产品收取的包装物押金，无论是否返还以及会计上如何核算，均应并入当期销售额征税。

｜ 典例研习 · 2-19

某食品企业为增值税一般纳税人，2023年4月销售货物，开具增值税专用发票注明金额500万元，因购买数量较大给予相应折扣，在同一张发票"金额栏"注明折扣金额250万元。为鼓励买方及早付款，实行现金折扣2/30，1/45，N/90，买方于第40天付款。请计算该企业上述业务的销项税额。

斯尔解析

销项税额=（500−250）×13%=32.5（万元）

提示：销售额和折扣额在同一张发票（金额栏）上分别注明的，可按折扣后的销售额征收增值税。销售折扣不得从销售额中减除，实质上是一种融资性质的理财费用。

｜ 典例研习 · 2-20

某烟酒店为增值税一般纳税人，2024年3月销售白酒，开具增值税专用发票注明金额50万元，另收取包装物租金1万元，包装物押金1.26万元，没收以前月份白酒包装物逾期押金3万元。销售啤酒，取得不含税收入20万元，收取包装物押金2万元，没收以前月份啤酒包装物逾期押金1.13万元，计算该烟酒店当月增值税销项税额。

斯尔解析

（1）白酒的包装物租金1万元属于价外费用，需要并入销售额计算增值税。白酒的包装物押金，在收到时并入销售额，逾期时不并入。啤酒的包装物押金，逾期时并入，收到时不并入。

（2）包装物租金和包装物押金均为含税价格，需要作价税分离。

综上，销项税额=［（50+20）+（1+1.26+1.13）÷（1+13%）］×13%=9.49（万元）。

典例研习·2-21 2022年单项选择题

甲企业2023年3月以零售价格为65 540元的自产产品与乙公司换取含税价格为47 460元的原材料一批，乙企业另支付甲企业交换差价18 080元，交换货物均适用13%增值税税率。甲企业自产产品成本为45 666元，成本利润率为8%。双方均为增值税一般纳税人，均对此取得增值税专用发票。甲企业该业务应计算增值税销项税额（　　）元。

A.2 080

B.6 411.51

C.7 540

D.5 673.90

斯尔解析 本题考查以物易物销售方式下增值税销项税额的计算。

选项C当选，采用以物易物方式销售，以物易物双方都应作销售处理，以各自发出的货物核算销售额并计算销项税额，以各自收到的货物核算购货额及进项税额。

故甲企业增值税销项税额=65 540÷（1+13%）×13%=7 540（元）。

选项A不当选，误以差价计算增值税销项税额。

选项B不当选，误以成本×（1+成本利润率）×增值税税率计算增值税销项税额。

选项D不当选，误以成本×（1+成本利润率）÷（1+增值税税率）×增值税税率计算增值税销项税额。

本题答案 C

（三）视同销售行为销售额的确定（★★★）

纳税人销售货物、发生应税行为的价格明显偏低或偏高且不具有合理商业目的，或者有视同销售货物行为、视同发生应税行为而无销售额的，在计算增值税时，销售额应按照如下顺序来确定：

（1）按照纳税人最近时期同类应税货物、应税行为的平均销售价格确定。

（2）按照其他纳税人最近时期同类应税货物、应税行为的平均销售价格确定。

（3）按照组成计税价格确定。公式为：

组成计税价格=成本×（1+成本利润率）

成本利润率由国家税务总局确定。

提示：

如果销售的是应交消费税的应税消费品，组成计税价格中还需要包含消费税税额。公式变成：

应交消费税货物的组成计税价格=成本×（1+成本利润率）+消费税税额

一般货物成本利润率为10%，但属于应征收消费税的货物，其成本利润率依据消费税规定，详见"第三章 消费税"。

| 典例研习 · 2-22

某电器公司为增值税一般纳税人，2024年5月将自产的一批智能音箱作为福利发给本公司职工作为端午节福利。该批产品尚未上市销售，无市场价格，制造成本（不含税）共计10万元，成本利润率为10%。请计算发给职工的音箱应纳增值税销项税额。

斯尔解析

无纳税人最近时期同类应税货物均价、也无市场价格，应按照组成计税价格确定视同销售销售额。

销项税额=10×（1+10%）×13%=1.43（万元）

（四）销售额的特殊规定——差额计征（★★★）

原理详解

为何要进行差额计税？

现行增值税政策规定，增值税的销售额为纳税人发生应税销售行为收取的全部价款和价外费用。但有些销售行为，仍然无法通过抵扣机制避免重复征税情况的发生，确定这些行为的应税销售额时，引入特殊规定，即可以从全部价款和价外费用中减除部分项目，以差额作为计税销售额。差额计征主要有以下两个原因：

（1）允许扣除的部分实际上不属于纳税人自己的收入或者不属于纳税人自己的销售额，属于"证据确凿的代收代付"。

（2）允许扣除的部分在实际操作中很难或者无法取得增值税进项税额的合法抵扣凭据。

1.金融商品转让的销售额

（1）金融商品转让，按照卖出价扣除买入价后的余额为销售额。

（2）转让金融商品出现的正负差，按盈亏相抵后的余额为销售额。若相抵后出现负差，可结转下一纳税期与下期转让金融商品销售额相抵，但年末时仍出现负差的，不得转入下一个会计年度（即转让金融商品盈亏可以相抵，负差可跨纳税期相抵，但不得跨年）。

（3）金融商品的买入价，可以选择按照加权平均法或者移动加权平均法进行核算，选择后36个月内不得变更。

（4）金融商品转让，不得开具增值税专用发票。

（5）针对解禁流通后对外转让限售股的买入价的特殊规定如下表：

类型	买入价确定
上市公司实施股权分置改革时，原非流通股股份，以及上述股份孳生的送、转股	复牌首日的开盘价
公司首次公开发行股票并上市（IPO）形成的限售股，以及上述股份孳生的送、转股	该上市公司股票首次公开发行（IPO）的发行价
因上市公司实施重大资产重组形成的限售股，以及上述股份孳生的送、转股	最后停牌前一交易日的收盘价

提示：

①单位将其持有的限售股在解禁流通后对外转让，按照规定确定的买入价低于该单位取得限售股的实际成本价的，以实际成本价为买入价计算缴纳增值税。

②纳税人无偿转让股票时，转出方以该股票的买入价为卖出价，按照"金融商品转让"计算缴纳增值税。在转入方将上述股票再转让时，以原转出方的卖出价为买入价，按照"金融商品转让"计算缴纳增值税。

| 典例研习·2-23

某金融机构为增值税一般纳税人，按季申报缴纳增值税，2023年第二季度经营业务如下：转让债券，卖出价为2 200万元，该债券于2019年6月买入，买入价为1 400万元。该金融机构2023年第一季度转让债券亏损80万元。2022年年底转让债券仍有负差100万元。

要求：

根据上述资料，计算该业务的销项税额。

斯尔解析

金融商品转让，按照卖出价扣除买入价后的余额为销售额。转让金融商品出现的正负差，按盈亏相抵后的余额为销售额。若相抵后出现负差，可结转下一纳税期与下期转让金融商品销售额相抵，但年末时仍出现负差的，不得转入下一个会计年度。

故该业务的销项税额=（2 200-1 400-80）÷（1+6%）×6%=40.75（万元）

2.融资租赁和融资性售后回租的销售额（仅限于经监管机构批准的纳税人）

类型	销售额
融资租赁	以取得的全部价款和价外费用，扣除支付的借款利息、发行债券利息和车辆购置税后的余额为销售额
融资性售后回租	以取得的全部价款和价外费用（不含本金），扣除对外支付的借款利息、发行债券利息后的余额作为销售额（即可以扣除本金）

提示：纳税人提供有形动产融资性售后回租服务，向承租方收取的有形动产价款本金，不得开具增值税专用发票，可以开具普通发票。

解题高手👍

命题角度：融资租赁和融资性售后回租增值税税务处理的辨析。

（1）普通融资租赁不可以扣本金，只能以扣除借款利息、发行债券利息和车辆购置税后的余额为销售额，按照"有形动产租赁服务"征收增值税，适用13%的税率。

（2）融资性售后回租以不含本金的全部价款和价外费用（即可扣本金），扣除借款利息、发行债券利息后的余额为销售额，按照"贷款服务"征收增值税，适用6%的税率。

原理详解💡

融资租赁本金部分在购进的时候可以取得增值税专用发票，作为进项进行抵扣，所以在计算销项税额的时候不能从租金里面扣除本金。融资性售后回租出售资产的行为不征收增值税，所以出租方购进资产也无法取得增值税发票，而出租方收到的租金，按照"贷款服务"缴纳增值税，实际上只是针对利息及利息性质的收入征收，所以需要扣除本金。

3.各类代理服务

服务	销售额的确定
经纪代理服务	以取得的全部价款和价外费用，扣除向委托方收取并代为支付的政府性基金或者行政事业性收费后的余额为销售额
代理进口免税货物	销售额不包括向委托方收取并代为支付的货款
签证代理服务	以取得的全部价款和价外费用，扣除向服务接受方收取并代为支付给外交部和外国驻华使（领）馆的签证费、认证费后的余额为销售额
人力资源外包服务	按照经纪代理服务缴纳增值税，其销售额不包括受客户单位委托代为向客户单位员工发放的工资和代理缴纳的社会保险、住房公积金
航空运输企业	销售额不包括民航发展基金（机场建设费）和代收其他航空运输企业客票而代收转付的价款
航空运输销售代理企业	以收取的全部价款和价外费用扣除境内或境外的机票结算款和相关费用后的余额为销售额

提示：以上代理服务的扣除项目均不得开具增值税专用发票，可以开具增值税普通发票。

4.一般纳税人提供客运场站服务

销售额为扣除支付给承运方运费后的余额。

5.旅游服务

纳税人提供旅游服务可以选择以取得的全部价款和价外费用，扣除向旅游服务购买方收取并支付给其他单位或者个人的住宿费、餐饮费、交通费、签证费、门票费和支付给其他接团旅游企业的旅游费用后的余额为销售额。

提示：不能扣除的费用包括导游费、车辆加油费、司机费用等其他未列明的费用。选择上述办法计算销售额的纳税人，针对上述费用，不得开具增值税专用发票，可以开具普通发票。

| 典例研习·2-24

某旅游公司为增值税一般纳税人，2022年7月取得旅游费收入共计280万元，其中向其他旅游公司支付接团费60万元，向境内其他单位支付交通费20万元，住宿费14万元，门票费2万元，签证费1万元。支付本单位导游餐饮住宿费共计2.2万元，支付司机劳务费1万元。旅游公司选择按照差额计税，并开具普通发票（金额均含税），计算该企业2022年7月增值税销项税额。

斯尔解析

纳税人提供旅游服务，可以选择以取得的全部价款和价外费用，扣除向旅游服务购买方收取并支付给其他单位或者个人的住宿费、餐饮费、交通费、签证费、门票费和支付给其他接团旅游企业的旅游费用后的余额为销售额。旅游服务属于生活服务，适用6%税率。

销项税额=（280-60-20-14-2-1）÷（1+6%）×6%=10.36（万元）

6.境外单位通过教育部考试中心及其直属单位在境内开展考试

以取得的考试费收入扣除支付给境外单位考试费后的余额为销售额，按提供"教育辅助服务"缴纳增值税。

教育部考试中心及其直属单位代为收取并支付给境外单位的考试费，应统一扣缴增值税，不得开具增值税专用发票，可以开具增值税普通发票。

7.房地产开发企业

房地产开发企业中的一般纳税人销售其开发的房地产项目适用一般计税方法计税，以取得的全部价款和价外费用，扣除受让土地时向政府部门支付的土地价款后的余额为销售额。取得土地时向其他单位或个人支付的拆迁补偿费用也允许在计算销售额时扣除。

8.建筑服务

（1）一般纳税人提供建筑服务选择适用简易计税方法的，以取得的全部价款和价外费用扣除支付的分包款后的余额为销售额。

（2）小规模纳税人提供建筑服务，以取得的全部价款和价外费用扣除支付的分包款后的余额为销售额。

9.转让不动产项目适用简易计税方法（非房地产开发企业）

（1）一般纳税人转让2016年4月30日前取得的不动产（不含自建）选择**适用简易计税方法**的，以取得的全部价款和价外费用扣除不动产购置原价或者取得不动产时的作价后的余额为销售额。

（2）小规模纳税人转让取得的不动产（不含自建），以取得的全部价款和价外费用扣除不动产购置原价或者取得不动产时的作价后的余额为销售额。

提示：建筑服务、转让不动产、房地产开发企业销售自行开发的房地项目的销售额确定相关规定，需要同学们按照计算题的标准掌握，我们将在后续章节中进一步学习及总结。

10.提供劳务派遣服务

（1）一般纳税人提供劳务派遣服务，**选择简易计税方法**的，以取得的全部价款和价外费用，扣除代用工单位支付劳务派遣员工的工资、福利和为其办理社会保险及住房公积金后的余额为销售额，按照简易计税方法依5%征收率征税。

（2）小规模纳税人提供劳务派遣选择差额计税的，按照5%征收率征税。选择全额计税的，按照3%征收率征税。

｜典例研习·2-25　`2021年多项选择题`

一般纳税人提供劳务派遣服务，选择差额纳税时允许扣除的项目有（　　）。

A.为劳务派遣人员办理的住房公积金

B.代用工单位支付给劳务派遣员工的福利

C.为劳务派遣人员办理的社会保险

D.代用工单位支付给劳务派遣员工的工资

E.劳务派遣公司收取的管理费

斯尔解析　本题考查劳务派遣差额计征的规定。

一般纳税人和小规模纳税人提供劳务派遣服务选择采用差额征税的，扣除代用工单位支付劳务派遣员工的工资（选项D当选）、福利（选项B当选）和为其办理社会保险（选项C当选）及住房公积金（选项A当选）后的余额为销售额，按照简易计税方法依5%征收率计算缴纳增值税。

本题答案 ABCD

11.物业公司收取自来水水费

提供物业管理服务的纳税人，向服务接受方收取的自来水水费，以扣除其对外支付的自来水水费后的余额为销售额，**按照简易计税方法依3%征收率征税**。

解题高手👍

命题角度1：提供劳务派遣服务的不同税务处理。

纳税人	全额	差额
一般纳税人	按照一般计税方法适用6%税率	按照简易计税方法
小规模纳税人	按照简易计税方法适用3%征收率	适用5%征收率

命题角度2：差额计征总结。

应税销售行为	差额确定销售额的规定
金融商品转让	销售额=卖出价−买入价
融资租赁业务	销售额=全部价款和价外费用−借款利息−发行债券利息−车辆购置税
融资性售后回租	销售额=全部价款和价外费用（不含本金）−借款利息−发行债券利息
各类代理服务	销售额=全部价款和价外费用−代收款项
航空运输服务	销售额=全部价款和价外费用−代收的机场建设费−代售其他航空运输企业客票代收转付的价款
旅游服务	销售额=全部价款和价外费用−支付给其他单位的住宿费、餐饮费、交通费、签证费、门票费−支付给其他接团旅游企业的旅游费
客运场站服务（一般计税）	销售额=全部价款和价外费用−支付给承运方的运费
建筑服务（简易计税）	销售额=全部价款和价外费用−分包款
房地产开发企业（一般计税）	销售额=全部价款和价外费用−受让土地时向政府部门支付的土地价款
劳务派遣服务（简易计税）	销售额=全部价款和价外费用−代用工单位支付给派遣员工的工资、福利和为其办理社会保险及住房公积金
销售不动产（简易计税）	销售额=全部价款和价外费用−购置原价或取得不动产时的作价

续表

应税销售行为	差额确定销售额的规定
物业收取的自来水费（简易计税）	销售额=全部价款和价外费用－其对外支付的自来水水费
境外单位在境内开展考试	销售额=全部考试费收入－支付给境外单位考试费
处置抵债不动产	销售额=全部价款和价外费用－取得该抵债不动产时的作价

典例研习·2-26 2017年单项选择题

关于增值税的销售额，下列说法中正确的是（　　）。

A.旅游服务，一律以取得的全部价款和价外费用为销售额

B.经纪代理服务，一律以取得的全部价款和价外费用为销售额

C.客运场站服务，一律以取得的全部价款和价外费用为销售额

D.航空运输销售代理企业提供境内机票代理服务，以取得的全部价款和价外费用，扣除向客户收取并支付给航空运输企业或其他航空运输销售代理企业的境内机票净结算款和相关费用后的余额为销售额

斯尔解析 本题考查增值税差额计税的判定。

选项A不当选，纳税人提供旅游服务，可以选择以取得的全部价款和价外费用，扣除向旅游服务购买方收取并支付给其他单位或者个人的住宿费、餐饮费、交通费、签证费、门票费和支付给其他接团旅游企业的旅游费用后的余额为销售额。

选项B不当选，经纪代理服务，以取得的全部价款和价外费用，扣除向委托方收取并代为支付的政府性基金或者行政事业性收费后的余额为销售额。

选项C不当选，客运场站服务以扣除支付给承运方运费后的余额作为销售额。

本题答案 D

| 典例研习·2-27 `2022年单项选择题`

一般纳税人提供的下列项目中，不适用增值税差额计税的是（　　）。

A.金融商品转让

B.提供客运场站服务

C.直销企业通过直销员向消费者销售货物，直接向消费者收取货款

D.提供劳务派遣服务

斯尔解析 本题考查增值税差额计征的规定。

选项C当选，直销企业通过直销员向消费者销售货物，直接向消费者收取货款，直销企业的销售额为其向消费者收取的全部价款和价外费用。

选项A不当选，金融商品转让，按照卖出价扣除买入价后的余额为销售额。

选项B不当选，一般纳税人提供客运场站服务，以其取得的全部价款和价外费用，扣除支付给承运方运费后的余额为销售额。

选项D不当选，一般纳税人提供劳务派遣服务，可以选择差额纳税，以取得的全部价款和价外费用，扣除代用工单位支付给劳务派遣员工的工资、福利和为其办理社会保险及住房公积金后的余额为销售额。

▲本题答案 C

二、进项税额

进项税额，是指纳税人购进货物、劳务、服务、无形资产、不动产支付或者负担的增值税额。

进项税额与销项税额是相互对应的两个概念，在购销业务中，对于销货方而言，在收回货款的同时，收回销项税额；对于购货方而言，在支付货款的同时，支付进项税额。也就是说，销货方收取的销项税额就是购货方支付的进项税额。

进项税额的抵扣把握三个大原则：

（1）进项税额只会在一般计税方法中涉及，简易计税方法下不存在进项税额的抵扣。

（2）增值税一般纳税人当期应纳增值税额采用购进扣除法计算，即以当期的销项税额扣除当期进项税额，其余额为应纳增值税额。

（3）一般而言，准予抵扣的进项税额可以根据以下两种方法来确定：

一是凭票抵扣，为直接在销货方开具的增值税专用发票和海关完税凭证等上面注明的税额，无须计算。

二是计算抵扣，根据支付金额和法定的扣除率计算出来的。

需要注意的是，并不是购进货物、接受应税劳务、服务、无形资产或不动产所支付或者负担的增值税都可以在销项税额中抵扣，税法对哪些进项税额可以抵扣，哪些进项税额不能抵扣作了严格的规定。

（一）准予从销项税额中抵扣的进项税额（★★★）

1.一般情形——凭票抵扣

一般纳税人取得下列增值税扣税凭证时，可以直接以扣税凭证上注明的增值税税额抵扣进项税额。

（1）在购进货物、劳务、服务、无形资产或不动产时，从销售方取得的增值税专用发票（含带有"增值税专用发票"字样全面数字化的电子发票、税控机动车销售统一发票）。

（2）进口货物报关进口时海关代征进口环节增值税，从海关取得的海关进口增值税专用缴款书。

提示：

①增值税一般纳税人进口货物时应确保海关缴款书上的企业名称与税务登记的企业名称一致。税务机关会与海关进行稽核比对，比对相符后可以抵扣进项税额。若稽核比对不相符，暂不得抵扣，待核查确认一致后，才可作为进项税额在销项税额中抵扣。

②海关缴款书上标明有两个单位名称，既有代理进口单位名称，又有委托进口单位名称的，只准予其中取得专用缴款书原件的一个单位抵扣税款。申报抵扣税款的委托单位，必须提供相应的海关代征增值税专用缴款书原件、委托代理合同及付款凭证，否则，不予抵扣。

（3）自境外单位或者个人购进劳务、服务、无形资产或者境内的不动产，从税务机关或者扣缴义务人处取得的代扣代缴税款的完税凭证。

（4）道路通行费，取得的收费公路通行费增值税电子普通发票。

提示：目前只有高速公路、一二级公路通行费可以取得增值税电子普票，桥闸通行费无法取得增值税电子普票，需要计算抵扣。

（5）国内旅客运输，取得的增值税电子普通发票。

2.购进农产品的进项税额抵扣政策

（1）购入一般农产品的抵扣政策——凭票抵扣/计算抵扣。

取得的扣税凭证	凭票抵扣/计算抵扣的方法	适用10%扣除率的计算
一般纳税人开具的增值税专用发票或海关进口增值税专用缴款书	凭票抵扣：以增值税专用发票或海关进口增值税专用缴款书上注明的增值税额为进项税额	纳税人购进农产品用于生产销售或委托加工13%税率货物的，按照10%的扣除率计算进项税额。其中，9%是在购进当期凭票据实抵扣或凭票计算抵扣进项税额。
农产品销售发票 农产品收购发票	①均采用计算抵扣：进项税额=买价×扣除率（9%）②收购烟叶：烟叶税应纳税额=收购烟叶实际支付的价款总额×烟叶税税率（20%）进项税额=（收购烟叶实际支付的价款总额+烟叶税应纳税额）×扣除率	1%是在生产领用农产品当期加计抵扣进项税额。加计扣除农产品进项税额=买价×1%或者加计扣除农产品进项税额=当期生产领用农产品已按规定扣除率（税率）抵扣税额÷扣除率（税率）×1%
从按照简易计税方法依照3%征收率的小规模纳税人取得的增值税专用发票		

提示：

①纳税人从批发、零售环节购进适用免征增值税政策的蔬菜、鲜活肉蛋而取得的普通发票，不得作为计算抵扣进项税额的凭证。

②烟叶收购单位，应将价外补贴与烟叶收购价格在同一张农产品收购发票或者销售发票上分别注明，否则，价外补贴不得计算增值税进项税额进行抵扣。

解题高手👍

命题角度：对于农产品进项税额抵扣的计算，重点关注如下。

（1）取得扣税凭证的类型：取得的是农产品收购发票和销售发票，以买价作为计算依据。取得的是增值税专票，以不含税金额作为计算依据。此外，如果取得的是1%征收率的增值税专用发票，只能凭票抵扣。取得增值税普通发票，不得抵扣进项税额。

（2）购进后的用途，如用于生产销售或委托加工13%税率货物的，生产领用农产品当期加计1%抵扣进项税额（合计10%），其他用途的均按照9%的扣除率计算进项税额。

典例研习·2-28

某生产企业为增值税一般纳税人，生产的产品均适用13%的增值税税率。2024年1月销售产品取得不含税销售额200万元，当月从农业生产者购进农产品作为生产用原材料，收购发票上注明买价70万元，当月领用56万元农产品用于加工。另购进其他原材料，取得增值税专用发票注明的金额100万元，税额13万元。请计算当月该企业应纳增值税。

Ⓢ斯尔解析

销项税额=200×13%=26（万元）

进项税额=70×9%+56×1%+13=19.86（万元）

当月该企业应纳增值税=26-19.86=6.14（万元）

典例研习·2-29

某食品厂为增值税一般纳税人，2023年5月从农民手中购进玉米用于加工爆米花，当月全部领用，收购发票上注明买价5万元，支付运费取得增值税专用发票上注明金额0.6万元。计算该厂当月可抵扣的增值税进项税额。

Ⓢ斯尔解析

爆米花适用13%的税率，购进的玉米用于生产13%税率的货物，按照10%的扣除率计算进项税额，运费适用交通运输服务9%的税率。

可抵扣的增值税进项税额=5×9%+5×1%+0.6×9%=0.55（万元）

（2）特定农产品的**核定扣除政策**——奶、酒、油的扣除。

自2012年7月1日起，以购进农产品为原料生产销售**液体乳及乳制品、酒及酒精、植物油**的增值税一般纳税人，纳入农产品增值税进项税额核定扣除试点范围，其购进农产品无论是否用于生产上述产品，增值税进项税额均按照核定扣除试点办法核定扣除，不再凭增值税扣税凭证抵扣增值税进项税额。购进农产品以外的货物、应税劳务和应税服务，增值税进项税额仍按现行有关规定抵扣。

①试点纳税人以购进农产品为原料生产货物的，农产品增值税进项税额可按照以下方法核定：

a.投入产出法。

当期允许抵扣农产品增值税进项税额依据农产品单耗数量、当期销售货物数量、农产品平均购买单价（含税，下同）和农产品增值税进项税额**扣除率**（以下简称"扣除率"）计算。公式如下：

当期允许抵扣农产品增值税进项税额＝当期农产品耗用数量×农产品购买单价×扣除率÷（1+扣除率）

当期农产品的耗用数量＝当期销售货物数量×农产品单耗数量

提示：核定扣除下的**"扣除率"为销售货物的适用税率**，需要计算扣除下的"扣除率"作区分。

｜典例研习·2-30

某公司2022年5月份销售10 000吨巴士杀菌羊乳，其主营业务成本为6 000万元，农产品耗用率为70%，原乳单耗数量为1.06，原乳平均购买单价为4 000元/吨。使用投入产出法计算核定的进项税额。

斯尔解析

当期允许抵扣农产品增值税进项税额＝当期农产品耗用数量×农产品平均购买单价×扣除率÷（1+扣除率）＝10 000×1.06×4 000÷10 000×9%÷（1+9%）＝350.09（万元）

提示：（1）注意单位换算，购买单价为4 000元/吨，计算结果为万元，需要除以10 000换算为万元。

（2）如果此例换成生产出的产品是酸奶等13%税率的货物，则公式中的扣除率为13%。

---

b.成本法。

依据试点纳税人年度会计核算资料，计算确定耗用农产品的外购金额占生产成本的比例（以下称"农产品耗用率"）。当期允许抵扣农产品增值税进项税额依据当期主营业务成本、农产品耗用率以及扣除率计算。公式如下：

当期允许抵扣农产品增值税进项税额＝当期主营业务成本×农产品耗用率×扣除率÷（1+扣除率）

农产品耗用率＝上年投入生产的农产品外购金额÷上年生产成本

提示：**农产品耗用率由试点纳税人向主管税务机关申请核定。扣除率为销售货物的适用税率。**

> **典例研习·2-31**
>
> 　　某酒厂（一般纳税人）外购粮食生产销售白酒，采用成本法核定增值税进项税额。经税务机关核定的粮食耗用率为80%。2022年6月，企业主营业务成本为150万元。假设不考虑其他副产品，使用成本法计算核定的进项税额。
>
> 🅢斯尔解析
>
> 　　当期允许抵扣粮食增值税进项税额=当期主营业务成本×农产品耗用率×扣除率÷（1+扣除率）=150×80%×13%÷（1+13%）=13.81（万元）

　　c.参照法。

　　新办的试点纳税人或者试点纳税人新增产品的，试点纳税人可参照所属行业或者生产结构相近的其他试点纳税人确定农产品单耗数量或者农产品耗用率。

　　②购进农产品直接销售。

　　农产品增值税进项税额按照以下方法核定扣除：

　　当期允许抵扣农产品增值税进项税额=当期销售农产品数量÷（1−损耗率）×农产品平均购买单价×适用税率÷（1+适用税率）

　　损耗率=损耗数量÷购进数量×100%

> **典例研习·2-32**
>
> 　　甲企业为增值税一般纳税人，属于农产品增值税进项税额核定扣除试点范围企业。2022年8月期初库存农产品200吨，期初平均买价为0.21万元/吨。当月从农民手中购入农产品400吨，每吨含税价格为0.24万元，入库前发生整理费用1万元。因企业生产能力下降，当月直接销售外购农产品260吨，取得不含税销售额140万元。已知农产品损耗率为3%，计算甲企业当月应纳增值税额。
>
> 🅢斯尔解析
>
> 　　本月加权平均单价=（200×0.21+400×0.24）÷600=0.23（万元/吨）
>
> 　　提示：平均购买单价不包括买价之外单独支付的运费和入库前的挑选整理费用。
>
> 　　计算可以抵扣的进项税额=260÷（1−3%）×0.23×9%÷（1+9%）=5.09（万元）
>
> 　　应纳税额=140×9%−5.09=7.51（万元）

解题高手👍

命题角度：注意收购农产品的进项税额计算抵扣和核定扣除的不同。

（1）扣除率不同：计算扣除的扣除率为9%和10%两档。核定扣除投入产出法和成本法中的扣除率为9%和13%两档，均为销售货物的适用税率。

（2）计算抵扣的时候不需要进行价税分离换算，直接用"买价×扣除率"。而适用于核定扣除办法的特定种类农产品，在核定抵扣时需要按照扣除率或者税率进行价税分离换算，需要除以（1+扣除率）。

典例研习·2-33 2021年多项选择题

关于农产品进项税额的扣除，下列说法正确的有（   ）。

A.一般纳税人购进农产品取得一般纳税人开具的增值税专用发票的，以发票上注明的税额为进项税额

B.提供餐饮服务的一般纳税人从依照3%征收率计算缴纳增值税的小规模纳税人购进农产品取得增值税专用发票的，以发票上注明的金额和9%的扣除率计算进项税额

C.乳品厂以购进农产品为原料生产销售液体乳，按照9%的扣除率计算进项税额

D.提供餐饮服务的一般纳税人从农业生产者购进其自产农产品开具农产品收购发票的，以收购发票上注明的买价和9%的扣除率计算进项税额

E.提供餐饮服务的一般纳税人从农业生产者购进其自产农产品取得农产品销售发票的，以销售发票上注明的买价和9%的扣除率计算进项税额

斯尔解析 本题考查农产品计算抵扣和核定扣除的规定。

选项A当选，纳税人购进农产品，取得一般纳税人开具的增值税专用发票或海关专用缴款书的，以增值税专用发票和海关专用缴款书上注明的增值税税额为进项税额。

选项B当选，纳税人购进农产品，从按照简易计税方法依照3%征收率计算缴纳增值税的小规模纳税取得增值税专用发票的，以增值税专用发票上注明的金额和9%的扣除率计算进项税额。

选项DE当选，纳税人取得（开具）农产品销售发票或收购发票的，以农产品销售发票或收购发票上注明的农产品买价和9%的扣除率计算进项税额。

选项C不当选，纳税人以购进农产品为原料生产销售液体乳，采用核定扣除计算抵扣进项税额，扣除率为销售货物的适用税率。

本题答案 ABDE

3.道路通行费和国内旅客运输服务的进项税额抵扣政策——凭票抵扣/计算抵扣

项目		抵扣凭证以及计算方法
收费公路通行费	高速公路通行费，一二级公路通行费	取得增值税电子普通发票的，按照普通发票上注明的税额抵扣（凭票抵扣）
	桥、闸通行费发票	可抵扣进项税额=桥、闸通行费发票上注明的金额÷（1+5%）×5%
		提示：这里用的是5%的征收率，而不是9%的税率
国内旅客运输服务（自2019年4月1日起）	取得增值税电子普通发票的，发票上注明的税额可以进行抵扣（凭票抵扣）	
	航空运输电子客票行程单	可抵扣进项税额=（票价+燃油附加费）÷（1+9%）×9%
		提示：航空运输电子客票行程单在计算进项税的抵扣时需要加上燃油附加费
	铁路车票	可抵扣进项税额=票面金额÷（1+9%）×9%
	公路、水路等其他客票	可抵扣进项税额=票面金额÷（1+3%）×3%
		提示：公路、水路等其他客票用的是3%的征收率，而不是9%的税率

提示：

（1）电子普通发票上注明的购买方"名称""纳税人识别号"等信息，应当与实际抵扣税款的纳税人一致，否则不予抵扣。

（2）取得航空运输电子客票行程单、铁路车票、公路、水路等其他客票均要求注明旅客身份信息。国内旅客运输服务的增值税计算抵扣仅限于与本单位签订了劳动合同的员工，以及本单位接受的劳务派遣员工发生的国内旅客运输服务。

精准答疑 🎯

问题： 为什么滴滴打车的发票能够作为进项税额的抵扣凭证，而出租车车票不能作为进项税额的抵扣凭证？

解答： 因为滴滴打车的发票为增值税电子普通发票，属于合规的进项税额的抵扣凭证，一般的出租车车票为卷式发票，属于普通发票，不是合规的抵扣凭证，不得抵扣进项税额。

解题高手👆

命题角度：计算进项税额时，特别需要注意各类国内旅客运输计算可抵扣进项税额时的所用的税率（征收率）不同。

(1) 航空运输行程单：9%（含燃油附加费，不含机场建设费）。

(2) 铁路车票：9%。

(3) 公路、水路客票：3%。

此外，还需要注意，用于单位集体福利或个人消费的国内旅客运输服务的进项税额，也是不得抵扣的。〔详见后续"（二）不得从销项税额中抵扣的进项税额"的内容〕。

4.进项税额抵扣的其他特殊规定

项目	具体内容
建筑业	建筑企业与发包方签订建筑合同后，以内部授权或者三方协议等方式，授权集团内其他纳税人（以下称"第三方"）为发包方提供建筑服务，并由第三方直接与发包方结算工程款的，由第三方向发包方开具增值税发票，发包方可凭实际提供建筑服务的纳税人开具的增值税专用发票抵扣进项税额
保险服务	(1) 提供保险服务的纳税人以实物赔付方式承担机动车保险责任的，自行向车辆修理劳务提供方购进的车辆修理劳务，其进项税额可以按规定从保险公司销项税额中抵扣。 (2) 提供保险服务的纳税人以现金赔付方式承担机动车辆保险责任的，将应付给被保险人的赔偿金直接支付给车辆修理劳务提供方，不属于保险公司购进车辆修理劳务，其进项税额不得从保险公司销项税额中抵扣。 (3) 纳税人提供的其他财产保险服务，比照上述规定执行
纳税人认定或登记为一般纳税人前进项税额抵扣问题	纳税人自办理税务登记至认定或登记为一般纳税人期间，未取得生产经营收入，未按照销售额和征收率简易计算应纳税额申报缴纳增值税的，其在此期间取得的增值税扣税凭证，可以在认定或登记为一般纳税人后抵扣进项税额

| 典例研习·2-34　模拟单项选择题

纳税人于2019年4月之后取得的下列各项国内旅客运输的票据中，可以作为进项税额抵扣凭证的是（　　）。

A.为本单位员工批量购买国内旅客运输取得的增值税电子普通发票

B.本单位员工因公出差取得的未注明旅客身份信息的公路客运客票

C.为本单位客户的员工购买机票取得的注明旅客身份信息的航空电子客票行程单

D.提供给本单位员工作为职工福利的注明旅客身份信息的春节回乡探亲火车票

🔍**斯尔解析** 本题考查国内旅客运输进项税抵扣凭证的应用。

选项A当选、选项B不当选，为本单位员工批量购买国内旅客运输取得的增值税电子普通发票，可以直接按照票面上注明的税额进行抵扣，未注明旅客身份信息的公路客票不得作为抵扣凭证。

选项C不当选，允许抵扣的国内旅客运输服务仅限于本单位员工或本单位接受的劳务派遣员工。为外单位员工支付的不允许抵扣。

选项D不当选，用于职工福利的购进服务属于不得抵扣的情形。

🔺**本题答案** A

| 典例研习·2-35 2020年单项选择题

某生产企业为增值税一般纳税人，2020年4月其员工因公出差取得如下票据：注明本单位员工身份信息的铁路车票，票价共计10万元；注明本单位员工身份信息的公路客票，票价共计3万元；道路通行费增值税电子普通发票，税额共计2万元。该企业当月可以抵扣增值税进项税额（   ）万元。

A.0.83　　　　　　　　　　　　　　　　B.0.91

C.2.91　　　　　　　　　　　　　　　　D.3.08

🔍**斯尔解析** 本题考查进项税额的计算抵扣。

选项C当选，具体计算过程如下：

（1）铁路车票可抵扣进项税额=票面金额÷（1+9%）×9%。

（2）公路、水路等其他客票可抵扣进项税额=票面金额÷（1+3%）×3%。

（3）道路通行费增值税电子普通发票的税额可以直接抵扣。

综上，该企业当月可以抵扣增值税进项税额=10÷（1+9%）×9%+3÷（1+3%）×3%+2=2.91（万元）。

选项A不当选，仅计算铁路车票可抵扣进项税额。

选项B不当选，仅计算铁路车票和公路、水路等其他客票的可抵扣进项税额。

选项D不当选，公路、水路等其他客票可抵扣进项税额误用9%的税率。

提示：取得航空运输电子客票行程单、铁路车票、公路、水路等其他客票均要求注明旅客身份信息。国内旅客运输服务的增值税计算抵扣仅限于与本单位签订了劳动合同的员工，以及本单位接受的劳务派遣员工发生的国内旅客运输服务。

🔺**本题答案** C

（二）不得从销项税额中抵扣的进项税额（★★★）

1.增值税扣税凭证不合规

取得的增值税**扣税凭证不符合规定**的，其进项税额不得抵扣。

纳税人凭完税凭证抵扣进项税额的，应当具备书面合同、付款证明和境外单位的对账单或者发票。资料不全的，其进项税额不得从销项税额中抵扣。

2.购进货物、劳务、服务、无形资产和不动产用于不可抵扣项目

用于**简易计税方法计税项目、免征增值税项目、集体福利或者个人消费**的购进货物、劳务、服务、无形资产（不包括其他权益性无形资产）和不动产，对应的进项税额不得扣除。其中涉及的固定资产、无形资产、不动产，仅指专用于上述项目的固定资产、无形资产（不包括其他权益性无形资产）、不动产。

提示：纳税人的交际应酬属于个人消费。

具体规定：

购进的类型	专用于不可抵扣项目	兼用于不可抵扣项目
购进的其他权益性无形资产	可以全额抵扣进项税额	
购进和租入的固定资产、不动产、无形资产	不可抵扣进项税额	可以全额抵扣进项税额
购进的货物、劳务、服务	不可抵扣进项税额	无法划分"按销售比例"抵扣进项税额

｜典例研习·2-36 （2020年多项选择题）

下列业务中，属于增值税视同销售行为的有（　　　）。

A.甲公司将购进的白酒用于招待客户

B.超市将购进的食用油发给员工

C.汽车厂将自产的汽车分配给股东

D.软件开发企业向另一企业无偿提供软件维护服务

E.食品厂将委托加工收回的食品无偿赠送给关联方

Ⓢ**斯尔解析** 本题考查增值税视同销售和进项税额不得抵扣的辨析。

选项C当选，将自产、委托加工或者购进的货物分配给股东或投资者，应视同销售。

选项D当选，单位或者个体工商户向其他单位或者个人无偿提供服务，应视同销售。

选项E当选，将自产、委托加工或购进货物无偿赠送给其他单位或者个人，应视同销售。

选项A不当选，购进的白酒用于招待客户属于将购进的货物用于个人消费。对应的进项税额不得抵扣，无须视同销售。

选项B不当选，超市将购进的食用油发给员工，属于将购进的货物用于集体福利，对应的进项税额不得抵扣，无须视同销售。

▲**本题答案** CDE

适用一般计税方法的纳税人，兼营简易计税方法计税项目、免征增值税项目而无法划分不得抵扣的进项税额，按照下列公式计算不得抵扣的进项税额：

不得抵扣的进项税额＝当期无法划分的全部进项税额×（当期简易计税方法计税项目销售额＋免征增值税项目销售额）÷当期全部销售额

提示：

（1）上述销售额均为不含税销售额。

（2）如果有差额计税项目，按差额后的销售额。

（3）主管税务机关可以按照上述公式依据年度数据，对不得抵扣的进项税额进行清算。

> **| 典例研习·2-37**
>
> 某制药厂为增值税一般纳税人，2022年5月销售应税药品取得不含税收入100万元，销售免税药品取得收入50万元，当月购入原材料一批，取得增值税专用发票，注明税款6.8万元。应税药品与免税药品无法划分耗料情况。计算该制药厂当月应纳增值税额。
>
> 🅢 **斯尔解析**
>
> 不得抵扣的进项税额=当期无法划分的全部进项税额×（当期简易计税方法计税项目销售额+免征增值税项目销售额）÷当期全部销售额=6.8×50÷（100+50）=2.27（万元），故当期准予抵扣的进项税额=6.8−2.27=4.53（万元）。
>
> 当期应纳增值税额=100×13%−4.53=8.47（万元）

3.非正常损失的项目及相关劳务和服务

因管理不善造成货物被盗，丢失，霉烂变质，以及因违反法律法规造成货物或者不动产被依法没收、销毁、拆除的，对应的进项税额不得抵扣。

提示：自然灾害、正常生产损耗不属于非正常损失。

具体包括：

（1）非正常损失的购进货物，以及相关劳务和交通运输服务。

（2）非正常损失的在产品、产成品所耗用的购进货物（不包括固定资产）、劳务和交通运输服务。

（3）非正常损失的不动产，以及该不动产所耗用的购进货物、设计服务和建筑服务。

（4）非正常损失的不动产在建工程所耗用的购进货物、设计服务和建筑服务。

4.四类特殊服务

购进的**贷款服务、餐饮服务、居民日常服务和娱乐服务**，对应的进项税额不得抵扣。

提示：因接受贷款服务向贷款方支付的与该笔贷款直接相关的投融资顾问费、手续费、咨询费等费用，其进项税额不得从销项税额中抵扣。

5.一般纳税人惩罚性措施

有下列情形之一的，不得抵扣进项税额：

（1）一般纳税人会计核算不健全，或者不能够提供准确税务资料的。

（2）除另有规定外，纳税人销售额超过小规模纳税人标准，未申请办理一般纳税人认定或登记手续的。

不得抵扣进项税额是指纳税人丧失抵扣进项税额资格，其在停止抵扣进项税额期间发生的全部进项税额均不得抵扣。

提示：纳税人经税务机关核准恢复抵扣进项税额资格后，其在停止抵扣进项税额期间发生的全部进项税额也不得抵扣。

精准答疑

问题： 一般纳税人购进客车、小汽车自用，不视同销售，为什么进项税额可以抵扣？

解答： 购进的货物、劳务、服务、无形资产和不动产只有在用于简易计税、免税项目、集体福利和个人消费四种情形时，进项税额不能抵扣，因为没有对应的销项税额。但自用是用于生产经营，此时不用视同销售，同时进项税额可以抵扣，因为对应的销项税额会在经营收入里实现。

解题高手

命题角度： 不可以抵扣进项税额项目和视同销售项目的辨析。

（1）自产、委托加工的货物用于集体福利和个人消费需要视同销售，同时对应的进项税额可以抵扣。

（2）购进货物用于集体福利和个人消费无须视同销售，同时对应的进项税额不得抵扣。

典例研习·2-38　2019年多项选择题

下列购进的货物或服务中，不得抵扣进项税额的有（　　）。

A.一般纳税人购进公务用豪华小轿车一台，取得机动车销售统一发票

B.一般纳税人租入一栋建筑物经改造后专门用于职工食堂，取得了出租方开具的增值税专用发票

C.小规模纳税人委托会计师事务所提供审计服务，取得了增值税普通发票

D.一般纳税人购入的危险化学品，取得增值税专用发票，因存放不当违反相关法律法规，被安全生产部门罚款并依法没收

E.一般纳税人从零售环节购进蔬菜，取得的增值税普通发票

⑤斯尔解析 本题考查不得抵扣的进项税额。

选项B当选，一般纳税人租入的固定资产、不动产，专用于简易计税办法计税项目、免征增值税项目、集体福利和个人消费的，进项税额不可抵扣。

选项C当选，小规模纳税人不可以抵扣进项税额。

选项D当选，一般纳税人购进的货物因违反法律法规，造成货物或者不动产被依法没收，属于非正常损失，不得抵扣进项税额。

选项E当选，纳税人从批发、零售环节购进适用免征增值税政策的蔬菜、部分鲜活肉蛋而取得的增值税普通发票，不得作为计算抵扣进项税额的凭证。

选项A不当选，一般纳税人购进的一般纳税人自用的应征消费税的摩托车、汽车、游艇，其进项税额准予从销项税额中抵扣。

本题答案 BCDE

（三）进项税额转出

已抵扣过进项税额的项目，发生了"不可抵扣进项税额"的情形——用于简易计税方法项目、免税项目、集体福利和个人消费、非正常损失、进货退回或者折让的情形，在发生上述情形的当期进行进项税额转出。

（1）已抵扣进项税额的固定资产、不动产，发生不得抵扣进项税额情形的，按照下列公式计算不得抵扣的进项税额（净额转出）：

不得抵扣的进项税额=已抵扣进项税额×固定资产（或者不动产）净值率=已抵扣进项税额×（净值÷原值）×100%

（2）农产品的进项税额转出。

适用于购进免税农产品计算抵扣进项税额的农产品发生非正常损失，进项税额转出的计算。

不得抵扣的进项税额=账面成本÷（1-扣除率）×扣除率

原理详解

免税农产品进项税额转出的公式推导：

免税农产品一般是指从农业生产者手中购入的农产品，取得的凭证为农产品销售发票或收购发票，购入的免税农产品的账面价值=买价-准予抵扣的进项税额。

准予抵扣的进项税额=买价×扣除率（9%）

因此账面价值=买价-买价×扣除率（9%）=买价×（1-扣除率）

在计算进项税额转出时，需要先还原买价。

买价=账面价值÷（1-扣除率）

│ 典例研习·2-39

某超市为增值税一般纳税人，2022年5月向农民收购一批免税玉米清洗后直接出售，2022年6月，因管理不善该批玉米中的30%丢失。已知该批玉米的账面总成本为9 100元，计算应转出的进项税额。

⑤ 斯尔解析

应转出的进项税额=9 100÷（1-9%）×9%×30%=270（元）

│ 典例研习·2-40

某超市为增值税一般纳税人，2022年5月向农民收购一批免税玉米清洗后直接出售，2022年6月，因管理不善该批玉米全部丢失，账面总成本为9 100元。该批玉米购入时支付了相应的运输费用，取得增值税专用发票注明金额600元，进项税额已抵扣。计算应转出的进项税额。

⑤ 斯尔解析

应转出的进项税额=9 100÷（1-9%）×9%+600×9%=954（元）

（四）扣减当期进项税额的情形

1.进货退回或折让

一般纳税人因进货退回或折让而从销货方收回的增值税额，应从发生进货退回或折让当期的进项税额中扣减。

2.平销返利

商业企业向供货方收取的与商品销量和销售额挂钩（如以一定比例、金额、数量计算）的各种返还收入，应按平销返利行为的有关规定冲减当期增值税进项税额。

公式为：

当期应冲减进项税额=当期取得的返还资金÷（1+所购货物适用增值税税率）×所购货物适用增值税税率

提示：返还资金应视为含税价进行换算。

商业企业向供货方收取的各种返还收入，一律不得开具增值税专用发票。

三、应纳税额的计算

在确定了销项税额和进项税额后，就可以得出实际应纳税额，基本计算公式为：

应纳税额=当期销项税额-当期进项税额

（一）计算应纳税额的时间界定

计算应纳税额，在确定时间界限时，应掌握以下有关规定：

1.销项税额的时间界定

具体确定销项税额的时间根据本章第十二节中的"一、增值税纳税义务发生时间"的有关规定执行。

2.进项税额抵扣时限的界定

我国目前增值税进项税额抵扣的基本方法为购进扣除法，在购进并取得合规扣税凭证的当期进行抵扣。

增值税一般纳税人取得2017年1月1日及以后开具的增值税专用发票、海关进口增值税专用缴款书、机动车销售统一发票、收费公路通行费增值税电子普通发票，取消认证确认、稽核比对、申报抵扣的期限。纳税人在进行增值税纳税申报时，应当通过本省（自治区、直辖市和计划单列市）增值税发票综合服务平台对上述扣税凭证信息进行用途确认。

此外，对于农产品的核定扣除，按照销售实耗扣除进项税额。

（二）加计抵减（★）

1.适用加计抵减政策的纳税人及加计抵减比例 新

自2023年1月1日至2027年12月31日，允许先进制造业企业、集成电路企业和工业母机企业适用增值税加计抵减政策。

提示：

（1）先进制造业企业是指高新技术企业（含所属的非法人分支机构)中的制造业一般纳税人，高新技术企业是指按照《科技部财政部国家税务总局关于修订印发〈高新技术企业认定管理办法〉的通知》（国科发火〔2016〕32号)规定认定的高新技术企业。先进制造业企业具体名单，由各省、自治区、直辖市、计划单列市工业和信息化部门会同同级科技、财政、税务部门确定。

（2）对适用加计抵减政策的集成电路企业采取清单管理，具体适用条件、管理方式和企业清单由工业和信息化部会同发展改革委、财政部、税务总局等部门制定。

（1）先进制造业企业按照当期可抵扣进项税额的5%计提当期加计抵减额。按照现行规定不得从销项税额中抵扣的进项税额，不得计提加计抵减额；已计提加计抵减额的进项税额，按规定作进项税额转出的，应在进项税额转出当期，相应调减加计抵减额。

（2）集成电路企业和工业母机企业按照当期可抵扣进项税额的15%计提当期加计抵减额。集成电路企业外购芯片对应的进项税额，以及按照现行规定不得从销项税额中抵扣的进项税额，不得计提加计抵减额；已计提加计抵减额的进项税额，按规定作进项税额转出的，应在进项税额转出当期，相应调减加计抵减额。

2.加计抵减计算的详细规定和步骤

当期可抵减的加计抵减额=上期末加计抵减额余额+当期计提加计抵减额−当期调减加计抵减额

（1）上期末加计抵减余额为上期未抵减完的加计抵减额，与留抵税额不是一个概念，注意区分。

（2）计算当期计提加计抵减额。

按照现行规定不得从销项税额中抵扣的进项税额，不得计提加计抵减额，因此：

当期计提加计抵减额=当期可抵扣进项税额×5%（或15%）

（3）计算当期调减加计抵减额。

已计提加计抵减额的进项税额，需要作进项税额转出的，应在进项税额转出当期，相应调减加计抵减额。

（4）计算出一般计税方法下应纳税额（以下称"抵减前的应纳税额"）后，区分以下情形进行加计抵减：

①抵减前的应纳税额等于零的，当期可抵减加计抵减额全部结转下期抵减。

②抵减前的应纳税额大于零，且大于当期可抵减加计抵减额的，全额抵减。

③抵减前的应纳税额大于零，且小于或等于当期可抵减加计抵减额的，将应纳税额抵减至零。剩余的加计抵减额，结转下期继续抵减（即成为"上期末加计抵减额余额"）。

（5）纳税人出口货物劳务、发生跨境应税行为不适用加计抵减政策，其对应的进项税额不得计提加计抵减额。

兼营出口货物劳务、发生跨境应税行为且无法划分不得计提加计抵减额的进项税额，按照以下公式计算：

不得计提加计抵减额的进项税额=当期无法划分的全部进项税额×当期出口货物劳务和发生跨境应税行为的销售额÷当期全部销售额

（6）其他特殊规定。

①纳税人注销，结余的加计抵减额停止抵减。

②合并、分立的加计抵减额不得结转抵减。

若企业A属于三项加计抵减政策纳税人，被合并至企业B，企业A办理了注销手续，结余的加计抵减额不能结转至企业B继续抵减。

若企业A重组后分立为企业A和企业B，也不能结转或部分结转至分立后新成立的企业B抵减。企业A结余的加计抵减额，应由企业A继续抵减，如果企业B符合加计抵减政策规定，应按照本企业可抵扣进项税额自行计提加计抵减额。

③纳税人同时符合三项加计抵减政策的，可以择优选择适用，但在同一期间不得叠加适用。

解题高手

命题角度：加计抵减额的计算。

解题步骤：

第一，判断行业、销售额等是否符合加计抵减政策以及加计抵减比例。

第二，用"当期允许抵扣的进项税额"乘以加计抵减比例计算出当期计提加计抵减额。

第三，特别留意"上期末加计抵减额余额"和"当期调减加计抵减额"。

（1）"上期结转的加计抵减余额"题目中往往会直接给出。

（2）"当期加计抵减调减额"，需要看有没有以前期间享受过加计抵减的进项税额，在本期发生了不得抵扣的情形需要进行转出的，如果有则需要计算加计抵减调减额。

第四，当期应纳税额大于零时才可抵减，将应纳税额抵减至零为止，未抵减完的结转下期。所以加计抵减不会影响期末留抵税额。

（三）留抵税额（★★★）

一般计税方法下：

当期应纳税额＝当期销项税额－当期进项税额

上述公式如果出现负数，即当期销项税额小于当期进项税额，则计算出来的结果就是留抵税额。留抵税额允许结转下期继续抵扣。

因此，如果某一期间存在上期结转的留抵税额，则：

应纳税额＝当期销项税额－当期进项税额－上期留抵税额

（四）增值税留抵税额退税制度（★★★）

自2019年4月1日起，试行增值税期末留抵税额退税制度。

原理详解 💡

如何理解留抵退税政策？

留抵税额，是纳税人已缴纳但未抵扣完的进项税额。我国过去一直实行留抵税额结转下期抵扣制度，仅对出口货物服务对应的进项税额，实行出口退税。从国际上来看，留抵退税是主流做法。近年来，随着营改增的全面推开，进项抵扣范围不断扩大，纳税人的留抵税额呈现总量越来越大、涉及纳税人越来越多的显著特点。自2019年4月1日起，试行增值税期末增量留抵税额退税制度。在2022年，财政部、国家税务总局联合发布《财政部 税务总局关于进一步加大增值税期末留抵退税政策实施力度的公告》（财政部 税务总局公告2022年第14号）（以下简称"第14号公告"），进一步扩大留抵退税的比例和行业范围。

留抵退税新政有两大特点：一是聚焦"小微企业和重点支持行业"；二是"增量留抵和存量留抵"并退。

1.普遍性留抵退税政策 新

（1）适用对象。

适用于所有行业纳税人。

（2）政策内容。

符合条件的纳税人，可以向主管税务机关申请退还增量留抵税额。

（3）"符合条件"是指同时符合以下条件：

①自2019年4月税款所属期起，连续六个月（按季纳税的，连续两个季度）增量留抵税额均大于零，且第六个月增量留抵税额不低于50万元。

②纳税信用等级为A级或者B级。

③申请退税前36个月未发生骗取留抵退税、出口退税或虚开增值税专用发票情形的。

④申请退税前36个月未因偷税被税务机关处罚两次及以上的。

⑤自2019年4月1日起未享受即征即退、先征后返（退）政策的。

（4）增量留抵税额，是指与2019年3月底相比新增加的期末留抵税额。

（5）纳税人当期允许退还的增量留抵税额，按照以下公式计算：

允许退还的增量留抵税额=增量留抵税额×进项构成比例×60%

（6）留抵退税的其他规定。

①纳税人取得退还的留抵税额后，应相应调减当期留抵税额。

如果发现纳税人存在留抵退税政策适用有误的情形，纳税人应在下个纳税申报期结束前缴回相关留抵退税款。

以虚增进项、虚假申报或其他欺骗手段，骗取留抵退税款的，由税务机关追缴其骗取的退税款，并按照《中华人民共和国税收征收管理法》等有关规定处理。

②适用本公告规定留抵退税政策的纳税人办理留抵退税的税收管理事项，继续按照现行规定执行。

2.小微企业和制造业、批发零售业等行业期末留抵退税政策

（1）留抵退税适用主体。

适用主体（两类）	划型标准（年销售额）	
小微企业	微型	<100万元
	小型	<2 000万元
制造业等六行业，批发和零售业等七行业	中型	<1亿元
	大型	除上述

提示：

①制造业等六行业，批发和零售业等七行业纳税人，是指《国民经济行业分类》中的"制造业""科学研究和技术服务业""电力、热力、燃气及水生产和供应业""软件和信息技术服务业""生态保护和环境治理业"和"交通运输、仓储和邮政业"等六个行业，以及"农、林、牧、渔业""批发和零售业""住宿和餐饮业""居民服务、修理和其他服务业""教育""卫生和社会工作""文化、体育和娱乐业"等七个行业业务相应发生的增值税销售额合计占全部增值税销售额的比重超过50%的纳税人。

②上述销售额比重根据纳税人申请退税前连续12个月的销售额计算确定。申请退税前经营期不满12个月但满3个月的，按照实际经营期的销售额计算确定。

③销售额，包括纳税申报销售额、稽查查补销售额、纳税评估调整销售额。适用"差额征税"政策的，以差额后的销售额确定。

（2）留抵退税条件。

退税主体	有效期起		退税条件
小微企业	增量	2022年12月31日起	4个条件： ①纳税信用等级为A级或者B级。
	存量	2022年4月1日起	
制造业等行业		2022年4月1日起	②退税前36个月未骗取留抵退税、骗取出口退税或虚开专票。
批发和零售业等七行业		2022年7月1日起	③退税前36个月未因偷税被税务机关处罚2次及以上。 ④2019年4月1日起未享受即征即退、先征后返（退）政策

（3）增量留抵税额。

增量留抵税额，区分以下情形确定：

①纳税人获得一次性存量留抵退税前，增量留抵税额为当期期末留抵税额与2019年3月31日相比新增加的留抵税额。

②纳税人获得一次性存量留抵退税后，增量留抵税额为当期期末留抵税额。

（4）存量留抵税额。

所称存量留抵税额，区分以下情形确定：

①纳税人获得一次性存量留抵退税前，当期期末留抵税额大于或等于2019年3月31日期末留抵税额的，存量留抵税额为2019年3月31日期末留抵税额。当期期末留抵税额小于2019年3月31日期末留抵税额的，存量留抵税额为当期期末留抵税额。

②纳税人获得一次性存量留抵退税后，存量留抵税额为零。

│ 典例研习·2-41

某企业划型为微型企业。该企业2019年3月31日的期末留抵税额为100万元。2022年4月拟申请一次性退还存量留抵税额。假如该企业2022年3月31日期末留抵税额分别为120万元、80万元，计算该纳税人的存量留抵税额。

斯尔解析

（1）假如该企业当期期末留抵税额为120万元，该企业存量留抵税额为100万元。

（2）假如该企业当期期末留抵税额为80万元，该企业存量留抵税额为80万元。

提示：如果该纳税人在4月底一次性取得上述存量留抵退税后，该企业的存量留抵税额即变为0。

关于存量和增量的确定。

类型	时间节点	
	一次性取得存量留抵退税前	一次性取得存量留抵退税后
存量	当期期末留抵税额和2019年3月底留抵税额取孰低	0
增量	当期期末留抵税额与2019年3月31日相比新增加的部分	当期期末留抵税额

如果是2019年4月1日以后新设立的纳税人，2019年3月31日留抵税额视为0。

（5）留抵退税计算方式。

退税主体		存量	增量
小微企业	微型	一次性退还。	按月全额退还。
	小型	可退税款=存量×进项构成比例×100%	可退税款=增量×进项构成比例×100%
制造业等六行业，批发和零售等七行业	中型		
	大型		

提示：进项构成比例，为2019年4月至申请退税前一税款所属期已抵扣的增值税专用发票（含带有"增值税专用发票"字样全面数字化的电子发票、税控机动车销售统一发票）、收费公路通行费增值税电子普通发票、海关进口增值税专用缴款书、解缴税款完税凭证注明的增值税额占同期全部已抵扣进项税额的比重。

| 典例研习·2-42

SE企业是制造业增值税一般纳税人，留抵退税划为微型企业，2019年3月（税款所属期）期末留抵税额为100万元，2022年3月（税款所属期）期末留抵税额为80万元，2019年4月至2022年3月取得的进项税额中，增值税专用发票500万元，道路通行费电子普通发票100万元，海关进口增值税专用缴款书200万元，农产品收购发票抵扣进项税额200万元。2021年12月，该纳税人因发生非正常损失，此前已抵扣的增值税专用发票中，有50万元进项税额按规定作进项税转出。该纳税人2022年4月拟申请留抵退税，计算该纳税人可退还的存量留抵税额。

⑤斯尔解析

SE企业在2022年4月申请留抵退税时，进项构成比例=（500+100+200）÷（500+100+200+200）×100%=80%。当期期末留抵税额80万元小于2019年3月31日期末留抵税额100万元的，增量留抵税额为0，存量留抵税额为当期期末留抵税额，可退还的存量留抵税额=80×80%×100%=64（万元）。

提示：进项构成比例计算公式的分子分母均不需扣减2021年进项转出的50万元。

（6）留抵退税办理时间。

退税主体		存量	增量
小微企业	微型	自2022年4月申报期起	自2022年4月申报期起
	小型	自2022年5月申报期起	
制造业等六行业	中型	自2022年5月申报期起	自2022年4月申报期起
	大型	自2022年6月申报期起	
批发和零售业等七行业		不区分类型，自2022年7月申报期起	

（7）留抵退税与免抵退税（可同时享受）。

纳税人出口货物劳务、发生跨境应税行为，适用免抵退税办法的，应先办理免抵退税。免抵退税办理完毕后，仍符合本公告规定条件的，可以申请退还留抵税额。适用免退税办法的，相关进项税额不得用于退还留抵税额。

> **| 典例研习·2-43**
>
> SE企业从事光学仪器制造，是出口免抵退的增值税一般纳税人企业，留抵退税划为小型企业，2019年3月（税款所属期）期末留抵税额为20万元，2022年3月（税款所属期）期末留抵税额为100万元，2022年4月8日核准2022年3月（税款所属期）出口免抵退应退税额70万元，符合14号公告第三条规定的留抵退税4个条件，进项构成比例为90%。
>
> SE企业是否可在4月份申请增量留抵退税？如果可以，计算允许退还的增量留抵税额。
>
> **⑤ 斯尔解析**
>
> SE企业可在2022年4月申请增量留抵退税。
>
> 允许退还的增量留抵税额应减除当月核准的免抵退应退税额，即允许退还的增量留抵税额=（100-70-20）×90%×100%=9（万元）。

（8）留抵退税与即征即退、先征后返（退）（不可同时享受）。

纳税人自2019年4月1日起已取得留抵退税款的，不得再申请享受增值税即征即退、先征后返（退）政策。纳税人可以在2022年10月31日前一次性将已取得的留抵退税款全部缴回后，按规定申请享受增值税即征即退、先征后返（退）政策。

纳税人自2019年4月1日起已享受增值税即征即退、先征后返（退）政策的，可以在2022年10月31日前一次性将已退还的增值税即征即退、先征后返（退）税款全部缴回后，按规定申请退还留抵税额。

> **原理详解 💡**
>
> 对于即征即退和留抵退税举例说明如下：
>
> （1）SE软件开发公司从事软件产品开发生产，2019年4月至2021年12月享受自行开发软件产品即征即退优惠政策，累计已退还即征即退税款1 000万元。2019年3月（税款所属期）一般项目期末留抵税额为800万元，2022年7月（税款所属期）一般项目期末留抵税额为3 000万元。SE公司已享受增值税即征即退政策，不符合留抵退税条件。
>
> 为了缓解资金压力，加大投入研发，SE公司选择在2022年6月一次性缴回已退还的增值税即征即退税额1 000万元，因此在符合14号公告第三条规定的其他留抵退税条件的情况下，可在2022年7月申报期内同时申请退还增量留抵退税和存量留抵税额。假设H公司为留抵退税中型企业，进项构成比例为90%，2022年7月申报期可申请退还增量留抵税额=（3 000-800）×90%×100%=1 980（万元），退还存量留抵税额=800×90%×100%=720（万元），合计退还留抵税额2 700万元。
>
> （2）SE公司从事生产销售建筑材料业务，为增值税留抵退税小型企业，2020年至2021年期间已申请退还增值税留抵税额合计100万元，2022年5月起技术升级，开始生产销售可享受即征即退政策的新型墙体材料。SE公司已取得留抵退税款，2022年5月不得申请享受增值税即征即退政策。假设SE公司选择在2022年6月30日一次性缴回已取得的留抵退税款100万元，SE公司可按规定自2022年7月起申请享受新型墙体材料增值税即征即退政策。

（9）留抵退税的申请（可同时申请存量留抵退税和增量留抵退税）。

纳税人可以选择向主管税务机关申请留抵退税，也可以选择结转下期继续抵扣。纳税人应在纳税申报期内，完成当期增值税纳税申报后申请留抵退税。

纳税人可以在规定期限内同时申请增量留抵退税和存量留抵退税。

（五）其他留抵退税政策（★★）

1.民用航空发动机、新支线飞机和大型客机留抵退税政策

起止时间	从事业务	税务处理
2018年1月1日至2027年12月31日	从事大型民用客机发动机、中大功率民用涡轴涡桨发动机研制项目	从事相关业务形成的增值税期末留抵税额予以退还
2019年1月1日至2027年12月31日	生产销售新支线飞机	
	从事大型客机研制项目（空载重量大于45吨的民用客机）	
2022年12月30日至2027年12月31日	生产销售空载重量大于25吨的民用喷气式飞机	

纳税人符合规定的增值税期末留抵税额，可在初次申请退税时予以一次性退还。纳税人收到退税款项的当月，应将退税额从增值税进项税额中转出。

2.纳税人资产重组增值税留抵税额处理

增值税一般纳税人（以下称"原纳税人"）在资产重组过程中，将全部资产、负债和劳动力一并转让给其他增值税一般纳税人（以下称"新纳税人"），并按程序办理注销税务登记的，其在办理注销登记前尚未抵扣的进项税额可结转至新纳税人处继续抵扣。

原纳税人主管税务机关应认真核查纳税人资产重组相关资料，核实原纳税人在办理注销税务登记前尚未抵扣的进项税额，填写《增值税一般纳税人资产重组进项留抵税额转移单》。新纳税人主管税务机关应将原纳税人主管税务机关传递来的《增值税一般纳税人资产重组进项留抵税额转移单》与纳税人报送资料进行认真核对，对原纳税人尚未抵扣的进项税额，在确认无误后，允许新纳税人继续申报抵扣。

精程答疑

问题：增量留抵税额的增加额是和2019年3月31日相比吗？

解答：关于增量留抵退税的政策，不管哪一个月都是和2019年3月份的留抵税额相比。如果是2020年成立的企业，也是与2019年3月份相比。

解题高手👍

命题角度：增量留抵退税要注意区分一般行业、小微企业和"六+七"行业的不同规定。

（1）需要满足增量留抵退税的条件不同，小微企业和"六+七"行业的条件更加宽松。

①一般行业需要满足自2019年4月税款所属期起，连续6个月（按季纳税的，连续2个季度）增量留抵税额均大于零，且第6个月增量留抵税额不低于50万元。

②小微企业和"六+七"行业只要满足增量留抵税额大于零。

（2）退税的比例不同。

①一般行业允许退还的增量留抵税额=增量留抵税额×进项构成比例×60%。

②小微企业和"六+七"行业允许退还的增量留抵税额=增量留抵税额×进项构成比例×100%。

第七节　简易计税方法应纳税额的计算

简易计税方法，即按照销售额和规定的征收率计算应纳税额，不得抵扣进项税额，其应纳税额的计算公式为：

应纳税额=不含税销售额×征收率

　　　　=含税销售额÷（1+征收率）×征收率

一、征收率

简易计税方法基本征收率为3%，此外还有3%减按2%、5%、5%减按1.5%以及0.5%。

（一）适用3%征收率的情形及计税公式

应纳税额=销售额×3%=含税销售额÷（1+3%）×3%

小规模纳税人适用征收率通常为3%（自2023年1月1日起，减按1%征收率）。

增值税一般纳税人销售下列货物、服务，可以选择适用简易计税方法计税，增值税征收率为3%，具体包括：

1.生产销售下列货物

（1）自产的自来水。

（2）县级及县级以下小型水力发电单位生产的自产电力（装机容量为5万千瓦及以下）。

（3）自产建筑用和生产建筑材料所用的砂、土、石料。

（4）以自己采掘的砂、土、石料或其他矿物连续生产的砖、瓦、石灰（不含黏土实心砖、瓦）。

（5）自产的商品混凝土（仅限于以水泥为原料生产的水泥混凝土）。

（6）自己用微生物、微生物代谢产物、动物毒素、人或动物的血液或组织制成的生物制品。

（7）单采血浆站销售非临床用人体血液。

（8）生产销售和批发、零售抗癌药品及罕见病药品。

（9）药品经营企业销售生物制品。

（10）兽用药品经营企业销售兽用生物制品。

（11）寄售商店代销寄售物品（包括居民个人寄售的物品）。

（12）典当业销售死当物品。

（13）自2022年3月1日起，从事再生资源回收的增值税一般纳税人销售其收购的再生资源（需符合特定条件）。

2.销售下列服务

（1）建筑服务。

①以清包工方式提供的建筑服务。施工方不采购建筑工程所需的材料或只采购辅助材料，并收取人工费、管理费或者其他费用的建筑服务。

②为甲供工程提供的建筑服务。甲供工程是指全部或部分设备、材料、动力由工程发包方自行采购的建筑工程。

提示：

a.一般纳税人销售自产机器设备的同时提供安装服务，应分别核算机器设备和安装服务的销售额，安装服务可以按照甲供工程选择适用简易计税方法计税。

b.一般纳税人销售外购及其设备的同时提供安装服务，如果已经按兼营的有关规定，分别核算机器设备和安装服务的销售额，安装服务可以按照甲供工程选择适用简易计税方法计税。

③建筑工程总承包单位为房屋建筑的地基与基础、主体结构提供工程服务，建设单位自行采购全部或部分钢材、混凝土、砌体材料、预制构件的，适用简易计税方法计税（实际为甲供工程的特殊情形）。

④为建筑工程老项目提供的建筑服务。

提示：

a.《建筑工程施工许可证》注明的合同开工日期在2016年4月30日以前的建筑工程项目。

b.未取得《建筑工程施工许可证》的，建筑工程承包合同注明的开工日期在2016年4月30日以前的建筑工程项目。

以上建筑工程项目属于"老项目"。

⑤一般纳税人跨县（市）提供建筑服务，选择适用简易计税方法计税的，应以取得的全部价款和价外费用扣除支付的分包款后的余额为销售额，按照3%的征收率计算应纳税额。

（2）金融服务。

①资管产品管理人（以下简称管理人）运营资管产品过程中发生的增值税应税行为暂适用简易计税方法，暂按照3%的征收率缴纳增值税。

②农村金融服务：

a.农村信用社、村镇银行、农村资金互助社、由银行业机构全资发起设立的贷款公司、法人机构在县（县级市、区、旗）及县以下地区的农村合作银行和农村商业银行提供金融服务收入。

b.对中国农业银行、中国邮政储蓄银行纳入"三农金融事业部"改革试点的各省、自治区、直辖市、计划单列市分行下辖的县域支行，提供农户贷款、农村企业和农村各类组织贷款取得的利息收入。

（3）其他服务。

①公共交通运输服务。

提示：公共交通运输服务不包括单位为员工福利设置的通勤班车。

②经认定的动漫企业为开发动漫产品提供的动漫相关服务，以及在境内转让动漫版权。

③电影放映服务、仓储服务、装卸搬运服务、收派服务和文化体育服务。

④以纳入营改增试点之日前取得的有形动产为标的物提供的经营租赁服务。

⑤在纳入营改增试点之日前签订的尚未执行完毕的有形动产租赁合同。

⑥提供物业管理服务的纳税人，向服务接受方收取的自来水水费，以扣除其对外支付的自来水水费后的余额为销售额。

⑦提供非学历教育服务、教育辅助服务。

⑧非企业性单位中的一般纳税人提供的研发和技术服务、信息技术服务、鉴证咨询服务，以及销售技术、著作权等无形资产。

提示：非企业性单位中的一般纳税人提供技术转让、技术开发和与之相关的技术咨询、技术服务，可以参照上述规定。

⑨公路经营企业中的一般纳税人收取营改增试点前开工的高速公路的车辆通行费。

提示：

a.高速公路通行费按照不动产的租赁征收增值税，简易计税方法下正常的征收率为5%，此处减按3%征收，属于税率式减免。

b.一般纳税人发生上述应税行为，不是直接适用简易计税方法，而是由纳税人自行选择适用一般计税方法或者简易计税方法，一经选择，36个月内不得变更。

（二）征收率为3%减按2%征收的情形及计税公式

1.计税公式

应纳税额＝销售额×2%＝含税销售额÷（1+3%）×2%

2.适用情形

情形	纳税人	具体规定
销售自己使用过的固定资产	一般纳税人销售自己使用过的<u>不得抵扣且未抵扣进项税额</u>的固定资产	按照简易办法依照3%征收率减按2%征收增值税。也可以放弃减税，按照简易办法依照3%征收率缴纳增值税，可以开具增值税专用发票
	小规模纳税人销售自己使用过的固定资产	
销售旧货	一般纳税人和小规模纳税人都适用	按照简易办法依照3%征收率减按2%征收增值税（含旧汽车、旧摩托车和旧游艇），不能开具增值税专用发票

（1）一般纳税人销售自己使用过的固定资产，适用简易计税方法的有：

①2008年12月31日以前未纳入增值税抵扣范围试点的纳税人，销售自己已使用过的2008年12月31日以前购入或自制的固定资产。

②纳税人购进或者自制固定资产时为小规模纳税人，认定为一般纳税人后销售该固定资产。

③增值税一般纳税人发生按照简易办法征收增值税应税行为，销售其按照规定不得抵扣进项税额的固定资产。

④一般纳税人销售自己使用过的、纳入营改增试点之日前取得的固定资产。使用过的固定资产，是指纳税人符合规定并根据财务会计制度已经计提折旧的固定资产。

⑤2013年8月1日前购进自用的应征消费税的摩托车、汽车、游艇。

⑥购入的固定资产根据《增值税暂行条例》的规定，不得抵扣且未抵扣增值税，具体包括以下情况：

a.用于简易计税方法计税项目、免征增值税项目、集体福利或者个人消费的购进货物、劳务、服务、无形资产和不动产。

b.非正常损失的购进货物，以及相关的劳务和交通运输服务。

提示：一般纳税人销售自己使用过的固定资产，不满足上述条件的，采用一般计税方法，按照13%的税率计算销项税额。

｜典例研习·2-44

甲企业为增值税一般纳税人。2023年3月份处置其使用过的A设备和B设备。

出售A设备取得含税金额1.03万元，按购买方要求开具了增值税专用发票。出售B设备取得含税金额2.06万元，未开具增值税专用发票，也未放弃减税优惠。

已知：当年采购A、B设备时按规定均未抵扣过进项税额。

要求：

分别计算出售A、B设备的应纳增值税税额。

斯尔解析

（1）根据已知条件，出售A设备开具了增值税专用发票，隐含条件即为放弃2%减税优惠，应按照3%的征收率计算应纳税额。

出售A设备应纳税额=1.03÷（1+3%）×3%=0.03（万元）

（2）出售B设备未开具专用发票，也未放弃减税优惠，故按3%的征税率进行价税分离换算后，按2%的税率计算应纳税额。

出售B设备应纳税额=2.06÷（1+3%）×2%=0.04（万元）

（2）纳税人销售旧货，按照简易办法依照3%征收率减按2%征收增值税，不能开具增值税专用发票。

旧货，是指进入二次流通的具有部分使用价值的货物（含旧汽车、旧摩托车和旧游艇），但不包括自己使用过的物品。

精准答疑

问题： 旧货和自己使用过的固定资产有什么区别？

解答： 自己使用过的固定资产，是指纳税人符合规定并根据财务会计制度已经计提折旧的固定资产。

旧货，是指进入二次流通具有部分使用价值的货物。

举例说明：

假设甲生产企业，淘汰自己生产经营用的旧设备，这属于销售自己使用过的固定资产。

假设乙企业是专门从事二手生意的经销商，这台旧设备被卖到乙企业手中，即属于存货，乙企业再把这台旧设备对外出售，这属于销售旧货。

（三）适用0.5%征收率的情形及计税公式

应纳税额=销售额×0.5%=含税销售额÷（1+0.5%）×0.5%

适用情形：自2020年5月1日至2027年12月31日，从事**二手车经销**的纳税人销售其收购的二手车，改为减按0.5%征收增值税。

纳税人应当开具二手车销售统一发票。除购买方为个人外，购买方索取增值税专用发票的，纳税人应当再开具征收率为0.5%的增值税专用发票。

提示：该政策仅针对二手车经销商，如果企业销售自己使用过的二手车，按照销售自己使用过的固定资产政策执行。

自2022年10月1日起，对已备案汽车销售企业从自然人处购进二手车的，允许企业反向开具二手车销售统一发票并凭此办理转移登记手续。自2023年1月1日起，对自然人在一个自然年度内出售持有时间少于1年的二手车达到3辆及以上的，汽车销售企业、二手车交易市场、拍卖企业等不得为其开具二手车销售统一发票，不予办理交易登记手续，有关部门按规定处理。

精准答疑

问题1： 收购旧机动车，取得二手车销售统一发票，能否作为进项税额扣税凭证？

解答1： 二手车销售统一发票不是有效的增值税扣税凭证。

问题2： 开具二手车销售统一发票后，还可以再开具0.5%征收率的增值税专用发票，为什么要开两张发票？

解答2： 在购买方（除个人外）索取"专票"的情况下，二手车经销单位确实是需要开具两张发票的。

其中一张是二手车销售统一发票，这张发票上面注明了车辆的发动机号等相关信息，用于在二手车市场办理车辆过户手续。而0.5%征收率的增值税专用发票，用于记账和抵扣进项税额。两张发票上的价税合计金额是一致的。

（四）适用5%征收率的情形及计税公式

应纳税额＝销售额×5%＝含税销售额÷（1+5%）×5%

1.一般纳税人适用5%征收率的情形

（1）一般纳税人提供劳务派遣服务、安全保护服务，选择差额纳税的。

其中，一般纳税人提供劳务派遣服务选择差额纳税的，以取得的全部价款和价外费用，扣除代用工单位支付给劳务派遣员工的工资、福利和为其办理社会保险及住房公积金后的余额为销售额，其向用工单位收取用于支付给劳务派遣员工工资、福利和为其办理社会保险及住房公积金的费用，不得开具增值税专用发票，可以开具普通发票。

（2）一般纳税人提供人力资源外包服务，选择适用简易计税方法的。

（3）一般纳税人销售不动产、转让土地使用权，选择简易方法计税的，包括：

①一般纳税人转让其2016年4月30日前取得的不动产（包括以直接购买、接受捐赠、接受投资入股、自建以及抵债等各种形式取得的不动产）。

②纳税人转让2016年4月30日前取得的土地使用权，可以选择适用简易计税方法，以取得的全部价款和价外费用减去取得该土地使用权的原价后的余额为销售额，按照5%的征收率计算缴纳增值税。

（4）一般纳税人经营租赁、融资租赁不动产，选择简易方法计税的，包括：

①一般纳税人出租其2016年4月30日前取得的不动产（包括房地产开发企业中的一般纳税人，出租自行开发的房地产老项目）。

②一般纳税人2016年4月30日前签订的不动产融资租赁合同，或以2016年4月30日前取得的不动产提供的融资租赁服务。

（5）一般纳税人收取试点前开工的一级公路、二级公路、桥、闸通行费。

试点前开工，是指相关施工许可证注明的合同开工日期在2016年4月30日前。

（6）房地产开发企业的一般纳税人销售自行开发的房地产老项目，选择简易方法计税的，包括：

　　房地产开发企业中的一般纳税人以围填海方式取得土地并开发的房地产项目，围填海《建筑工程施工许可证》或承包合同注明的开工日期在2016年4月30日前的，及购入未完工的房地产老项目（2016年4月30日之前的建筑工程项目）继续开发后，以自己名义立项销售的不动产，属于房地产老项目，可选择适用简易计税方法按5%征收率计算缴纳增值税。

　　（7）自2019年1月1日起至2027年12月31日止，对纳税人生产销售新支线飞机和空载重量大于25吨的民用喷气式飞机暂减按5%征收增值税，并对其因生产销售新支线飞机和空载重量大于25吨的民用喷气式飞机而形成的增值税期末留抵税额予以退还。

　　（8）中外合作油（气）田开采的原油、天然气按实物征收增值税，征收率为5%。

2.小规模纳税人适用5%征收率的情形

　　（1）房地产开发企业中的小规模纳税人，销售自行开发的房地产项目。

　　（2）小规模纳税人销售不动产（自建或者取得的）、转让土地使用权。

　　（3）小规模纳税人出租（经营租赁）其取得的不动产（不含个人出租住房）。

　　（4）其他个人销售其取得（不含自建）的不动产（不含其购买的住房）。

　　（5）其他个人出租（经营租赁）其取得的不动产（不含住房）。

　　（6）小规模纳税人提供劳务派遣服务，选择差额纳税的，以取得的全部价款和价外费用，扣除代用工单位支付给劳务派遣员工的工资、福利和为其办理社会保险及住房公积金后的余额为销售额，按照简易计税方法依5%的征收率计算缴纳增值税。

　　（7）小规模纳税人提供安全保护服务。

解题高手

命题角度：不同税率和征收率的辨析。

　　（1）适用5%的征收率的情形看上去非常繁杂，但我们可以发现，除了劳务派遣服务、安保服务、人力资源外包服务、中外合作油气田开采之外，其他适用于5%征收率的均为"老"不动产相关的服务，包括不动产租赁、不动产销售、不动产融资租赁、土地使用权以及（除高速公路之外的）道路、桥、闸通行费。

　　（2）注意以下适用税率及征收率的辨析：

　　①与营改增之前的有形动产相关的租赁业务，选择简易计税的，适用3%的征收率。营改增之后的，适用于一般计税方法，适用税率为13%。

　　②涉及不动产的租赁、融资租赁、销售不动产和土地使用权的，选择简易计税的，适用5%的征收率。营改增之后的，适用于一般计税方法，不动产相关服务的适用税率为9%。

　　③一般纳税人销售自己使用过的固定资产，第一步，先看是否属于可以选择简易计税的情形；第二步，再看题目中是如何开票的。如果开的是普票，则按照3%减按2%计算增值税；如果开的是专票，则说明放弃减税，直接按照3%的征收率计算增值税。

　　④试点前高速公路通行费适用征收率3%，而试点前一级公路、二级公路、桥、闸通行费适用征收率5%。

典例研习·2-45 （2020年多项选择题）

下列服务中，一般纳税人可以选择简易计税的有（　　）。

A.公共交通运输服务

B.劳务派遣服务

C.清包工方式建筑服务

D.融资性售后回租

E.人力资源外包服务

⑤斯尔解析 本题考查一般纳税人可以选择简易计税方法情形的判断。

选项A当选，一般纳税人提供的公共交通运输服务可以选择简易计税方法，按照3%的征收率计算缴纳增值税。

选项B当选，一般纳税人提供的劳务派遣服务，可以选择差额纳税，按照简易计税方法适用5%的征收率计算缴纳增值税。

选项C当选，一般纳税人以清包工方式提供的建筑服务可以选择简易计税方法，按照3%的征收率计算缴纳增值税。

选项E当选，一般纳税人提供的人力资源外包服务可以选择简易计税方法，按照5%的征收率计算缴纳增值税。

选项D不当选，一般纳税人提供的融资性售后回租服务取得的利息及利息性质的收入按照"金融服务——贷款服务"征收增值税，不能选择简易计税。

▲本题答案 ABCE

典例研习·2-46 （2022年单项选择题）

下列情形中，一般纳税人适用增值税3%征收率的是（　　）。

A.从事再生资源回收的纳税人销售其收购的再生资源，选择适用简易计税方法

B.提供劳务派遣服务，选择差额纳税

C.提供安全保护服务，选择差额纳税

D.收取试点前开工的一级公路、二级公路、桥、闸通行费，选择适用简易计税方法

⑤斯尔解析 本题考查一般纳税人适用3%征收率计税的情形。

选项A当选，自2022年3月1日起，从事再生资源回收的增值税一般纳税人销售其收购的再生资源，可以选择简易计税方法依照3%征收率计算缴纳增值税。

选项BC不当选，一般纳税人提供劳务派遣服务、安全保护服务，选择差额纳税的，适用5%征收率计算缴纳增值税。

选项D不当选，一般纳税人收取试点前开工的一级公路、二级公路、桥、闸通行费，可以选择适用简易计税方法，按照5%征收率计算缴纳增值税。

▲本题答案 A

（五）适用5%减按1.5%征收率的情形及计税公式

应纳税额＝销售额×1.5%＝含税销售额÷（1+5%）×1.5%

自2021年10月1日起，住房租赁企业向个人出租住房，适用以下政策：

（1）住房租赁企业中的增值税一般纳税人向个人出租住房取得的全部出租收入，可以选择适用简易计税方法，按照5%的征收率减按1.5%计算缴纳增值税，或适用一般计税方法计算缴纳增值税。

（2）住房租赁企业中的增值税小规模纳税人向个人出租住房，按照5%的征收率减按1.5%计算缴纳增值税。

（3）个人出租住房，按5%的征收率减按1.5%计算应纳税额。

提示：住房租赁企业，是指按规定向住房城乡建设部门进行开业报告或者备案的从事住房租赁经营业务的企业。

二、销售额

（一）一般情形

简易计税方法的销售额与增值税一般纳税人计算应纳增值税的销售额规定内容一致，是销售货物、劳务、服务、无形资产、不动产向购买方收取的全部价款和价外费用，但不包括按征收率收取的增值税税额。

（二）销售额的退还

纳税人适用简易计税方法计税的，因销售折让、中止或者退回而退还给购买方的销售额，应当从当期销售额中扣减。扣减当期销售额后仍有余额造成多缴的税款，可以从以后的应纳税额中扣减。

第八节　特定企业（交易行为）的增值税政策

原理详解 💡

对于转让不动产、提供不动产经营租赁服务、建筑服务和房地产开发企业（以下简称"房企"）销售自行开发的房地产项目四类业务，除了我们前面学过的按照一般计税方法和简易计税方法计算增值税之外，还有预缴的规定，会引入预征率的概念。这四类业务学习的难点在于：第一，计税依据有时候是差额，有时候是全额，很容易搞混。第二，适用税率、征收率和预征率都有所不同。想要攻克这个知识点，必须先把基础打扎实，牢记适用税率、征收率和预征率，再结合原理搞清差额、全额的相关规定，就可以攻克它。

那么在正式学习之前，我们先来回顾税率、征收率，并且学习预征率。

项目	简易计税 （征收率）	简易计税 （预缴）	一般计税 （税率）	一般计税 （预征率）
跨县（市）提供建筑服务	3%	3%	9%	2%
不动产经营租赁服务	5%	5%	9%	3%
不动产转让	5%	5%	9%	5%
房企销售自行开发的房地产项目	5%	3%	9%	3%

一、跨县（市、区）提供建筑服务增值税征收管理（★★）

1.预征税款的适用范围

单位和个体户（以下简称"纳税人"）跨县（市、区）提供建筑服务，应向建筑服务发生地主管税务机关预缴税款，再向机构所在地主管税务机关申报纳税。

提示：

（1）其他个人跨县（区、市）提供建筑服务，不适用于此规定。

（2）纳税人在同一地级行政区范围内跨县（市、区）提供建筑服务，不适用此规定。

2.应纳税额及预缴税额的计算规则

计税方法	预缴公式	申报公式
一般 计税方法	预缴税额＝（全部价款和价外费用－支付的 分包款）÷（1+9%）×2%	应纳税额＝全部价款和价外费用÷ （1+9%）×9%－进项税额－预缴税额
简易 计税方法	预缴税额＝（全部价款和价外费用－支付的 分包款）÷（1+3%）×3%	同预缴

提示：

（1）纳税人取得的全部价款和价外费用扣除支付的分包款后的余额为负数的，可结转下次预缴税款时继续扣除。

（2）纳税人应按照工程项目分别计算应预缴税款，分别预缴。

（3）按规定应预缴税款的小规模纳税人，凡在预缴地实现的月销售额未超过10万元的，当期无须预缴税款。

（4）自2023年1月1日至2027年12月31日，小规模纳税人适用3%征收率的应税销售收入，减按1%征收率征税。适用3%预征率的预缴增值税项目，减按1%预征率预缴。

3.征收管理规定

（1）纳税人按照上述规定从取得的全部价款和价外费用中扣除支付的分包款，应当取得符合法律、行政法规和国家税务总局规定的合法有效凭证（备注栏注明建筑服务发生地及项目名称的发票），否则不得扣除。向建筑服务发生地主管税务机关预缴税款时，需填报《增值税预缴税款表》，并提交以下资料：

①与发包方签订的建筑合同复印件（加盖纳税人公章）。

②与分包方签订的分包合同复印件（加盖纳税人公章）。

③从分包方取得的发票复印件（加盖纳税人公章）。

（2）纳税人跨县（市、区）提供建筑服务，向建筑服务发生地预缴的增值税税款，可以在当期增值税应纳税额中抵减（以完税凭证作为合法有效凭证），抵减不完的，结转下期继续抵减。

（3）小规模纳税人跨县（市、区）提供建筑服务，不能自行开具增值税发票的，可向建筑服务发生地主管税务机关按照其取得的全部价款和价外费用申请代开增值税发票。

（4）对跨县（市、区）提供的建筑服务，纳税人应自行建立预缴税款台账，留存资料备查。

｜典例研习·2-47

某建筑企业为增值税一般纳税人，位于A市市区，2022年6月在B市C县城提供建筑服务，取得含税收入218万元，其中支付分包商工程价款，取得增值税专用发票注明金额50万元、税额4.5万元。

上述建筑服务均适用一般计税方法。说明企业是否应预缴增值税。如需预缴，说明应向何地预缴，并计算应预缴增值税税额。

⑤斯尔解析

（1）应预缴增值税。

（2）一般纳税人跨县（市、区）提供建筑服务，应向建筑服务发生地B市C县预缴增值税。

（3）适用一般计税方法计税的，以取得的全部价款和价外费用扣除支付的分包款后的余额，按照2%的预征率计算应预缴税款。

应预缴税额=（218-50-4.5）÷（1+9%）×2%=3（万元）

｜典例研习·2-48

位于A省某市区的甲建筑企业为增值税一般纳税人，在B省某市区提供写字楼和桥梁建造业务，2022年12月具体经营业务如下：

（1）甲企业对写字楼建造业务选择一般计税方法。按照工程进度及合同约定，本月取得含税金额3 000万元并开具了增值税专用发票。将部分工程进行分包，本月支付分包款含税金额1 200万元，取得分包商（采用一般计税方法）开具的增值税专用发票。

（2）桥梁建造业务为甲供工程，甲企业对此项目选择简易计税方法。本月收到含税金额4 000万元并开具了增值税普通发票。将部分业务进行了分包，本月支付分包款含税金额1 500万元，取得分包商开具的增值税普通发票。

要求：

分别计算上述业务（1）和业务（2）甲企业在B省应预缴的增值税以及在A省应补缴的增值税。

斯尔解析

业务（1）：采用一般计税方法。

甲企业在B省应预缴增值税=（3 000−1 200）÷（1+9%）×2%=33.03（万元）

甲企业在A省申报的销项税额=3 000÷（1+9%）×9%=247.71（万元）

应补缴的增值税=247.71−33.03−1 200÷（1+9%）×9%=115.6（万元）

业务（2）：采用简易计税方法。

甲企业在B省预缴的增值税=（4 000−1 500）÷（1+3%）×3%=72.82（万元）

甲企业在A省申报的增值税=（4 000−1 500）÷（1+3%）×3%=72.82（万元）

实际补缴税额为0万元。

解题高手

命题角度：跨县（市、区）提供建筑服务预缴和申报税额的计算。

计算应纳税额时确定销售额：一般计税方法按全额，适用税率9%。简易计税方法下按差额（扣除分包款），适用征收率3%。

计算预缴税款时确定销售额：异地提供建筑服务需要预缴增值税。预缴时不论一般、简易计税方法，均按差额预缴，预缴税款的计算方法如下：

一般计税方法：按适用税率（9%）做不含税换算，预缴率为2%。

简易计税方法：按征收率（3%）做不含税换算，预缴率为3%。

二、转让不动产的增值税征收管理（★★★）

原理详解

这个业务是四类业务中最特殊的一项，学习的时候要从不同的角度进行区分。

第一，区分取得方式，自建或非自建。

第二，再分别区分一般计税方法和简易计税方法的异同。

1.一般规定

除其他个人转让不动产外，纳税人转让不动产，应向不动产所在地主管税务机关预缴税款，向机构所在地主管税务机关申报纳税。

（1）各情形下应纳税额及预缴税额的计算规则如下：

取得方式	计税方法	预缴公式	申报公式
非自建	简易计税	预缴税额=（全部价款和价外费用−不动产购置原价或取得时的作价）÷（1+5%）×5%	同预缴
	一般计税		应纳税额=全部价款和价外费用÷（1+9%）×9%−进项税额−预缴税款
自建	简易计税	预缴税额=全部价款和价外费用÷（1+5%）×5%	同预缴
	一般计税		应纳税额=全部价款和价外费用÷（1+9%）×9%−进项税额−预缴税款

提示：

①一般纳税人转让2016年4月30日前取得的不动产，可以选择简易计税方法计税，按照简易计税的相关规定执行。

②纳税人转让其取得的不动产，向不动产所在地主管税务机关预缴的增值税税款，可以在当期增值税应纳税额中抵减，抵减不完的，结转下期继续抵减。

原理详解

一般情况下，对含税价款进行价税分离时，应使用计算应纳税额时适用的税率或征收率。但计算转让不动产行为的预征预缴税额时，沿用了营业税时代的规定，统一用预征率5%进行价税分离。此处特殊，单独记忆。

典例研习·2-49

某增值税一般纳税人2022年12月转让其位于外省某市的两栋写字楼A和B。写字楼A是在2016年3月抵债取得，抵债时作价300万元（含增值税，下同），转让款价税合计金额480万元。写字楼B是在2016年3月自建取得，自建原价300万元，转让款价税合计金额480万元，两栋写字楼该纳税人均选择简易计税方法计税。

要求：

计算该纳税人就写字楼A和写字楼B在不动产所在地应预缴的税款以及在机构所在地应补缴的税款。

斯尔解析 纳税人转让不动产，应向不动产所在地的主管税务机关预缴增值税，向机构所在地税务机关申报增值税，申报时预缴税款可以扣减。

（1）写字楼A为非自建，采用简易计税方法时应按照差额预缴，差额计税。

应预缴税款=（全部价款和价外费用−不动产购置原价或者取得时的作价）÷（1+5%）×5%=（480−300）÷（1+5%）×5%=8.57（万元）

向机构所在地申报纳税的应纳税款=（480−300）÷（1+5%）×5%=8.57（万元）

应补缴增值税款为0万元。

（2）写字楼B为自建，全额预缴，全额计税。不考虑题目中给出的自建原价。

应预缴税款=全部价款和价外费用÷（1+5%）×5%=480÷（1+5%）×5%=22.86（万元）

向机构所在地申报纳税的应纳税款=480÷（1+5%）×5%=22.86（万元）

应补缴增值税款为0万元。

2.不动产购置原价的确定

在取得非自建不动产预缴和简易申报的时候，要用全部价款和价外费用扣除不动产购置原价或取得不动产时的作价，按照下列方法来扣除：

（1）纳税人如果同时保留取得不动产时的发票和其他能证明契税计税金额的完税凭证等资料的，应当凭发票进行差额扣除。

（2）如因丢失等原因无法提供取得不动产时的发票，可向税务机关提供其他能证明契税计税金额的完税凭证等资料，进行差额扣除。

以契税计税金额进行差额扣除的，按照下列公式计算增值税应纳税额：

①2016年4月30日及以前缴纳契税的：

增值税应纳税额=［全部交易价格（含增值税）−契税计税金额（含营业税）］÷（1+5%）×5%

②2016年5月1日及以后缴纳契税的：

增值税应纳税额=［全部交易价格（含增值税）÷（1+5%）−契税计税金额（不含增值税）］×5%

| 典例研习·2-50

某增值税小规模纳税人2022年2月转让其位于外省某市的两栋写字楼A和B。

（1）写字楼A是在2016年3月购置，无法提供购置发票，契税完税凭证上注明价款为300万元，转让款价税合计金额480万元。

（2）写字楼B是在2016年6月购置，无法提供购置发票，契税完税凭证上注明价款为300万元，转让款价税合计金额480万元。

要求：

分别计算该纳税人就写字楼A和写字楼B应预缴的增值税。

⑤斯尔解析

（1）写字楼A增值税应预缴税额=（480−300）÷（1+5%）×5%=8.57（万元）。

（2）写字楼B增值税应预缴税额=［480÷（1+5%）−300］×5%=7.86（万元）。

原理详解

为何营改增前后计税公式有差异？

由于全面营改增之前的契税税票上的计税金额是包含营业税的价款，而全面营改增之后的契税税票上的计税金额是不含增值税的价款，为了保持口径的统一，需要有上面两种计算公式，分别针对营改增之前的契税税票和营改增之后的契税税票。

3.扣税凭证的要求

纳税人按规定扣除不动产购置原价或者取得不动产时的作价的，应当取得符合法律、行政法规和国家税务总局规定的合法有效凭证。否则，不得扣除。上述凭证包括：

（1）税务部门监制的发票。

（2）法院判决书、裁定书、调解书，以及仲裁裁决书、公证债权文书。

（3）国家税务总局规定的其他凭证。

解题高手

命题角度：纳税人转让不动产的增值税处理。

纳税人销售不动产的预征预缴环节，不论用一般计税方法还是用简易计税方法，预征率以及征收率都为5%（房地产开发企业销售自行开发的房地产项目除外，参考"三、房地产开发企业销售自行开发的房地产项目增值税征收管理"）。

自建和非自建（取得）的不动产纳税申报和预缴基数如下：

（1）自建的不动产，申报与预征均全额。

（2）取得的不动产，一般计税方法下申报全额（取得的进项税额已抵扣，无须再进行差额计征），预征差额。简易计税方法下销售与预征均差额。

提示："营改增"之后自建或取得的不动产，应按照一般计税方法计税。

三、房地产开发企业销售自行开发的房地产项目增值税征收管理（★★★）

房地产开发企业中的一般纳税人销售其开发的房地产项目适用一般计税方法计税的，如果是从政府手中取得的土地使用权，以差额确定销售额。房地产开发企业销售自行开发的房地产老项目选择简易计税方法的，以全额确定销售额。

应纳税额及预缴税额的计算规则如下：

计税方法	预缴公式	申报公式
简易计税	预缴税款=预收款÷(1+5%)×3%	应纳税额=全部价款和价外费用÷(1+5%)×5%−预缴税款
一般计税	预缴税款=预收款÷(1+9%)×3%	应纳税额=(全部价款和价外费用−当期允许扣除的土地价款)÷(1+9%)×9%−进项税额−预缴税款 当期允许扣除的土地价款=(当期销售房地产项目建筑面积÷房地产项目可供销售建筑面积)×支付的土地价款

提示：

（1）在按照差额计算增值税的时候，并不是全部的土地价款都允许扣除，而只允许扣除按照当期房地产销售面积占总可售面积比例分摊的土地价款。各项参数的释义如下：

①当期销售房地产项目建筑面积，是指当期进行纳税申报的增值税销售额对应的建筑面积。房地产项目可供销售建筑面积，是指可以出售的总建筑面积，不包括销售房地产项目时未单独作价结算的配套公共设施的建筑面积。上述面积均指地上建筑面积、不包括地下车位建筑面积。

②支付的土地价款，是指向政府、土地管理部门或受政府委托收取土地价款的单位直接支付的土地价款，包括支付的征地和拆迁补偿费、土地前期开发费用和土地出让收益。土地价款应当取得省级及以上财政部门监（印）制的财政票据。

（2）一般纳税人应在取得预收款的次月纳税申报期向主管税务机关预缴税款。

房地产开发企业中的小规模纳税人采取预收款方式销售自行开发的房地产项目，应缴税款及预征税款的规定与一般纳税人简易计税方法一致，不予赘述。

（3）预缴税款的抵减。

一般纳税人销售自行开发的房地产项目，计算当期应纳税额，抵减已预缴税款后，向主管税务机关申报纳税。未抵减完的预缴税款可以结转下期继续抵减。

（4）兼有一般计税方法计税、简易计税方法计税、免征增值税的房地产项目而无法划分不得抵扣的进项税额的，应以"建设规模"为依据进行划分。

不得抵扣的进项税额=当期无法划分的全部进项税额×（简易计税、免税房地产项目建设规模÷房地产项目总建设规模）

| 典例研习·2-51

某房地产集团为增值税一般纳税人，2019年6月动工开发写字楼项目，项目总可售面积为9万平方米，截至2022年6月，已售建筑面积为4.5万平方米。取得价税合计销售收入10亿元，向政府支付土地价款2亿元，取得财政票据，计算该项目的销项税额。

🅢 斯尔解析

当期允许扣除的土地价款=（当期销售房地产项目建筑面积÷房地产项目可供销售建筑面积）×支付的土地价款=（4.5÷9）×2=1（亿元）

销项税额=（全部价款和价外费用－当期允许扣除的土地价款）÷（1+9%）×9%=（10-1）÷（1+9%）×9%=0.74（亿元）

四、提供不动产经营租赁服务增值税征收管理（★★★）

1.适用范围

纳税人以经营租赁方式出租其取得的不动产，包括出租其以直接购买、接受捐赠、接受投资入股、自建以及抵债等各种形式取得的不动产。

纳税人提供道路通行服务不适用此规定。

2.预征预缴规定

不动产所在地与机构所在地不在同一县（市、区）的，纳税人（其他个人除外）应向不动产所在地主管税务机关预缴税款，向机构所在地主管税务机关申报纳税。

不动产所在地与机构所在地在同一县（市、区）的，纳税人应向机构所在地主管税务机关申报纳税。

其他个人无须预缴税款，向不动产所在地申报纳税。

3.各情形下应纳税额及预缴税额的计算规则

计税方法	纳税人		预缴公式	申报公式
一般计税方法	一般纳税人		预缴税款=含税销售额÷（1+9%）×3%	应纳税额=含税销售额÷（1+9%）×9%－进项税额－预缴税款
简易计税方法	一般纳税人选择简易计税、小规模纳税人		预缴税款=含税销售额÷（1+5%）×5%	同预缴
	个人出租住房	个体工商户	应预缴税款=含税销售÷（1+5%）×1.5%	同预缴
		其他个人	无须预缴	应缴税款=含税销售额÷（1+5%）×1.5%

提示：

（1）一般纳税人可以选择简易计税的情形，主要指一般纳税人出租2016年4月30日前取得的不动产或房地产开发企业（一般纳税人）出租2016年4月30日前自行开发的老项目。

（2）其他个人采取一次性收取租金的形式出租不动产，取得的租金收入可在租金对应的租赁期内平均分摊，分摊后的月租金收入不超过10万元的，可享受小规模纳税人免征增值税优惠政策。

（3）纳税人向其他个人出租不动产，不得开具或申请代开增值税专用发票。

（4）纳税人向不动产所在地主管税务机关预缴的增值税款，可以在当期增值税应纳税额中抵减，抵减不完的，结转下期继续抵减。

| 典例研习·2-52

A市的甲企业是增值税一般纳税人，将位于B市的一处办公用房（系2016年5月1日后取得）对外出租，收取含税月租金50 000元。

要求：

计算甲企业在B市应预缴税款和在A市应缴纳税款。

斯尔解析

该不动产为营改增之后取得，采用一般计税方法。

甲企业应在B市预缴税款=50 000÷（1+9%）×3%=1 376.15（元）

甲企业在A市应补缴税款=50 000÷（1+9%）×9%−1 376.15=2 752.29（元）

解题高手

命题角度：将提供建筑服务、销售不动产、出租不动产相关的政策规定要点总结如下。

适用范围：一般纳税人及小规模纳税人（不含其他个人）。

情形	纳税申报		预征预缴		
	一般计税	简易计税	预征基数	预缴	
				一般计税	简易计税
建筑服务	全额	差额（扣分包）	差额（扣分包）	2%	3%
转让不动产	全额	自建全额取得差额	自建全额取得差额	5%（价税分离也用5%）	5%
房地产开发企业销售自行开发的商品房	差额（扣土地）	全额	全额	3%	3%
出租不动产	全额	全额	全额	3%	5%

计算申报纳税应纳税款时，已缴纳的预缴税款取得完税凭证，均可抵减应纳税额。

五、资管产品增值税征收管理

自2018年1月1日起，资管产品增值税有关问题按照以下规定计算缴纳增值税。

提示：资管产品，包括银行理财产品、资金信托（包括集合资金信托、单一资金信托）、财产权、信托、公开募集证券投资基金、特定客户资产管理计划、集合资产管理计划、定向资产管理计划、私募投资基金、债权投资计划、股权投资计划、股债结合型投资计划、资产支持计划、组合类保险资产管理产品、养老保障管理产品，以及财政部和国家税务总局规定的其他资管产品。

（一）计税方法的选择

1. 简易计税

资管产品管理人运营资管产品过程中发生的增值税应税行为（以下称资管产品运营业务），暂适用简易计税方法，按照3%的征收率缴纳增值税。

2. 一般计税

管理人接受投资者委托或信托对受托资产提供的管理服务以及管理人发生的除上述按照简易计税方法计税的其他增值税应税行为（以下称其他业务），按照现行规定缴纳增值税。

（二）销售额的确定

自2018年1月1日起，资管产品管理人运营资管产品提供的贷款服务、发生的部分金融商品转让业务，按照以下规定确定销售额：

（1）提供贷款服务，以2018年1月1日起产生的利息及利息性质的收入为销售额。

（2）转让2017年12月31日前取得的股票（不包括限售股）、债券、基金、非货物期货，可以选择按照实际买入价计算销售额，或者以2017年最后一个交易日的股票收盘价（2017年最后一个交易日处于停牌期间的股票，为停牌前最后一个交易日收盘价）、债券估值（中债金融估值中心有限公司或中证指数有限公司提供的债券估值）、基金份额净值、非货物期货结算价格作为买入价计算销售额。

（三）其他规定

（1）管理人应分别核算资管产品运营业务和其他业务的销售额和增值税应纳税额。未分别核算的，资管产品运营业务不得适用简易方法计税。

（2）管理人可选择分别或汇总核算资管产品运营业务销售额和增值税应纳税额。

（3）管理人应按照规定的纳税期限，汇总申报缴纳资管产品运营业务和其他业务增值税。

（4）对资管产品在2018年1月1日前运营过程中发生的增值税应税行为，未缴纳增值税的，不再缴纳；已缴纳增值税的，已纳税额从资管产品管理人以后月份的增值税应纳税额中抵减。

六、成品油零售加油站增值税政策 新

1. 纳税人资格

自2002年5月1日起，凡经批准从事成品油零售业务，并已办理工商登记、税务登记，有

固定经营场所，使用加油机自动计量销售成品油的单位和个体经营者（以下简称加油站），一律按增值税一般纳税人征税。

2.汇总纳税规定

（1）采取统一配送成品油方式设立的非独立核算的加油站，在同一县市的，由总机构汇总缴纳增值税。

（2）在同一省内跨县市经营的，是否汇总缴纳增值税，由省级税务机关确定。

（3）跨省经营的，是否汇总缴纳增值税，由国家税务总局确定。

提示：

①对统一核算，且经税务机关批准汇总缴纳增值税的成品油销售单位跨县市调配成品油的，不征收增值税。

②加油站无论以何种结算方式收取售油款，均应征收增值税。加油站销售成品油必须按不同品种分别核算，准确计算应税销售额。加油站以收取加油凭证（簿）、加油卡方式销售成品油，不得向用户开具增值税专用发票。

3.应纳税额的计算

加油站应税销售额包括当月成品油应税销售额和其他应税货物及劳务的销售额。

其中成品油应税销售额的计算公式为：

成品油应税销售额=（当月全部成品油销售数量−允许扣除的成品油数量）×油品单价

加油站通过加油机加注成品油属于以下情形的，允许在当月成品油销售数量中扣除：

（1）经主管税务机关确定的加油站自有车辆自用油。

（2）外单位购买的，利用加油站的油库存放的代储油。

（3）加油站本身倒库油。

（4）加油站检测用油（回罐油）。

4.其他规定

发售加油卡、加油凭证销售成品油的纳税人在售卖加油卡、加油凭证时，应按预收账款方法作相关账务处理，不征收增值税。

第九节 进口环节增值税政策

一、征税范围和纳税人（★★）

确定一项货物是否属于进口货物，看其是否有报关手续。只要是报关进境的应税货物，不论其用途如何，是自行采购用于贸易，还是自用。不论是购进还是国外捐赠，均应按照规定缴纳进口环节的增值税（免税进口的货物除外）。

征税范围	纳税人
申报进入中华人民共和国海关境内的货物	进口货物的收货人或办理报关手续的单位和个人
跨境电子商务零售进口商品（交易、支付、物流电子信息"三单"比对相符且在规定范围内）	购买跨境电子商务零售进口商品的个人作为纳税义务人。**电子商务企业、电子商务交易平台企业或物流企业**可作为代收代缴义务人

二、适用税率（★）

适用税率与境内交易增值税适用税率一致。

提示：需要注意的是，小规模纳税人进口货物仍然适用增值税税率，而不是征收率。

自2014年1月1日起，租赁企业一般贸易项下进口飞机并租给国内航空公司使用的，享受与国内航空公司进口飞机同等税收优惠政策，即进口空载重量在25吨以上的飞机减按5%征收进口环节增值税。自2014年1月1日以来，对已按适用税率征收进口环节增值税的上述飞机，超出5%税率的已征税款，尚未申报增值税进项税额抵扣的，可以退还。

三、应纳税额的计算（★★★）

进口货物，按照组成计税价格和增值税适用税率计算应纳税额。

组成计税价格=关税完税价格+关税+消费税=（关税完税价格+关税）÷（1−消费税税率）

应纳税额=组成计税价格×税率

其中：

（1）组成计税价格包括已纳的关税税额。

（2）如果进口货物属于应征消费税的应税消费品，组成计税价格还应包括进口环节已纳消费税税额。

（3）计算进口环节应纳增值税时，不得抵扣任何税额。

> **原理详解** 💡
>
> 进口环节需要缴纳的增值税税额，是货物进入我国境内第一个环节的进项税额，也是抵扣链条的第一个环节。符合抵扣范围规定的进口环节增值税，凭借海关进口增值税专用缴款书，可以从当期销项税额中抵扣。

| 典例研习·2-53

某商贸公司（有进出口经营权）10月进口货物一批。经海关核定的关税完税价格为60万元。货物报关后，公司按规定缴纳了进口环节的增值税并取得了海关开具的海关进口增值税专用缴款书。假定该批进口货物在国内全部销售，取得不含税销售额80万元。

已知：货物进口关税税率为15%，增值税税率为13%。

根据上述资料，回答下列问题：

（1）计算进口环节应纳增值税的组成计税价格。

（2）计算进口环节应缴纳增值税的税额。

（3）计算国内销售环节的销项税额。

（4）计算国内销售环节应缴纳增值税的税额。

斯尔解析

（1）进口环节应纳增值税的组成计税价格=60+60×15%=69（万元）。

（2）进口环节应缴纳增值税的税额=69×13%=8.97（万元）。

（3）国内销售环节的销项税额=80×13%=10.4（万元）。

（4）国内销售环节应缴纳增值税的税额=10.4−8.97=1.43（万元）。

四、进口环节增值税征收管理（★）

1.纳税义务发生时间、纳税期限和纳税地点

进口货物增值税纳税义务发生时间为报关进口的当天，其纳税地点应当由进口人或其代理人向报关地海关申报纳税，其纳税期限应当自海关填发海关进口增值税专用缴款书之日起15日内缴纳税款。

2.跨境电子商务零售进口商品的规定

（1）跨境电子商务零售进口商品以其实际交易价格（包括货物零售价格、运费和保险费）作为完税价格。

（2）**单次交易限值为人民币5 000元，个人年度交易限值为人民币26 000元。**限值以内的跨境电子商务零售进口商品，进口环节增值税和消费税按照法定应纳税额的70%征收（关税税率暂设为零）。

（3）完税价格超过5 000元单次交易限值但低于26 000元年度交易限值，且订单下仅一件商品时，可以从跨境电商零售渠道进口，按照货物税率全额征收关税和进口环节增值税、消费税，交易额计入年度交易总额。

（4）年度交易总额超过年度交易限值26 000元的，应按一般贸易管理。

（5）跨境电子商务零售进口商品自海关放行之日起30日内退货的，可申请退税，并相应调整个人年度交易总额。

（6）已经购买的电商进口商品属于消费者个人使用的最终商品，不得进入国内市场再次销售。原则上不允许网购保税进口商品在海关特殊监管区域外开展"网购保税+线下自提"模式。

第十节　出口环节增值税政策

一、出口货物、劳务和跨境应税行为退（免）增值税政策

（一）基本政策（★★）

不同的出口货物、劳务和跨境应税行为，适用于三类基本政策：

适用政策		基本规定
出口免税和退税（以下称"增值税退（免）税政策"）	免、抵、退	（1）出口环节免征增值税。 （2）相应的进项税额抵减应纳增值税额（不包括适用增值税即征即退、先征后退政策的应纳增值税税额）。 （3）未抵减完的部分予以退还
	免退	出口环节免征增值税，相应的进项税额予以退还
出口免税不退税		出口环节免征增值税，相应的进项税额不得抵扣退税
出口不免税也不退税		主要针对国家限制或禁止出口的某些货物、劳务和跨境应税行为，视同内销货物按规定征收增值税

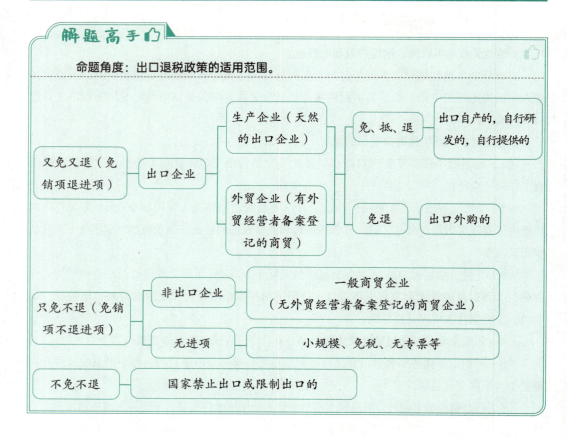

解题高手

命题角度：出口退税政策的适用范围。

又免又退（免销项退进项）→ 出口企业 → 生产企业（天然的出口企业）→ 免、抵、退 → 出口自产的，自行研发的，自行提供的

外贸企业（有外贸经营者备案登记的商贸）→ 免退 → 出口外购的

只免不退（免销项不退进项）→ 非出口企业 → 一般商贸企业（无外贸经营者备案登记的商贸企业）

无进项 → 小规模、免税、无专票等

不免不退 → 国家禁止出口或限制出口的

（二）退（免）税政策具体适用范围（★）

适用情形	具体范围
出口企业出口货物	（1）有外贸经营者备案登记的企业（包括生产企业、外贸企业，以及个体工商户）自营或委托出口货物。 （2）无外贸经营者备案登记的生产企业委托出口货物
出口企业视同出口货物	（1）出口企业对外援助、对外承包、境外投资的出口货物。 （2）出口企业经海关报关进入国家批准的出口加工区、保税物流园区、保税港区、综合保税区、跨境工业区、边境合作中心、保税物流中心（以下统称特殊区域）并销售给特殊区域内单位或境外单位、个人的货物。 提示：销售给特殊区域内企业的生活消费用品和交通运输工具除外。 （3）免税品经营企业销售的货物（要求货物报关运入海关监管仓库、专供隔离区内的免税店用于销售的货物）。 （4）出口企业或其他单位销售给用于国际金融组织或外国政府贷款国际招标建设项目的中标机电产品。 （5）出口企业或其他单位销售给国际运输企业用于国际运输工具上的货物。 （6）出口企业或其他单位销售给特殊区域内生产企业生产耗用且不向海关报关而输入特殊区域的水（包括蒸汽）、电力、燃气
符合条件的生产企业出口的外购货物视同出口自产货物	（1）符合下列条件的企业外购的与本企业自产货物同类型或具有相关性的货物，可视同自产货物适用"免、抵、退"政策： ①未发生骗取出口退税、虚开增值税专用发票、接受虚开增值税专用发票行为。 ②已取得增值税一般纳税人资格。 ③已持续经营2年及2年以上。 ④纳税信用等级A级。 ⑤上一年度销售额5亿元以上。 （2）不符合上述资质条件的企业（未发生过税务违法行为的）出口的外购货物与本企业货物相同的、近似的、构成配套出口的，或在其他特定情形下，也可视同自产货物，适用"免、抵、退"政策
出口企业对外提供加工修理修配劳务	对进境复出口货物或从事国际运输的运输工具进行的加工修理修配劳务
融资租赁出口货物	对融资租赁企业、金融租赁公司及其项目子公司，期限在5年（含）以上融资租赁方式租赁给境外承租人，并报关实际离境的货物，试行出口退税政策

（三）退（免）税办法（★★）

类型		适用情形
免、抵、退	生产企业	（1）出口自产货物和视同自产货物、对外提供加工修理修配劳务。 （2）提供适用零税率的服务或者无形资产适用一般计税方法的
	外贸企业	直接出口适用零税率的应税服务适用一般计税方法的，或将自行研发的无形资产出口
	特殊服务类型	（1）境内单位和个人提供的国际运输服务、航天运输服务。 （2）向境外单位提供的完全在境外消费的适用零税率的服务
免、退	外贸企业或其他单位	（1）外贸企业或其他单位（不具有生产能力）出口货物、劳务。 （2）外贸企业将外购服务或者无形资产出口
免	单位和个人	（1）提供适用零税率的应税服务或无形资产，如果采用简易计税方法的，免税。 （2）适用零税率应税服务的，也可以放弃零税率，而选择免税或者按规定缴纳增值税（36个月内不得再申请适用零税率）

解题高手👍

命题角度： "免、抵、退" "免、退" "只免不退" 三种政策适用范围的辨析。

外贸企业在实际经营中不从事生产，只有购进货物负担的进项税额，所以出口时，需要退还的增值税就是购进货物所负担的进项税额，故采用免、退税政策。

各项政策适用范围的规律可以总结如下：

（1）免、抵、退税政策：适用于自产的、自行提供的、自行研发的或者自行加工修理修配的货物、劳务或服务。

（2）免、退税政策：适用于外购的货物、劳务或服务。

（3）免税政策：适用于小规模纳税人出口，以及一般纳税人采用简易计税方法出口。

（四）增值税出口退税率（★★）

1.一般规定

除财政部、国家税务总局明确规定的增值税出口退税率外，出口货物、服务和无形资产的退税率为其适用税率。

适用不同退税率的货物、劳务及跨境应税行为，应分开报关、核算并申报退（免）税，未分开报关、核算或划分不清的，从低适用退税率，目前我国增值税出口退税率分为五档，即13%、10%、9%、6%和零税率。

2.特殊规定

（1）外贸企业购进按简易办法征税的出口货物、从小规模纳税人购进的出口货物，其退税率分别为简易办法实际执行的征收率、小规模纳税人征收率。上述出口货物取得增值税专用发票的，退税率按照增值税专用发票上的税率和出口货物退税率孰低的原则确定。

（2）出口企业委托加工修理修配货物，其加工修理修配费用的退税率，为出口货物的退税率。

（五）增值税退（免）税的计税依据（★★）

出口货物、劳务的增值税退（免）税的计税依据，按出口货物、劳务的出口发票（外销发票）、其他普通发票或购进出口货物、劳务服务的增值税专用发票、海关进口增值税专用缴款书确定。具体规定如下：

企业类型	出口业务情形	计税依据
生产企业	出口货物、劳务（进料加工复出口货物除外）	实际离岸价（FOB）
	进料加工复出口货物	出口货物离岸价（FOB）–出口货物所含的海关保税进口料件的金额
	国内购进无进项税额且不计提进项税额的免税原材料加工后出口的货物	出口货物离岸价（FOB）–出口货物所含的国内购进免税材料的金额
外贸企业（购进价）	出口货物（委托加工修理修配货物除外）	购进出口货物的增值税专用发票注明的金额或海关进口增值税专用缴款书注明的完税价格
	出口委托加工修理修配货物	为加工修理修配费用增值税专用发票注明的金额
零税率应税服务	铁路/航空运输方式载运货物/旅客	清算后实际取得的运输收入
	实行免、抵、退税办法的零税率应税行为	提供零税率应税行为取得的收入
	实行免、退税办法的跨境应税行为	增值税专用发票或解缴税款的税收缴款凭证上注明的金额

解题高手

命题角度：判断出口退（免）税的计税依据。

（1）生产企业出口货物的免、抵、退税以出口货物的售价（FOB）为基础进行计算。如果存在免税购进原材料或保税进口料件的金额，应该从出口货物FOB价格中扣除。

（2）出口零税率应税服务的免、抵、退税，按照出口零税率应税服务取得的收入为基础计算。

（3）其他企业和其他类型应税出口行为，按照购进时发票（普通发票、增值税专用发票或海关缴款书）上的价款为基础进行计算。

（六）免抵退税的计算（★★★）

1.梳理内销业务

归纳整理内销业务的销项税额、进项税额，以及是否存在上期留抵税额。

2.剔税

（1）寻找题目中是否有免税或保税购进原材料，如果有则需要扣减。

（2）计算应该从进项税额中剔除的"不得免征和抵扣税额"：

当期不得免征和抵扣税额＝（出口离岸价－免税保税购进原材料价格）×（出口货物适用税率－出口退税率）

免税购进原材料中当期进料加工保税进口料件的价格为组成计税价格。

当期进料加工保税进口料件的组成计税价格＝当期进口料件到岸价格＋海关实征关税＋海关实征消费税

①采用"实耗法"的，当期进料加工保税进口料件的组成计税价格为当期进料加工出口货物耗用的进口料件组成计税价格。其计算公式为：

当期进料加工保税进口料件的组成计税价格＝当期进料加工出口货物离岸价×外汇人民币折合率×计划分配率

计划分配率＝计划进口总值÷计划出口总值×100%

②采用"购进法"的，当期进料加工保税进口料件的组成计税价格为当期实际购进的进料加工进口料件的组成计税价格。

若当期实际不得免征和抵扣税额抵减额大于当期出口货物离岸价×外汇人民币折合率×（出口货物适用税率－出口货物退税率），则：

当期不得免征和抵扣税额抵减额＝当期出口货物离岸价×外汇人民币折合率×（出口货物适用税率－出口货物退税率）

3.抵税

通过第1步中梳理的内销业务各项金额，以及第2步中计算的剔税金额，计算当期应纳增值税。

当期应纳税额＝内销销项税额－（进项税额－第2步中计算的剔税额）－上期留抵税额

本步计算结果取绝对值，进入下一步。

4.算尺度

计算免、抵、退税的尺度（即限额），如果有免税或保税购进原材料，需要扣减。

当期免抵退税额＝（出口离岸价－免税购进原材料价格）×退税率

5.算退税

将第3步中当期留抵税额的绝对值，与第4步中的退税尺度进行比较，谁小按谁退。

第一种情况：当期期末留抵税额≤当期免抵退税额时，

当期应退税额＝当期期末留抵税额

当期免抵税额＝当期免抵退税额－当期应退税额

第二种情况：当期期末留抵税额＞当期免抵退税额时，

当期应退税额＝当期免抵退税额

当期免抵税额＝0

原理详解 💡

免、抵、退政策的概念理解：

（1）"免"：代表适用免抵退政策的货物在出口环节免征销项税额。

（2）"抵"：代表虽然出口外销收入享受了免税，但进项税额仍然可以用于抵扣纳税人当期内销货物的销项税额。

但需要注意的是，这里不是全额允许抵扣。公式中的"当期不得免征和抵扣税额"，就是按照国家政策（政策表现为出口的征、退税率之差）需要从全部可抵扣的进项税中剔除出去的部分。在会计处理上这部分金额需要从进项税额中进行转出，结转至出口业务的主营业务成本。

而进一步将"当期不得免征和抵扣税额"和"当期不得免征和抵扣税额抵减额"的公式变形后得到：

当期不得免征和抵扣税额=（当期出口货物离岸价格×外汇人民币折合率−当期免税购进原材料价格）×（出口货物适用税率−出口货物退税率）

此公式的原理在于有些用于出口业务的原材料是免税采购的或者保税进口的，这部分免税原材料的进项税额实际上没有包含在全部可抵扣的进项税额中，在按照整体进项税额来计算应剔除部分的时候自然也不能重复减除这部分原本就不包含在进项税额中的内容。

（3）"退"：代表在当月内应抵扣的进项税额如果大于内销销项税额时，对未抵扣完的部分予以退税。而退税的尺度，要按照出口外销收入，乘以退税率计算当期免抵退税额的限额。类似上面的"当期不得免征和抵扣税额抵减额"的概念，在计算退税尺度时，实际上是按照出口货物全部外销收入的整体税负计算了免抵退税的限额，针对其中包含的原材料的进项税额，已经将其按照征税对待了，所以如果存在免税或保税进口原材料的情况，也要将这部分免征的进项税从里面剔除出去。

按照上述方法先计算出来当期应纳税额，如果大于零，则表示相关的进项税额在抵扣了内销的销项税额之后，仍需交税。如果小于零，则代表当期存在留抵的情况，可以享受退税。而实际退税的金额，则需要将当期留抵税额和免抵退税的尺度（即上述"退"环节计算的当期免抵退税额）进行比较，按照孰小原则确定实际退税额。

解题高手 👍

命题角度：出口货物免、抵、退的计算。

关于出口退税，考试中经常考查的计算有：

（1）当期不得免征和抵扣税额。

当期不得免征和抵扣税额=（出口货物离岸价×外汇人民币牌价−免税购进原材料价格）×（出口货物适用税率−出口退税率）

（2）当期退税额、免抵税额和留抵税额。

①如果当期留抵税额小，退税尺度大。

退税额=当期留抵税额

免抵税额=差额

退税后留抵税额=0

②如果退税尺度小，当期留抵税额大。

退税额=尺度

免抵税额=0

退税后留抵税额=差额

｜典例研习·2-54

2022年3月，某生产企业出口自产货物销售额折合人民币2 000万元，内销货物不含税销售额800万元。为生产货物购进材料取得增值税专用发票注明金额4 600万元，税额598万元。已知该企业出口货物适用税率为13%，出口退税率为10%，当月取得的增值税专用发票已抵扣进项税额，期初无留抵税额。请计算该企业当月出口货物应退增值税税额。

斯尔解析

第一步：梳理内销业务。

销项税额=800×13%=104（万元），进项税额598万元。

第二步：剔税。

当期不得免征和抵扣的税额=出口货物离岸价×（出口货物适用税率−出口退税率）=2 000×（13%−10%）=60（万元）

第三步：抵税。

当期应纳税额=内销销项税额−（全部进项税额−第二步中的不得免征和抵扣税额）=104−（598−60）=−434（万元）

第四步：算尺度。

当期免抵退税额=出口货物离岸价×退税率=2 000×10%=200（万元）

第五步：算退税。

当期期末留抵税额＞当期免抵退税额，则当期应退还税额=200（万元）。

当期免抵税额=0（万元）

结转下期留抵税额=434−200=234（万元）

典例研习 · 2-55

2023年3月，某生产企业出口自产货物销售额折合人民币2 000万元，内销货物不含税销售额800万元。为生产货物购进材料取得增值税专用发票注明金额2 000万元，税额260万元。当月加工出口货物耗用的免税料件金额500万元，已知该企业出口货物适用税率为13%，出口退税率为10%，当月取得的增值税专用发票已抵扣进项税额，期初无留抵税额。请计算该企业当月出口货物应退增值税税额。

斯尔解析

第一步：计算内销销项。

内销销项税额=800×13%=104（万元）

第二步：剔税。

不得免征和抵扣的税额=（FOB-免保）×（征税率-退税率）=（2 000-500）×（13%-10%）=45（万元）

可以抵扣的进项税额=全部进项税额-不得免征和抵扣的税额=260-45=215（万元）

第三步：抵税税额。

当期应纳税额=内销销项税额-内销进项税额=104-215=-111（万元）

第四步：算尺度。

当期免抵退税额=（出口货物离岸价-免税购进原材料价格）×退税率=（2 000-500）×10%=150（万元）

第五步：比较。

外销退税限额=150（万元）>111（万元）

当期应退还税额=111（万元），免抵税额=150-111=39（万元）。

典例研习 · 2-56

2023年3月，某生产企业出口自产货物销售额折合人民币2 000万元，内销货物不含税销售额800万元。为生产货物购进材料取得增值税专用发票注明金额4 600万元，税额598万元。当月加工出口货物耗用的免税料件金额500万元，已知该企业出口货物适用税率为13%，出口退税率为10%，当月取得的增值税专用发票已抵扣进项税额，期初无留抵税额。请计算该企业当月出口货物应退增值税税额。

斯尔解析

第一步：梳理内销业务。

内销销项税额=800×13%=104（万元），进项税额598万元。

第二步：剔税。

当期不得免征和抵扣税额=（出口货物离岸价-免税购进原材料价格）×（出口货物适用税率-出口退税率）=（2 000-500）×（13%-10%）=45（万元）

第三步：抵税。

当期应纳税额=内销销项税额−（全部进项税额−第二步中的不得免征和抵扣税额）=104−（598−45）=−449（万元）

第四步：算尺度。

当期免抵退税额=（出口货物离岸价−免税购进原材料价格）×退税率=（2 000−500）×10%=150（万元）

第五步：算退税。

当期期末留抵税额＞当期免抵退税额，则当期应退还税额=150（万元）。

当期免抵税额=0（万元）

结转下期留抵税额=449−150=299（万元）

（七）免退税的计算

（1）外贸企业出口委托加工修理修配货物以外的货物：

增值税应退税额=增值税退（免）税计税依据×出口货物退税率

（2）外贸企业出口委托加工修理修配的货物：

增值税应退税额=委托加工修理修配的增值税退（免）税计税依据×出口货物退税率

二、出口货物、劳务增值税免税政策（★）

1.纳税人出口下列货物免征增值税

（1）增值税小规模纳税人出口的货物。

（2）避孕药品和用具，古旧图书。

（3）软件产品。

（4）含黄金、铂金成分的货物，钻石及其饰品。

（5）国家计划内出口的卷烟。

（6）购进时未取得增值税专用发票、海关进口增值税专用缴款书但其他相关单证齐全的已使用过的设备。

（7）非出口企业委托出口的货物。

（8）非列名的生产企业出口的非视同自产货物。

（9）农业生产者自产农产品。

（10）油、花生果仁、黑大豆等财政部和国家税务总局规定的出口免税的货物。

（11）外贸企业取得普通发票、废旧物资收购凭证、农产品收购发票、政府非税收入票据的货物。

（12）来料加工复出口的货物。

提示：来料加工复出口适用于免税而不退税政策。进料加工复出口适用免抵退税政策。

（13）特殊区域内的企业出口的特殊区域内的货物。

（14）以旅游购物贸易方式报关出口的货物。

（15）以人民币现金作为结算方式的边境地区出口企业从所在省（自治区）的边境口岸出口到接壤国家的一般贸易和边境小额贸易出口货物。

（16）跨境电子商务综合试验区（以下简称"综试区"）内的跨境电子商务零售出口（以下简称"电子商务出口"）未取得有效进货凭证的货物，同时符合下列条件的，试行增值税、消费税免税政策：

①电子商务出口企业在综试区注册，并在注册地跨境电子商务线上综合服务平台登记出口日期、货物名称、计量单位、数量、单价、金额。

②出口货物通过综试区所在地海关办理电子商务出口申报手续。

③出口货物不属于财政部和国家税务总局根据国务院决定明确取消出口退（免）税的货物。

2.出口企业或其他单位视同出口下列货物、劳务免征增值税

（1）国家批准设立的免税店销售的免税货物。

（2）特殊区域内的企业为境外的单位或个人提供加工修理修配劳务。

（3）同一特殊区域、不同特殊区域内的企业之间销售特殊区域内的货物。

三、跨境电子商务出口退运商品税收政策

对自2023年1月30日起1年内在跨境电子商务海关监管下申报出口，因滞销、退货原因，自出口之日起6个月内原状退运进境的商品（不含食品），免征进口关税和进口环节增值税、消费税。出口时已征收的出口关税准予退还，出口时已征收的增值税、消费税参照内销货物发生退货有关税收规定执行。

四、境外旅客购物离境退税（★★）

1.离境退税政策及条件

离境退税政策，是指境外旅客在离境口岸离境时，对其在退税商店购买的退税物品退还增值税的政策。

其中：

（1）境外旅客是指在我国境内连续居住不超过183天的外国人和港澳台同胞。

（2）退税物品，是指由境外旅客本人在退税商店购买且符合退税条件的个人物品（不包括禁止、限制出境物品。退税商店销售的适用增值税免税政策的物品）。

（3）境外旅客申请退税，应当同时符合以下条件：

①同一境外旅客同一日在同一退税商店购买的退税物品金额达到500元人民币。

②退税物品尚未启用或消费。

③离境日距退税物品购买日不超过90天。

④所购退税物品由境外旅客本人随身携带或随行托运出境。

2.退税物品的计算公式及退税率

应退增值税额=退税物品销售发票**含增值税金额**×退税率

适用13%税率的境外旅客购物离境退税物品，退税率为11%；适用9%税率的境外旅客购

物离境退税物品，退税率为8%。

3.退税方式

退税币种为人民币，退税方式包括现金退税和银行转账退税。

退税额未超过10 000元的，可自行选择退税方式。退税额超过10 000元的，以银行转账方式退税。

| 典例研习·2-57

某境外旅客2023年10月5日在内地某退税商店购买了一件瓷器，价税合计金额2 260元，取得退税商店开具的增值税普通发票及退税申请单，发票注明税率13%。

请计算2023年10月10日该旅客离境，应退还的增值税金额（退税率为11%）。

⑤斯尔解析

应退增值税额=退税物品销售发票金额（含增值税）×退税率=2 260×11%=248.6（元）

五、外国驻华使（领）馆及其馆员在华购物和服务退税（★）

1.退税政策

使（领）馆馆员个人购买货物和服务，除车辆和房租外，每人每年申报退税销售金额（含税价格）不超过18万元人民币。每人每年申报退税销售金额（含税价格）超过18万元人民币的部分，不适用增值税退税政策。

2.退税的计算

使（领）馆及其馆员购买电力、燃气、汽油、柴油，发票上未注明税额的，增值税退税额=发票金额（含增值税）÷（1+增值税适用税率）×增值税适用税率。

六、海南自由贸易港有关退税政策（★★）

（一）海南自由贸易港国际运输船舶有关退税政策

1.退税条件及政策

（1）自2020年10月1日至2024年12月31日，对境内建造船舶企业向运输企业销售且同时符合下列条件的船舶，实行增值税退税政策，由购进船舶的运输企业向主管税务机关申请退税。

①购进船舶在"中国洋浦港"登记。

②购进船舶从事国际运输和港澳台运输业务。

（2）购进船舶运输企业的应退税额，为其购进船舶时支付的增值税额。

2.不符合退税条件的税款补缴

运输企业不再符合退税条件的，应向交通运输部门办理业务变更，并在条件变更次月纳税申报期内向主管税务机关办理补缴已退税款手续。

应补缴增值税额=购进船舶的增值税专用发票注明的税额×（净值÷原值）

净值=原值－累计折旧

运输企业按照规定补缴税款的，自税务机关取得解缴税款的完税凭证上注明的增值税额，准予从销项税额中抵扣。

（二）海南自由贸易港试行启运港退税政策

1.退税政策

自2021年1月1日起，为支持海南自由贸易港建设，海南自由贸易港试行启运港退税政策。

（1）对符合条件的出口企业从启运地口岸（以下称"启运港"）启运报关出口，由符合条件的运输企业承运，从水路转关直航或经停指定口岸（以下称"经停港"），自离境地口岸（以下称"离境港"）离境的集装箱货物，实行启运港退税政策。

（2）对从经停港报关出口、由符合条件的运输企业途中加装的集装箱货物，符合上述规定的运输方式、离境地点要求的，以经停港作为货物的启运港，也实行启运港退税政策。

2.具体适用范围

（1）适用的启运港、离境港、经停港范围。

①启运港：营口市营口港、大连市大连港、锦州市锦州港、秦皇岛市秦皇岛港、天津市天津港、烟台市烟台港、青岛市青岛港、日照市日照港、苏州市太仓港、连云港市连云港港、南通市南通港、泉州市泉州港、广州市南沙港、湛江市湛江港、钦州市钦州港。

②离境港：海南省洋浦港区。

③经停港：启运港均可作为经停港。承运适用启运港退税政策货物的船舶，可在经停港加装、卸载货物。

从经停港加装的货物，需为已报关出口、经由上述离境港离境的集装箱货物。

（2）运输企业及运输工具。

运输企业为在海关的信用等级为一般信用企业或认证企业，并且纳税信用级别为B级及以上的航运企业。

运输工具为配备导航定位、全程视频监控设备并且符合海关对承运海关监管货物运输工具要求的船舶。

（3）出口企业。

出口企业的出口退（免）税分类管理类别为一类或二类，并且在海关的信用等级为一般认证及以上企业。

（4）危险品不适用启运港退税政策。

七、陆路启运港退税试点政策

1.政策内容

自2022年3月1日起，对符合条件的出口企业从启运地（以下称启运港）启运报关出口，由中国国家铁路集团有限公司及其下属公司承运，从铁路转关运输直达离境地口岸（以下称离境港）离境的集装箱货物，实行启运港退税政策。

2.政策适用范围

（1）启运港。

启运港为陕西省西安国际港务区铁路场站。

（2）离境港。

离境港为广西壮族自治区北部湾港（包括防城港区、钦州港区、北海港区），新疆维吾尔自治区阿拉山口、霍尔果斯铁路口岸。

（3）运输企业及运输工具。

运输企业为中国国家铁路集团有限公司及其下属公司。

运输工具为火车班列或铁路货车车辆。

（4）出口企业。

出口企业的出口退（免）税分类管理类别为一类或二类，并且在海关注册登记和备案（失信企业除外）。

海关总署定期向税务总局传送海关注册登记和备案企业名单（失信企业除外），企业信用等级发生变化的，定期传送变化企业名单。税务总局根据上述名单等信息确认符合条件的出口企业。

（5）危险品不适用启运港退税政策。

八、横琴、平潭开发有关增值税退税政策 新

中华人民共和国境内其他地区（以下简称区外）销往横琴、平潭（以下简称区内）适用增值税和消费税退税政策的货物（包括水、蒸汽、电力、燃气），视同出口，由区内从区外购买货物的企业（以下简称区内购买企业）或区内水电气企业向主管税务机关申报增值税和消费税退税。

区内购买企业，是指依法在区内办理工商登记（现为市场主体登记，下同）、税务登记和海关注册登记手续，并购买区外货物的企业；区内水电气企业，是指依法在区内办理工商登记、税务登记，并购买区外水、蒸汽、电力、燃气的企业。

购买企业及区内水电气企业应依以下规定办理出口退（免）税备案：

（1）未办理对外贸易经营者备案登记的区内购买企业，应在首笔购进区外与生产有关的货物之日起30日内办理认定，办理认定不需提供《对外贸易经营者备案登记表》或《中华人民共和国外商投资企业批准证书》。

（2）区内水电气企业应在首笔购买区外水、蒸汽、电力、燃气之日起30日内办理认定，办理认定不需提供中华人民共和国海关进出口货物收发货人报关注册登记证书，以及《对外贸易经营者备案登记表》或《中华人民共和国外商投资企业批准证书》。

（3）除以上情况外，区内购买企业及区内水电气企业应依有关规定办理出口退（免）税备案。

根据《财政部税务总局关于调整横琴粤澳深度合作区有关增值税和消费税退税货物范围的通知》，相关政策补充如下：

内地经"二线"进入横琴粤澳深度合作区（以下简称合作区）的有关货物视同出口，实行增值税和消费税退税政策。但下列货物不包括在内：

（1）财政部和国家税务总局规定不适用增值税退（免）税和免税政策的出口货物。

（2）内地销往合作区不予退税的其他货物。

（3）按相关规定被取消退税或免税资格的企业购进的货物。

以上政策自合作区相关监管设施验收合格、正式封关运行之日起执行。增值税和消费税退税政策的执行时间，以出口货物报关单上注明的出口日期为准。

第十一节　增值税税收优惠

一、免税项目

（一）与销售货物相关的免税项目（★★）

（1）农业生产者销售的**自产农产品**。

农业产品指种植业、养殖业、林业、牧业、水产业生产的各类植物、动物的初级产品。

①制种企业在规定的生产经营模式下生产销售种子，属于农业生产者销售自产农产品，免征增值税。

②纳税人采取"公司+农户"经营模式从事畜禽饲养，纳税人回收再销售畜禽，属于农业生产者销售自产农产品，免征增值税。

提示：外购农产品生产、加工后销售的仍然属于规定范围的农业产品，不属于免税的范围。

（2）避孕药品和用具。

（3）古旧图书。

（4）**外国政府、国际组织**无偿援助的进口物资和设备。

提示：仅限于外国政府和国际组织。

（5）由**残疾人的组织**直接进口供残疾人专用的物品。

提示：仅限于残疾人组织。

（6）销售的自己使用过的物品。

提示：仅限于其他个人，即自然人。

（7）蔬菜流通环节免征增值税。

对从事蔬菜批发、零售的纳税人销售的蔬菜免征增值税。

提示：经挑选、清洗、切分、晾晒、包装、脱水、冷藏、冷冻等工序加工的蔬菜，也属于享受免征增值税税收优惠的蔬菜范围。经处理、装罐、密封、杀菌或无菌包装而制成的各种蔬菜罐头不享受免征增值税的税收优惠。

（8）对从事农产品批发、零售的纳税人销售的部分鲜活肉蛋产品免征增值税。

（9）对承担粮食收储任务的国有粮食购销企业销售的粮食、大豆免征增值税，并可开具增值税专用发票。

提示：对其他粮食企业经营粮食、大豆业务，除军队用粮、救灾救济粮、水库移民口粮免征增值税外，其余一律照章征税。

（10）政府储备食用植物油的销售免征增值税。对其他销售食用植物油的业务，一律照章征收增值税。

（11）销售饲料免征增值税。

提示：宠物饲料不属于免征增值税的饲料。

（12）对供热企业**向居民个人供热**而取得的采暖费收入免征增值税。

（13）特定机构进口科研、教学用图书报刊，销售给国内大专院校、科研单位、国务院部委，免征国内销售环节增值税。

（14）抗癌药品及抗艾滋病病毒药品的减免税。

①对国产**抗艾滋病病毒药品**免征生产环节和流通环节增值税。

②对卫生健康委委托进口的抗艾滋病病毒药物，免征进口关税和进口环节增值税。

③对进口**抗癌药品、进口罕见病药品**，在生产环节、流通环节以及进口环节减按3%征收增值税。

（15）自2021年1月1日至2027年12月31日，对边销茶生产企业销售自产边销茶及经销企业销售的边销茶免征增值税。

（16）农村饮水安全工程免税。

自2019年1月1日至2027年12月31日，对饮水工程运营管理单位**向农村居民提供生活用水**取得的自来水销售收入，免征增值税。

（二）与服务、无形资产、不动产相关的免征增值税项目

1.生活、养老、医疗、教育、文化

（1）托儿所、幼儿园提供的保育和教育服务。

（2）养老机构提供的养老服务。

（3）婚姻介绍服务。

（4）殡葬服务。

（5）社区家庭服务业收入。

自2019年6月1日至2025年12月31日，提供社区养老、托育、家政服务取得的收入。家政服务企业由员工制家政服务员提供家政服务取得的收入。

（6）医疗机构提供的医疗服务。

（7）从事**学历教育**的学校提供的教育服务。

提示：

①包括符合规定的从事学历教育的民办学校，不包括职业培训机构等国家不承认学历的教育机构。

②包括境外教育机构与境内从事学历教育的学校开展中外合作办学，提供学历教育服务取得的收入。

③提供学历教育服务取得的收入，包括经有关部门审核批准并按规定标准收取的学费、

住宿费、课本费、作业本费、考试报名费、学校食堂伙食费收入。其他收入，包括学校以各种名义收取的赞助费、择校费等，不予免征增值税。

（8）政府举办的从事学历教育的高等、中等和初等学校（不含下属单位），举办进修班、培训取得的全部归该学校所有的收入（纳入预算全额上缴财政专户管理）。

（9）政府举办的职业学校设立的主要为在校学生提供实习场所、并由学校出资自办、由学校负责经营管理、经营收入归学校所有的企业，从事"现代服务"（不含融资租赁服务、广告服务和其他现代服务），"生活服务"（不含文化体育服务、其他生活服务和桑拿、氧吧）业务活动取得的收入。

（10）纪念馆、博物馆、文化馆、文物保护单位管理机构、美术馆、展览馆、书画院、图书馆在自己的场所提供文化体育服务取得的第一道门票收入。

（11）寺院、宫观、清真寺和教堂举办文化、宗教活动的门票收入。

（12）科普单位的门票收入。

（13）电影电视行业。

免税收入类型	具体免税政策
电影拷贝收入、发行收入、转让版权收入、在农村取得的电影放映收入	2019年1月1日至2027年12月31日，对经批准从事电影制片、发行、放映的电影企业取得的电影拷贝收入（包括数字拷贝）、转让电影版权收入（包括转让和许可）、电影发行收入以及在农村取得的电影放映收入
取得的广播电视运营服务企业有线数字电视基本收视维护费和农村有线电视基本收视费	2019年1月1日至2027年12月31日，对广播电视运营服务企业收取的有线数字电视基本收视维护费和农村有线电视基本收视费

2.非经营性活动和收入类

（1）社会团体收取的会费。

提示：社会团体，是指依照国家有关法律规定设立或登记并取得《社会团体法人登记证书》的非营利法人。

（2）福利彩票、体育彩票的发行收入。

3.特定人群：学生、残疾人、军队和随军家属类

（1）学生勤工俭学提供的服务。

（2）残疾人福利机构提供的育养服务。

（3）残疾人员本人为社会提供的服务。

（4）随军家属就业、军队转业干部就业，3年内免征增值税。

为安置随军家属就业而新开办的企业和从事个体经营的随军家属及为安置自主择业的军队转业干部就业而新开办的企业和从事个体经营的军队转业干部提供的服务。

（5）军队空余房产租赁收入。

4.金融保险担保类

（1）以下利息收入：

①国家助学贷款。

②国债、地方政府债。

③人民银行对金融机构的贷款。

④住房公积金管理中心用住房公积金在指定的委托银行发放的个人住房贷款。

⑤外汇管理部门在从事国家外汇储备经营过程中，委托金融机构发放的外汇贷款。

⑥统借统还业务中，企业集团或企业集团中的核心企业以及集团所属财务公司按不高于支付给金融机构的借款利率水平或者支付的债券票面利率水平，向企业集团或者集团内下属单位收取的利息。高于上述利率水平的，应全额缴纳增值税。

⑦自2019年2月1日至2027年12月31日，对企业集团内单位（含企业集团）之间的资金无偿借贷行为。

⑧自2018年11月7日起至2025年12月31日，对境外机构投资境内债券市场取得的债券利息收入暂免征收增值税。

（2）以下保险服务相关收入：

①保险公司开办的1年期以上人身保险产品取得的保费收入。

②部分再保险服务：

a.境内保险公司向境外保险公司提供的完全在境外消费的再保险服务。

b.原有保险合同免征增值税的再保险服务。

（3）下列金融商品转让收入：

①合格境外投资者（QFII）委托境内公司在我国从事证券买卖业务。

②香港市场投资者通过沪港通和深港通买卖上海证券交易所和深圳证券交易所上市A股。内地投资者通过沪港通买卖香港联交所上市股票。

③对香港市场投资者通过基金互认买卖内地基金份额。

④证券投资基金管理人运用基金买卖股票、债券。

（4）金融同业往来利息收入：

①金融机构与人民银行所发生的资金往来业务。

②银行联行往来业务。

③金融机构间的资金往来业务。

④金融机构同业存款、同业借款、同业代付、同业存单、买断式买入返售金融商品、持有金融债券。

提示：自2018年1月1日起，金融机构开展贴现、转贴现业务，以其实际持有票据期间取得的利息收入作为贷款服务销售额计算缴纳增值税。

（5）创新企业境内发行存托凭证（创新企业CDR）相关免税政策。

①对个人投资者、合格境外机构投资者（QFII）、人民币合格境外机构投资者（RQFII）转让创新企业CDR取得的差价收入，暂免征收增值税。

②对单位投资者转让创新企业CDR取得的差价收入，按金融商品转让政策规定征免增值税。

③自2023年9月21日至2025年12月31日，对公募证券投资基金管理人运营基金过程中转让

创新企业CDR取得的差价收入，暂免征收增值税。

（6）金融机构发放小额贷款。

①对金融机构向小型企业、微型企业和个体工商户发放1 000万元（含本数）以下的小额贷款取得的利息收入，免征增值税。

②对金融机构向农户发放100万元（含本数）以下的小额贷款取得的利息收入，免征增值税。

③纳税人为农户、小型企业、微型企业及个体工商户借款、发行债券提供融资担保取得的担保费收入，以及为上述融资担保提供再担保取得的再担保费收入，免征增值税。

（7）被撤销金融机构以货物、不动产、无形资产、有价证券、票据等财产清偿债务。

提示：除另有规定外，被撤销金融机构所属、附属企业，不享受被撤销金融机构增值税免税政策。

5.个人家庭类和住房土地类

（1）个人转让著作权。

（2）个人销售 自建自用 住房。

（3）个人转让购买住房。

持有期	"北上广深" 非普通住房	其他
≥2年	差额缴税（征收率5%） 应纳税额=差额÷（1+5%）×5%	免征
<2年	全额缴税（征收率5%） 应纳税额=全额÷（1+5%）×5%	

（4）涉及家庭财产分割的个人无偿转让不动产、土地使用权。

（5）个人出租住房，应按照5%的征收率减按1.5%计算应纳增值税。

（6）个人从事金融商品转让业务。

6.其他

主要针对农业、资源、技术和国际运输行业。

（1）农业机耕、排灌、病虫害防治、植物保护、农牧保险以及相关技术培训业务，家禽、牲畜、水生动物的配种和疾病防治。

动物诊疗机构提供的动物疾病预防、诊断、治疗和动物绝育手术等动物诊疗服务属于家禽、牲畜、水生动物的配种和疾病防治，免征增值税。动物诊疗机构销售动物食品和用品，提供动物清洁、美容、代理看护等服务，应按规定缴纳增值税。

（2）将土地使用权转让给农业生产者、通过各种方式将承包地流转给农业生产者以及将国有农用地出租给农业生产者，用于农业生产。

（3）土地所有者出让土地使用权和土地使用者将土地使用权归还给土地所有者。

提示：土地所有者依法征收土地，并向土地使用者支付土地及其相关有形动产、不动产补偿费的行为，属于土地使用者将土地使用权归还给土地所有者的情形。

（4）县级以上地方人民政府或自然资源行政主管部门出让、转让或收回自然资源使用权（不含土地使用权）。

（5）纳税人提供技术转让、技术开发和与之相关的技术咨询、技术服务。

（6）自2019年1月1日至2027年12月31日，对国家级、省级科技企业孵化器、大学科技园和国家备案众创空间向在孵对象提供孵化服务取得的收入。

提示：

①孵化服务，是指为在孵对象提供的经纪代理、经营租赁、研发和技术、信息技术、鉴证咨询服务。

②2018年12月31日以前认定的国家级科技企业孵化器、大学科技园，以及2019年1月1日至2023年12月31日认定的国家级、省级科技企业孵化器、大学科技园和国家备案众创空间，自2024年1月1日起继续享受上述税收优惠政策。2024年1月1日以后认定的国家级、省级科技企业孵化器、大学科技园和国家备案众创空间，自认定之日次月起享受上述税收优惠政策。被取消资格的，自取消资格之日次月起停止享受上述税收优惠政策。

（7）节能服务公司提供符合条件的合同能源管理服务。

（8）纳税人提供的直接或者间接国际货物运输代理服务。

（9）台湾航运公司、航空公司从事海峡两岸海上直航、空中直航业务在大陆取得的运输收入。

（10）自2019年1月1日至2025年12月31日，对经营公租房所取得的租金收入。

（11）自2022年1月1日起，对法律援助人员按照《中华人民共和国法律援助法》规定获得的法律援助补贴。

解题高手

命题角度：税收优惠的应对方法。

增值税免税优惠项目较为繁杂，考试的时候往往也会全面考查。营改增涉及的免征增值税项目尤其枯燥且难以背记，我们的应对方法为：

（1）税收优惠项目总结梳理为以下六个大类，以便分类别进行理解、记忆。

①生活、养老、医疗、教育、文化。

②非经营活动和收入类。

③学生、残疾人、军队及家属类。

④金融保险担保类。

⑤个人家庭和住房土地类。

⑥其他类。

（2）多看、多读，熟悉各个项目，找方向。

（三）扶贫货物捐赠（★★）

自2019年1月1日至2025年12月31日，对单位和个体工商户将自产、委托加工或购买的货物通过公益性社会组织、县级及以上人民政府及其组成部门和直属机构，或直接无偿捐赠给**目标脱贫地区**的单位和个人，免征增值税。

政策执行期间内，目标脱贫地区实现脱贫的，可继续适用此政策。

解题高手

命题角度：关于无偿捐赠给目标脱贫地区的货物增值税、企业所得税和个人所得税的不同规定。

同时备考税法（Ⅰ）和税法（Ⅱ）的同学请注意，直接无偿捐赠给目标脱贫地区的货物，也可以享受此条免税规定。这个规定与企业所得税和个人所得税中"公益性捐赠"要求必须通过特定公益性组织或政府部门才允许扣除的规定不同。

前面在增值税征税范围中的"视同销售"部分已经提示过，针对自产、委托加工或购买的货物的对外捐赠需要进行视同销售，并且没有类似销售服务的豁免政策，所以自产、委托加工或购买的货物对外赠送，除了用于此规定中的扶贫用途之外，其他情形下都应该视同销售。

（四）阶段性减免小规模纳税人增值税

1.免税政策

（1）自2023年1月1日至2027年12月31日，小规模纳税人发生增值税应税销售行为，合计**月销售额未超过10万元（以1个季度为1个纳税期的，季度销售额未超过30万元）**的，免征增值税。

提示：合计月销售额超过上述标准，但扣除本期发生的销售不动产的销售额后未超过标准的，其销售货物、劳务、服务、无形资产取得的销售额免征增值税。适用差额计税政策的，以差额后的销售额确定是否可以享受上述免税政策。

（2）应预缴税款的小规模纳税人，凡在预缴地实现的月销售额未超过10万元的，当期无须预缴税款。

（3）其他个人出租不动产，一次性收取租金可以在租赁期内平摊，分摊后的月租金收入未超过10万元的，免征增值税。

提示：适用于上述免税政策的，可就全部或部分销售收入选择放弃免税，并开具增值税专用发票。

2.减征政策

自2024年起，小规模纳税人适用3%征收率的应税收入，减按1%征收率征税。适用3%预征率的预缴增值税项目，减按1%预征率预缴。

| 典例研习·2-58 （模拟多项选择题）

A市一家小型建筑公司，属于按季申报的增值税小规模纳税人，在B市和C市都有建筑项目。该公司2023年第一季度不含税销售额为60万元，其中，在B市的建筑项目销售额为40万元，在C市的建筑项目销售额为20万元，下列关于该纳税人的税务处理中，表述正确的有（   ）。

A.该纳税人不能享受小规模纳税人免征增值税政策

B.在机构所在地A市可享受减按1%征收率征收增值税政策

C.在建筑服务预缴地B市实现的销售额40万元，可减按1%预征率预缴增值税

D.在建筑服务预缴地C市实现的销售额20万元，无须预缴增值税

E.在建筑服务预缴地C市实现的销售额20万元，可减按1%预征率预缴增值税

⑤斯尔解析 本题考查小规模纳税人增值税阶段性减免政策的相关规定。

选项ABCD当选、选项E不当选，自2023年1月1日至2027年12月31日，小规模纳税人发生增值税应税销售行为，合计月销售额未超过10万元（以1个季度为1个纳税期的，季度销售额未超过30万元）的，免征增值税。超过该标准的，不能享受免税政策，但是适用3%征收率的应税销售收入，可以减按1%征收率征收增值税。

按照规定应当预缴增值税税款的小规模纳税人，凡在预缴地实现的月销售额未超过10万元（季销售额未超过30万元）的，当期无须预缴税款。在预缴地实现的月销售额超过10万元（季销售额未超过30万元）的，适用3%预征率的增值税预缴项目，可以向预缴地主管税务机关申请减按1%预征率预缴增值税。

因该公司2023年第一季度销售额为60万元，超过了30万元，因此不能享受小规模纳税人免征增值税政策，在机构所在地A市可享受减按1%征收率征收增值税政策。在建筑服务预缴地B市实现的销售额40万元，减按1%预征率预缴增值税；在建筑服务预缴地C市实现的销售额20万元，无须预缴增值税。

▲本题答案 ABCD

解题高手👍

命题角度：其他个人以及个人具体优惠政策的适用主体和适用对象的辨析。

（1）其他个人出租不动产，一次性收取租金可以在租赁期内平摊，分摊后的月租金收入未超过10万元的，免征增值税。

政策适用主体仅为**其他个人**，不包括个体工商户。适用对象为**不动产**，包括住房和非住房。

（2）个人出租住房，按照5%减按1.5%计算缴纳增值税。

政策的适用主体为**个人**，包括其他个人和个体工商户，适用对象为**住房**，不包括非住房。

（五）特定区域免税（★★）

1.海南离岛免税

（1）自2020年7月1日起，对乘飞机、火车、轮船离岛（不包括离境）旅客实行限值、限量、限品种免进口税购物。离岛旅客**每年每人免税购物额度为10万元人民币，不限次数。**

（2）自2020年11月1日起，海南离岛免税店销售离岛免税商品，免征增值税和消费税。销售非离岛免税商品，正常申报缴纳增值税和消费税。

离岛免税店销售离岛免税商品应开具增值税普通发票，不得开具增值税专用发票。

（3）全岛封关运作前，允许进出海南岛国内航线航班在岛内国家正式对外开放航空口岸加注保税航油，对其加注的保税航油免征关税、增值税和消费税，自愿缴纳进口环节增值税的，可在报关时提出。

进出海南岛国内航线航班，是指经民航主管部门批准的进出海南岛的境内飞行活动。

2.中国（上海）自由贸易试验区

自2021年1月1日至2024年12月31日，对注册在洋山特殊综合保税区内的企业，在洋山特殊综合保税区内提供交通运输服务、装卸搬运服务和仓储服务取得的收入，免征增值税。

| 典例研习·2-59 （模拟多项选择题）

下列各项中，应当计算缴纳增值税的有（　　）。

A.进口抗癌药品

B.蔬菜批发商销售的蔬菜

C.资管产品运营取得的收益

D.医疗器械企业直接进口供残疾人专用的物品

E.农业生产者销售的外购农产品

斯尔解析 本题考查增值税的税收优惠。

选项A当选，进口抗癌药品减按3%征收进口环节增值税。

选项C当选，资管产品运营业务取得的收益按照3%征收率计算缴纳增值税。

选项D当选，由残疾人的组织直接进口供残疾人专用的物品免征增值税，企业进口不在免税范围，应缴纳增值税。

选项E当选，农业生产者销售的外购农产品，不属于免税的范围，应按规定征收增值税。

选项B不当选，对从事蔬菜批发、零售的纳税人销售的蔬菜免征增值税。

▲本题答案 ACDE

（六）其他免税优惠

1.进口种子种源

自2021年1月1日至2025年12月31日，对符合《进口种子种源免征增值税商品清单》的进口种子种源，免征进口环节增值税。

2.研发机构采购国产设备 变

自2024年起，对研发机构采购国产设备全额退还增值税。研发机构享受采购国产设备退税政策，应于首次申报退税时，向主管税务机关办理退税备案手续。

具体规定如下：

（1）已备案的研发机构应在退税申报期内，凭下列资料向主管税务机关办理采购国产设备退税：

①《购进自用货物退税申报表》。

②采购国产设备合同。

③增值税专用发票。

（2）研发机构采购国产设备的应退税额，为增值税专用发票上注明的税额。研发机构采购国产设备取得的增值税专用发票，已用于进项税额抵扣的，不得申报退税；已用于退税的，不得用于进项税额抵扣。

（3）已办理增值税退税的国产设备，自增值税专用发票开具之日起3年内，设备所有权转移或移作他用的，研发机构须按照下列计算公式，向主管税务机关补缴已退税款。

应补缴税款=增值税专用发票上注明的税额×（设备折余价值÷设备原值）

设备折余价值=增值税专用发票上注明的金额-累计已提折旧

累计已提折旧按照企业所得税法的有关规定计算。

3.出口货物保险

（1）自2022年1月1日至2025年12月31日，对境内单位和个人发生的下列跨境应税行为免征增值税：

①以出口货物为保险标的的产品责任保险。

②以出口货物为保险标的的产品质量保证保险。

（2）境内单位和个人发生上述跨境应税行为的增值税征收管理，按照现行跨境应税行为增值税免税管理办法的规定执行。此前已发生未处理的事项，按第（1）项规定执行。已缴纳的相关税款，不再退还。

4.图书批发、零售

自2021年1月1日至2027年12月31日，免征图书批发、零售环节增值税。

5.消防救援设备 新

自2023年1月1日至2025年12月31日，对国家综合性消防救援队伍进口国内不能生产或性能不能满足需求的消防救援装备，免征关税和进口环节增值税、消费税。

6.医疗机构受托提供服务 新

自2019年2月1日至2027年12月31日，医疗机构接受其他医疗机构委托，按照不高于地（市）级以上价格主管部门会同同级卫生主管部门及其他相关部门制定的医疗服务指导价格（包括政府指导价和按照规定由供需双方协商确定的价格等），提供《全国医疗服务价格项目规范》所列的各项服务，可适用《营业税改征增值税试点过渡政策的规定》（财税[2016]36号附件3)第一条第（七）项规定的免征增值税政策。

二、增值税退税政策（★★）

（一）即征即退

1.软件，管道运输，融资租赁——实际税负超过3%部分即征即退

原理详解

即征即退政策是指退还实际税负超过3%的部分。纳税人的实际税负计算方法为：

增值税实际税负=当期实际缴纳的增值税税额÷当期提供应税行为收取的不含税的全部价款和价外费用

（1）软件产品。

①一般纳税人销售其自行开发生产的**软件产品**，按13%税率征收增值税后，对其增值税实际税负超过3%的部分实行即征即退政策。

增值税一般纳税人将进口软件产品进行本地化改造后对外销售，也可享受上述即征即退的政策。

②即征即退税额=当期软件产品增值税应纳税额-当期软件产品销售额×3%。

提示：对于嵌入式软件产品，当期嵌入式软件产品销售额=软硬件合计销售额-硬件销售额。纳税人应分别核算嵌入式软件产品与计算机硬件、机器设备部分的成本。未分别核算或者核算不清的，不得享受即征即退政策。

精准答疑

问题： 软件产品增值税即征即退如何计算？

解答： 首先计算按照13%缴纳了多少增值税，其次再看3%的实际税负是多少，差额部分为即征即退税额。

即征即退税额=当期软件产品增值税应纳税额-当期软件产品销售额×3%

当期软件产品增值税应纳税额=当期软件产品销项税额-当期软件产品可抵扣进项税额

当期软件产品销项税额=当期软件产品销售额×13%

｜典例研习·2-60

某软件开发企业为增值税一般纳税人，2023年9月销售自产软件产品取得不含税收入300万元，购进专用于软件产品开发的测试设备，取得增值税专用发票，注明税额20万元，计算该软件开发企业当月实际负担的增值税。

⑤ 斯尔解析

一般纳税人销售其自行开发生产的软件产品，按13%税率征收增值税后，对其增值税实际税负超过3%的部分实行即征即退。

当期软件产品增值税应纳税额=300×13%−20=19（万元）

即征即退税额=19−300×3%=10（万元）

超过9万元的部分即征即退，实际负担的增值税为9万元。

典例研习 · 2-61 〔2019年真题改编〕

某软件企业为增值税一般纳税人（享受软件业税收优惠），2023年5月发生如下业务：

（1）销售自行开发的软件产品，取得不含税销售额260万元，提供软件技术服务，取得不含税服务费35万元。

（2）购进用于软件产品开发及软件技术服务的材料，取得增值税专用发票，注明金额30万元、税额3.9万元。

（3）员工国内出差，报销时提供标有员工身份信息的航空运输电子客票行程单，注明票价2万元、燃油附加费0.18万元，民航发展基金0.12万元，出差同时为软件产品销售及软件技术服务进行，无法划分。

计算该企业2023年5月实际缴纳的增值税。

⑤ 斯尔解析

（1）购进用于软件产品开发及软件技术服务的材料当期可以抵扣3.9万元。

购进本单位注明身份的国内旅客运输服务进项税额准予抵扣，可抵扣进项税额=（票价+燃油附加费）÷（1+9%）×9%=（2+0.18）÷（1+9%）×9%=0.18（万元），票价中不包含民航发展基金。

当月该公司当期可抵扣的进项税额=3.9+0.18=4.08（万元）

（2）增值税一般纳税人销售其自行开发生产的软件产品，按基本税率征收增值税后，对其增值税实际税负超过3%的部分实行即征即退政策。

增值税一般纳税人在销售软件产品的同时发生其他应税行为的，对于无法划分的进项税额，应按实际成本或销售收入比例确定软件产品应分摊的进项税额。本题需按照销售软件产品和提供软件服务的销售收入的比例来分摊进项税额。

当期软件产品可抵扣的进项税额=4.08×260÷（260+35）=3.6（万元）

销售自行开发的软件产品的应纳税额=260×13%−3.6=30.2（万元）

实际税负=30.2÷260×100%=11.62%，大于3%，销售软件产品实际应纳的税额=260×3%=7.8（万元）。

（2）属于软件技术服务的进项税额占比，可抵扣进项税额=4.08×35÷（260+35）=0.48（万元），提供软件技术服务应纳税额=35×6%−0.48=1.62（万元）。

综上，该企业2023年5月实际缴纳的增值税=7.8+1.62=9.42（万元）。

（2）管道运输服务。

一般纳税人提供管道运输服务，对其增值税实际税负超过3%的部分实行增值税即征即退政策。

（3）有形动产融资租赁和售后回租服务。

经批准从事融资租赁业务的一般纳税人，提供有形动产融资租赁服务和有形动产融资性售后回租服务，对其增值税实际税负超过3%的部分实行增值税即征即退政策。

2.安置残疾人——按人数限额退

对安置残疾人的单位和个体工商户，由税务机关按纳税人安置残疾人的人数，限额即征即退增值税。

本期应退增值税额=本期所含月份每月应退增值税额之和

每月应退增值税额=纳税人本月安置残疾人员人数×（纳税人所在地）本月月最低工资标准的4倍

3.资源综合利用——按比例退

自2022年3月1日起，纳税人销售自产的资源综合利用产品和提供资源综合利用劳务，可享受增值税即征即退政策，按一定比例（30%、50%、70%、90%、100%）退还增值税。

享受资源综合利用的即征即退政策需要同时符合下列条件：

（1）纳税人收购的再生资源，应取得合规有效凭证，未取得合规有效凭证的，该部分再生资源对应产品的销售收入不得适用即征即退规定。

不得适用即征即退的销售收入=当期综合利用产品和劳务的销售收入×（当期购入未取得凭证的再生资源成本÷当期购进再生资源全部成本）

可申请退税额=[（当期销售综合利用产品和劳务的销售收入−不得适用即征即退的销售收入）×适用税率−当期即征即退项目的进项税额]×对应的退税比例

（2）纳税人应建立再生资源收购台账，留存备查。

（3）销售综合利用产品和劳务，不属于淘汰、限制类项目，或高污染、高环境风险产品或重污染工艺。

（4）纳税信用级别不能为C级或D级。

| 典例研习·2-62 （模拟单项选择题）

A塑料厂是增值税一般纳税人，主营再生塑料制品生产业务，其再生塑料制品以回收废旧农膜为原料。假设2022年3月A塑料厂可享受即征即退的销售额为1 000万元，销项税额为130万元，进项税额为40万元，退税比例为100%。当月，A塑料厂收购废旧农膜5 000万元，其中2 000万元应取得但未取得发票。A塑料厂即征即退税额为（　　）万元。

A.38　　　　　　　　　　　　　B.90

C.12　　　　　　　　　　　　　D.78

⑨斯尔解析 本题考查资源综合利用增值税即征即退税额的计算。

选项A当选，纳税人如果应当取得上述发票或凭证而未取得的，该部分再生资源对应产品的销售收入不得适用即征即退规定。

不得适用即征即退规定的销售收入=当期销售综合利用产品和劳务的销售收入×（纳税人应当取得发票或凭证而未取得的购入再生资源成本÷当期购进再生资源的全部成本）

A塑料厂不得即征即退的销售收入=1 000×（2 000÷5 000）=400（万元）

可申请退税额=［（当期销售综合利用产品和劳务的销售收入-不得适用即征即退规定的销售收入）×适用税率-当期即征即退项目的进项税额］×对应的退税比例=［（1 000-400）×13%-40］×100%=38（万元）

选项B不当选，未考虑不得适用即征即退规定的销售收入。

选项C不当选，不得适用即征即退规定的销售收入计算错误。

选项D不当选，未扣除当期即征即退项目的进项税额。

▲**本题答案** A

4.风力发电——按比例退

自2015年7月1日起，对纳税人销售自产的利用风力生产的电力产品，实行增值税即征即退50%的政策。

5.飞机维修劳务——实际税负超过6%部分即征即退

对飞机维修劳务增值税实际税负超过6%的部分即征即退。

6.黄金期货、铂金交易

（1）黄金期货交易。

上海期货交易所会员和客户通过上海期货交易所销售标准黄金（持上海期货交易所开具的黄金结算专用发票），发生实物交割但未出库的，免征增值税；发生实物交割并已出库的，由税务机关按照实际交割价格代开增值税专用发票，并实行增值税即征即退的政策。

（2）铂金交易。

进口铂金免征进口环节增值税。

国内铂金生产企业自产自销的铂金也实行增值税即征即退政策。

典例研习 · 2-63 2020年多项选择题

根据增值税一般纳税人即征即退政策的规定，下列说法正确的有（　　）。

A.对提供有形动产融资租赁服务增值税实际税负超过5%的部分即征即退

B.对销售自产磷石膏资源综合利用产品，增值税即征即退70%

C.对提供管道运输服务增值税实际税负超过3%的部分即征即退

D.对销售自产利用风力生产的电力产品，增值税即征即退70%

E.对销售自行开发生产的软件产品增值税实际税负超过3%的部分即征即退

斯尔解析 本题考查增值税即征即退政策。

选项A不当选，对提供有形动产融资租赁服务增值税实际税负超过3%的部分实行增值税即征即退政策。

选项D不当选，对销售自产利用风力生产的电力产品，实行增值税即征即退50%的政策。

本题答案 BCE

（二）先征后退

自2021年1月1日至2027年12月31日，执行下列增值税先征后退政策：

出版物类别	先征后退政策
中国共产党和各民主党派的机关报纸和机关期刊、中小学的学生教科书、专为少年儿童与老年人出版发行的报纸期刊等	出版环节先征后退100%
其他各类图书、期刊、音像制品、电子出版物	出版环节先征后退50%
少数民族文字出版物印刷、制作业务	增值税先征后退100%

三、扣减增值税规定（★）

（一）创业就业

适用人群		限额	允许抵减税种
退役士兵创业就业	个体经营	20 000元，最高上浮20%	增值税、城建税、两费、个人所得税
	企业招用	6 000元，最高上浮50%	增值税、城建税、两费、企业所得税
重点群体创业就业	个体经营	20 000元，最高上浮20%	增值税、城建税、两费、个人所得税
	企业招用	6 000元，最高上浮30%	增值税、城建税、两费、企业所得税

提示：上述减免税限额均在3年内按每年每人每户的标准扣除，不满一年的，按月换算减免税限额。

（二）税控系统专用设备和技术维护费用

自2011年12月1日起，增值税纳税人购买增值税税控系统专用设备支付的费用以及缴纳的技术维护费（以下称"两项费用"）可在增值税应纳税额中全额抵减。具体规定如下：

（1）增值税纳税人2011年12月1日（含，下同）以后初次购买增值税税控系统专用设备（包括分开票机）支付的费用，可凭购买增值税税控系统专用设备取得的增值税专用发票，在增值税应纳税额中全额抵减（抵减额为价税合计额），不足抵减的可结转下期继续抵减。增值税纳税人非初次购买增值税税控系统专用设备支付的费用，由其自行负担，不得在增值税应纳税额中抵减。

增值税税控系统包括增值税防伪税控系统、货物运输业增值税专用发票税控系统、机动车销售统一发票税控系统和公路、内河货物运输业发票税控系统。

（2）增值税纳税人2011年12月1日以后缴纳的技术维护费（不含补缴的2011年11月30日以前的技术维护费），可凭技术维护服务单位开具的技术维护费发票，在增值税应纳税额中全额抵减，不足抵减的可结转下期继续抵减。技术维护费按照价格主管部门核定的标准执行。

（3）增值税一般纳税人支付的两项费用在增值税应纳税额中全额抵减的，其增值税专用发票不作为增值税抵扣凭证，其进项税额不得从销项税额中抵扣。

（4）小规模纳税人购进税控收款机可抵免当期税额。

自2004年12月1日起，增值税小规模纳税人购置税控收款机，经主管税务机关审核批准后，可凭购进税控收款机取得的增值税专用发票，按照发票上注明的增值税税额，抵免当期应纳增值税，或者按照购进税控收款机取得的普通发票上注明的价款，依下列公式计算可抵免的税额：

可抵免的税额＝价款÷（1+适用税率）×适用税率

当期应纳税额不足抵免的，未抵免部分可在下期继续抵免。

四、增值税起征点的规定（★★）

对个人销售额未达到规定起征点的，免征增值税，达到起征点的，依照规定全额计算缴纳增值税。增值税的起征点的适用范围仅限于个人，包括个体工商户和其他个人。不适用于登记为一般纳税人的个体工商户。

起征点的调整由财政部和国家税务总局规定。省、自治区、直辖市财政厅（局）和税务局应当在规定的幅度内，依据实际情况确定本地区适用的起征点，并报财政部和国家税务总局备案。

纳税期限	起征点
按期纳税	月销售额5 000~20 000元（含本数）
按次纳税	每次（日）销售额300~500元（含本数）

第十二节　征收管理

一、增值税纳税义务发生时间（★★★）

解题高手👍

命题角度：纳税义务发生时间的应用。

在销项税额的计算学习时，我们已经解决了各类应税行为销售额如何确定的问题，只剩下最后一个问题——如何确定"当期"销售额，这就取决于增值税纳税义务发生时间。一项应税行为，通过确定其纳税义务发生时间，从而确定计算哪个期间的销项税额。

因此，客观题及计算题均会涉及纳税义务发生时间的考查。

1.纳税义务发生时间的一般规定

（1）纳税人销售货物、劳务、服务、无形资产或不动产的纳税义务发生时间，为收讫销售款项或者取得索取销售款项凭据的当天。**先开具发票的，为开具发票的当天。**

其中：

收讫销售款项，是指纳税人发生应税销售行为过程中或者完成后收到的款项。

取得索取销售款项凭据的当天，是指书面合同确定的付款日期；未签订书面合同或者书面合同未确定付款日期的，为应税销售行为完成的当天或者不动产权属变更的当天。

提示：上述规定可理解为，应税行为的纳税义务发生时间一般为收款时或按照合同规定到期应收款之日。如果先开具了发票，则按照开发票的时间。

（2）进口货物，为报关进口的当天。

（3）增值税扣缴义务发生时间，为纳税人增值税纳税义务发生的当天。

2.各类应税销售行为具体规定

销售方式	纳税义务发生时间
直接收款	收到销售款或者取得索取销售款凭据的当天（即遵循一般规定，不论货物是否发出）
托收承付和委托银行收款	发出货物并办妥托收手续的当天
赊销和分期收款	（1）书面合同约定的收款日期的当天。 （2）无合同或合同无约定，为货物发出的当天
预收货款	（1）一般货物，为发出的当天。 （2）工期超过12个月的货物（大型机械设备、船舶、飞机等）为收到预收款或者书面合同约定的收款日期的当天

续表

销售方式	纳税义务发生时间
提供租赁服务采取预收款方式	收到预收款的当天
委托他人代销货物	（1）收到代销清单或收到全部或部分货款的当天。 （2）未收到代销清单及货款的，为发出代销货物满180天的当天
销售应税劳务	为提供劳务同时收讫销售款或取得索取销售款的凭据的当天
代销之外的其他视同销售	货物移送的当天
金融商品转让	所有权转移的当天
视同销售服务、无形资产、不动产	服务、无形资产转让完成的当天，不动产权属变更的当天
增值税扣缴义务	纳税人增值税纳税义务发生的当天
提供建筑服务扣押的质押金、保证金	纳税人提供建筑服务，被工程发包方从应支付的工程款中扣押的质押金、保证金，未开具发票的，以纳税人实际收到质押金、保证金的当天

| 典例研习·2-64 （模拟多项选择题）

关于增值税纳税义务发生时间和扣缴义务发生时间，下列说法正确的有（　　）。

A.从事金融商品转让的，为收到销售额的当天

B.赠送不动产的，为不动产权属变更的当天

C.扣缴义务发生时间为纳税人增值税纳税义务发生的当天

D.以预收款方式提供租赁服务的，为服务完成的当天

E.以预收款方式销售货物（除特殊情况外）的，为货物发出的当天

（S）斯尔解析　本题考查增值税纳税义务发生时间和扣缴义务发生时间的规定。

选项A不当选，从事金融商品转让的，为金融商品所有权转移的当天。

选项D不当选，以预收款方式提供租赁服务的，为收到预收款的当天。

▲本题答案　BCE

二、纳税期限（★★）

（1）纳税期限为1日、3日、5日、10日、15日、1个月或者1个季度。

（2）纳税人的具体纳税期限，由主管税务机关根据纳税人应纳税额的大小分别核定，不能按照固定期限纳税的，可以按次纳税。

（3）以1个季度为纳税期限的规定适用于小规模纳税人、银行、财务公司、信托投资公司、信用社，以及财政部和国家税务总局规定的其他纳税人。

（4）按固定期限纳税的小规模纳税人可以选择以1个月或1个季度为纳税期限，一经选择，一个会计年度内不得变更。

提示：小规模纳税人可以选择1个月或者1个季度，银行、财务公司、信托投资公司和信用社则固定以1个季度为纳税期限。此外，以1个季度为纳税期限的不包括保险公司、基金管理公司等其他金融机构。

（5）缴纳税款期限。

纳税期限	申报缴纳税款期限
1日、3日、 5日、10日或者15日	期满之日起5日内预缴税款。 次月1日起15日内申报纳税并结清上月应纳税款
1个月或者1个季度	期满之日起15日内申报纳税
纳税人进口货物的	海关填发进口增值税专用缴款书之日起15日内缴纳税款

三、纳税地点（★）

纳税人	申报纳税地点
固定业户	（1）机构所在地，即总机构和分支机构在不同县（市）的，应当分别向各自所在地的税务机关申报纳税。 （2）经国务院财政、税务主管部门或者其授权的财政和税务机关批准，可以由总机构汇总向总机构所在地的主管税务机关申报纳税
非固定业户	（1）应向销售地或者劳务发生地申报纳税。 （2）未申报纳税的，由其机构所在地或居住地的主管税务机关补征税款
进口货物	报关地
扣缴义务人	扣缴义务人机构所在地或居住地

四、增值税汇总纳税（★）

1.适用范围

经财政部和国家税务总局批准的总机构试点纳税人及其分支机构，按照《总分机构试点纳税人增值税计算缴纳暂行办法》的规定计算缴纳增值税。

（1）只适用于经财政部、国家税务总局批准的总机构试点纳税人及其分支机构。

（2）只适用于"营改增"应税服务，由分支机构预缴、总机构汇总补缴。

（3）分支机构销售货物、提供加工修理修配劳务，按照增值税暂行条例及相关规定就地申报缴纳增值税。

2.分支机构预缴

应预缴的增值税＝应征增值税销售额×预征率

具体企业适用公式如下：

航空运输企业分支机构预缴的增值税＝销售额×预征率（1%）

邮政企业分支机构预缴的增值税＝（销售额+预订款）×预征率

铁路运输企业分支机构预缴的增值税＝（销售额–铁路建设基金）×预征率

3.总机构汇总补交

总机构当期应补税额＝总机构当期汇总销项税额–汇总进项税额–分支机构当期已缴纳税额

提示：

（1）分支机构预缴的增值税，在总机构当期增值税应纳税额中抵减不完的，可以结转下期继续抵减。

（2）每年的第一个纳税申报期结束后，对上一年度总分机构汇总纳税情况进行清算。总机构和分支机构年度清算应交增值税，按照各自销售收入占比和总机构汇总的上一年度应交增值税税额计算。分支机构预缴的增值税超过其年度清算应交增值税的，通过暂停以后纳税申报期预缴增值税的方式予以解决。分支机构预缴的增值税小于其年度清算应交增值税的，差额部分在以后纳税申报期由分支机构在预缴增值税时一并就地补缴入库。

| 典例研习·2-65

　　某航空公司经批准汇总缴纳增值税，总机构与分支机构均为增值税一般纳税人，分支机构的增值税预征率为1%，总分支机构2023年1~3月发生《应税服务范围注释》所列业务相关账户核算结果分别为：总机构自身发生销项税额550万元，支付进项税额500万元，应纳税额50万元。分支机构实现销项税额150万元，支付进项税额120万元，实现应纳税额30万元，按1%的预征率预缴增值税20万元。计算总机构汇总后1~3月应补缴的增值税。

　🔍斯尔解析

总机构连同分支机构汇总后在1~3月实际应补缴增值税=50+30–20=60（万元）

| 典例研习·2-66　2020年单项选择题

　　下列关于增值税汇总纳税的说法，正确的是（　　）。

　　A.分支机构预缴税款的预征率由国务院确定，不得调整

　　B.总机构汇总的销售额，不包括总机构本身的销售额

　　C.总机构汇总的进项税额，为各分支机构发生的进项税额

　　D.分支机构发生当期已预缴税款，在总机构当期应纳税额抵减不完的，可以结转下期继续抵扣

　🔍斯尔解析　本题考查增值税汇总纳税的规定。

选项A不当选，预征率由财政部和国家税务总局规定，并适时予以调整。

选项B不当选，总机构汇总的销售额，包括其本身的销售额。

选项C不当选，总机构汇总的进项税额，为总机构及其分支机构合并发生的增值税进项税额。

▲**本题答案** D

┃ **典例研习·2-67** （2021年多项选择题）

关于中国铁路总公司（现称国家铁路集团）汇总缴纳增值税，下列说法正确的有（ ）。

A.所属运输企业提供铁路运输及辅助服务取得的全部收入应预缴税额，不得抵扣进项税额

B.总公司及其所属运输企业用于铁路运输及辅助服务以外的进项税额不得汇总

C.汇总的进项税额为总公司及其所属运输企业支付的全部增值税额

D.汇总的销售额为总公司及其所属运输企业提供铁路运输及辅助服务的销售额

E.总公司的增值税纳税期限为1个季度

🔍**斯尔解析** 本题考查铁路集团增值税汇总纳税的规定。

选项A不当选，中国铁路总公司所属运输企业提供铁路运输及辅助服务，按照除铁路建设基金以外的销售额和预征率计算应预缴税额，按月向主管税务机关申报纳税，不得抵扣进项税额，计算公式为：应预缴税额=（销售额−铁路建设基金）×预征率。

选项C不当选，中国铁路总公司汇总的进项税额，是指中国铁路总公司及其所属运输企业为提供铁路运输及辅助服务而购进货物、接受加工修理修配劳务和应税服务，支付或者负担的增值税额。

▲**本题答案** BDE

典例研习在线题库 ➡

至此，税法（Ⅰ）的学习已经进行了50%，继续加油呀！

`50%`

第三章　消费税

重要程度：重点章节

平均分值：20分

考核题型：所有题型

本章提示：本章为税法（Ⅰ）中的重要章节，重点内容有消费税征税范围的辨析、征税环节、计税依据的规定以及各环节应纳税额的计算，尤其是委托加工环节的税务处理尤为重要。单选、多选和计算题中均会考查，需要重点关注

考点精讲

第一节　纳税义务人与税目、税率

一、消费税的特点（★）

（1）征税范围具有**选择性**：只针对列举的应税消费品征收。目前我国消费税税目有15个。

（2）征税环节具有**单一性**：只在特定单一环节征收（卷烟、电子烟和超豪华小汽车除外），即通常所说的一次课征。

（3）征收方法具有**多样性**：计税方法比较灵活，有从价定率征收、从量定额征收，以及从价从量复合征收方式。

（4）税收调节具有**特殊性**：一是不同的征税项目税负差异较大。二是配合增值税实行双重征收。

（5）税收负担具有**转嫁性**：消费品中所含的消费税税款无论在哪个环节征收，最终都要转嫁到消费者身上，由消费者负担。

二、纳税义务人及扣缴义务人（★）

（一）纳税义务人

在中华人民共和国境内**生产、委托加工和进口**《中华人民共和国消费税暂行条例》（以下简称《消费税暂行条例》）规定的消费品的单位和个人，以及国务院确定的**销售**《消费税暂行条例》规定的消费品的其他单位和个人，为消费税的纳税人。

境内，是指应当缴纳消费税的消费品的起运地或者所在地在境内。

进口的应税消费品，尽管其产制地不在我国境内，但在我国境内销售或消费，为了平衡进口应税消费品与本国应税消费品的税负，必须由从事进口应税消费品的进口人或其代理人按照规定缴纳消费税。

个人携带或者邮寄入境的应税消费品的消费税，连同关税一并计征，由携带入境者或者收件人缴纳消费税。

精准答疑 🎯

问题： 消费税的纳税义务人该如何理解。

解答： 应税消费品进入到我国流通环节的方式只有生产、委托加工、进口这三种情形。

具体可以理解为：

（1）生产应税消费品的单位和个人：例如某小汽车生产厂家生产并销售小汽车，生产厂家即为消费税纳税义务人。

（2）进口应税消费品的单位和个人：例如进口高档化妆品的进口商为消费税纳税义务人。

（3）委托加工应税消费品的单位和个人：例如某高尔夫球具厂自行采购原材料，送往某服装厂委托加工高尔夫球包，该高尔夫球具厂为消费税纳税义务人（委托加工情形下还有特殊的代收代缴规定）。

此外还有以下三类纳税人：

①零售金银铂钻首饰和钻石及钻石饰品的单位和个人。

②零售超豪华小汽车的单位和个人。

③从事卷烟批发业务的单位和个人以及批发电子烟的单位。

消费税是间接税，纳税义务人和负税人不一致，消费者是最终的负税人。

（二）扣缴义务人

（1）委托加工的应税消费品，委托方为消费税纳税人，其应纳消费税由受托方（受托方为个人除外）在向委托方交货时代收代缴税款。

（2）跨境电子商务零售进口商品按照货物征收进口环节消费税，购买跨境电子商务零售进口商品的个人作为纳税义务人，电子商务企业、电子商务交易平台企业或物流企业可作为代收代缴义务人。

原理详解

为了加强消费税的源泉控税，对于委托加工应税消费品的纳税人应当缴纳的消费税，由受托方向委托方交付时代收代缴（受托方为个人除外）。

三、税目和税率（★★★）

现行消费税税目共有15个。

列入消费税征税范围的消费品大体上可归为四类：

第一类：过度消费会对身心健康、社会秩序、生态环境等方面造成危害的特殊消费品，如烟，酒，鞭炮、焰火，木制一次性筷子，实木地板，电池，涂料。

第二类：非生活必需品，如高档化妆品，贵重首饰及珠宝玉石。

第三类：高能耗及高档消费品，如摩托车、小汽车、游艇、高档手表和高尔夫球及球具。

第四类：不可再生和替代的稀缺资源消费品，如成品油。

消费税的征税范围不是一成不变的，随着我国经济社会的发展，可以根据国家政策和经济情况及消费结构的变化适当调整。

（一）烟

凡是以烟叶为原料生产加工的产品，不论使用何种辅料，均属于本税目的征收范围。包括卷烟、雪茄烟、烟丝、电子烟4个子目。

提示：自2022年11月1日起，电子烟纳入消费税征收范围，在烟税目下增设电子烟子目。

（1）卷烟。

包括进口卷烟、白包卷烟、手工卷烟和未经国务院批准纳入计划的企业和个人生产的卷烟。

卷烟又根据调拨价格不同分为甲类卷烟和乙类卷烟。

调拨价（不含增值税）	卷烟类别
≥70元/条	甲类卷烟
<70元/条	乙类卷烟

提示：

①卷烟的调拨价，是指卷烟的生产企业向商业企业销售卷烟的不含税价格。

②卷烟为双环节征收消费税，仅在生产、委托加工和进口环节需要区分甲类卷烟和乙类卷烟。在批发环节无须区分。

（2）电子烟。

电子烟是指用于产生气溶胶供人抽吸等的电子传输系统，包括**烟弹、烟具以及烟弹与烟具组合销售的电子烟产品**。烟弹是指含有雾化物的电子烟组件。烟具是指将雾化物雾化为可吸入气溶胶的电子装置。

（3）税率。

卷烟和电子烟在批发环节加征一道消费税。其中卷烟为复合计征。

子税目			税率（额）
卷烟（复合计征）	生产、委托加工和进口环节	甲类卷烟	56%加0.003元/支
		乙类卷烟	36%加0.003元/支
	批发环节		11%加0.005元/支
雪茄烟（从价计征）			36%
烟丝（从价计征）			30%
电子烟（从价计征）	生产和进口环节		36%
	批发环节		11%

解题高手👍

命题角度：烟的征税环节、计征方式及单位换算。

烟的子税目中：

（1）卷烟和电子烟是双环节征税，雪茄烟和烟丝都只在生产（或进口、委托加工）单环节征税，并且电子烟在委托加工环节不征收消费税。

（2）只有卷烟复合计征（双环节均复合计征），雪茄烟、烟丝和电子烟均只是从价计征。

（3）在解题中，同学们应当掌握卷烟每支、每标准条、每标准箱的换算标准，如下：

卷烟类型和征税环节	比例税率	定额税率		
		每支	每标准条（200支）	每标准箱（250标准条）
甲类卷烟（生产、进口、委托加工）	56%	0.003元/支	0.6元/条	150元/箱
乙类卷烟（生产、进口、委托加工）	36%			
所有卷烟批发环节	11%	0.005元/支	1元/条	250元/箱

（二）酒

本税目下包括白酒、黄酒、啤酒、其他酒4个子目。

（1）白酒。

白酒是指以各种粮食或各种干鲜薯类为原材料，经过糖化、发酵后，采用蒸馏方法酿制的白酒。用甜菜酿制的白酒，比照白酒征税。

（2）黄酒。

黄酒根据工艺、配料和含糖量的不同，分为干黄酒、半干黄酒、半甜黄酒和甜黄酒四类。

黄酒的征收范围包括各种原料酿制的黄酒和酒度超过12度（含12度）的土甜酒。

（3）啤酒。

包括各种包装和散装的啤酒。

啤酒按照每吨出厂价分为甲类啤酒和乙类啤酒。

不含增值税出厂价（含包装物及包装物押金）	啤酒类别
≥3 000元/吨	甲类啤酒
<3 000元/吨	乙类啤酒

提示：

①啤酒出厂价的计算不包含增值税和重复使用的塑料周转箱押金。

②对啤酒生产企业销售的啤酒，判断其属于"甲类啤酒"还是"乙类啤酒"时，应当以其关联企业的啤酒销售公司对外的销售价格（含包装物及包装物押金）作为确定消费税税额的标准（不得以向其关联企业的啤酒销售公司销售的价格作为确定消费税税额的标准）。

③对饮食业、商业、娱乐业举办的啤酒屋（啤酒坊）利用啤酒设备生产的啤酒，应当按照啤酒征收消费税。

④果啤、菠萝啤、啤酒源以及无醇啤酒都应按啤酒征税。

（4）其他酒。

其他酒是指除白酒、黄酒、啤酒以外，酒度在1度以上的各种酒。

葡萄酒适用"其他酒"子目，调味料酒、酒精不属于消费税的征税范围。

对于配制酒（如"药酒"和各种调制酒），要根据酒精度数等标准判断：

①对以蒸馏酒或食用酒精为酒基，具有国食健字或卫食健字文号且酒精度低于38度（含）的配制酒，按照"其他酒"10%适用税率征收消费税。高于38度的，按照"白酒"征收消费税。

②以发酵酒为酒基，酒精度低于20度（含）的配制酒，按照"其他酒"10%适用税率征收消费税。高于20度的，按照"白酒"征收消费税。

③其他配制酒，按"白酒"的适用税率征收消费税。

（5）税率。

子税目		税率
啤酒（从量计征）	甲类啤酒	250元/吨
	乙类啤酒	220元/吨
黄酒（从量计征）		240元/吨
白酒（复合计征）		20%加0.5元/500克（毫升）
其他酒（从价计征）		10%

解题高手

命题角度：白酒的计征方式和单位换算。

（1）酒类中只有白酒采用复合计税方法。

（2）需掌握白酒单位换算：

比例税率	定额税率		
20%	500克（毫升）=1斤	1 000克（毫升）=1公斤	1吨=2 000斤
	0.5元	1元	1 000元

（三）高档化妆品

（1）包括高档美容、修饰类化妆品、高档护肤类化妆品和成套化妆品。

高档美容、修饰类化妆品和高档护肤类化妆品是指生产（进口）环节销售（完税）价格（不含增值税）在10元/毫升（克）或15元/片（张）及以上的美容、修饰类化妆品和护肤类化妆品。

（2）美容、修饰类化妆品是指香水、香水精、香粉、口红、指甲油、胭脂、眉笔、唇笔、蓝眼油、眼睫毛以及成套化妆品。

（3）舞台、戏剧、影视演员化妆用的上妆油、卸妆油、油彩、发胶和头发漂白剂等，不属于本税目。

（4）税率。

高档化妆品的税率为15%。

（四）贵重首饰及珠宝玉石

包括各种金银珠宝首饰和经采掘、打磨、加工的各种珠宝玉石。

（1）金银珠宝首饰是指凡以金、银、白金、宝石、珍珠、钻石、翡翠、珊瑚、玛瑙等高贵稀有物质以及其他金属、人造宝石等制作的各种纯金银首饰及镶嵌首饰（含人造金银、合成金银首饰等）。

（2）珠宝玉石是指钻石、珍珠、松石等各种天然宝石、合成刚玉、合成宝石、双合石、玻璃仿制品。对宝石坯应按规定征收消费税。

提示：

①金银铂钻首饰及钻石在零售环节征收消费税。在零售环节征收消费税的金银首饰的范围包括金基、银基镶嵌首饰，但不包括镀金（银）、包金（银）首饰，以及镀金（银）、包金（银）的镶嵌首饰。镀金（银）、包金（银）首饰，以及镀金（银）、包金（银）的镶嵌首饰在生产、委托加工和进口环节征收。

②金银铂等贵重金属只有做成首饰才需要征收消费税，但是珠宝玉石无论是否做成首饰均需要缴纳消费税。

（3）税率。

金银铂钻首饰及钻石在零售环节征收消费税，其他贵重首饰及珠宝玉石在生产、委托加工和进口环节征收消费税。

征税范围	纳税环节	税率
金银铂钻首饰及钻石	零售环节	5%
其他贵重首饰及珠宝玉石	生产（出厂）、进口、委托加工环节	10%

提示：对既销售金银首饰，又销售非金银首饰的生产经营单位，应将两类商品划分清楚，分别核算销售额。凡划分不清或不能分别核算的，在生产环节销售的，一律从高适用税率征收消费税。在零售环节销售的，一律按金银首饰征收消费税。

（五）鞭炮、焰火

（1）征税范围。

包括各种鞭炮、焰火。

提示：不包括体育上用的发令纸、鞭炮药引线。

（2）税率。

鞭炮、焰火的税率为15%。

（六）成品油

（1）包括汽油、柴油、石脑油、溶剂油、航空煤油、润滑油、燃料油7个子目。

子税目	具体内容	备注
汽油	车用汽油和航空汽油。以汽油、汽油组分调和生产的甲醇汽油、乙醇汽油也属于本税目	对烷基化油（异辛烷）按照汽油征收消费税
柴油	以柴油、柴油组分调和生产的生物柴油也属于本税目征收范围	对同时符合下列条件的纯生物柴油免征消费税：①生产原料中废弃的动物油和植物油用量所占比重不低于70%。②生产的纯生物柴油符合国家相关标准

续表

子税目	具体内容	备注
溶剂油	包括橡胶填充油、溶剂油原料	自2023年6月30日起，对石油醚、粗白油、轻质白油、部分工业白油（5号、7号、10号、15号、22号、32号、46号）按照溶剂油征收消费税
航空煤油	—	①航空煤油暂缓征收消费税。 ②自2023年6月30日起，航天煤油参照航空煤油暂缓征收消费税
石脑油（也称为化工轻油）	以原油或其他原料加工生产的用于化工原料的轻质油。 包括除汽油、柴油、航空煤油、溶剂油以外的各种轻质油	自2023年6月30日起，对混合芳烃、重芳烃、混合碳八、稳定轻烃、轻油、轻质煤焦油按照石脑油征收消费税
润滑油	①矿物性润滑油、矿物性润滑油基础油、植物性润滑油、动物性润滑油和化工原料合成润滑油。 ②用原油或其他原料加工生产的用于内燃机、机械加工过程的润滑产品，包括润滑脂	变压器油、导热类油等绝缘油类产品不属于润滑油，不征收消费税
燃料油（也称重油、渣油）	①包括腊油、船用重油、常压重油、减压重油、180CTS燃料油、7号燃料油、糠醛油、工业燃料、4～6号燃料油等油品。 ②包括催化料、焦化料	①对成品油生产企业在生产成品油过程中，作为燃料、动力及原料消耗掉的自产成品油，免征消费税。 ②纳税人利用废矿物油为原料生产的润滑油基础油、汽油、柴油等工业油料免征消费税，但应同时符合下列条件： a.必须取得省级及以上环境保护部门颁发的经营范围有"利用"或"综合经营"字样的《危险废物（综合）经营许可证》。 b.生产原料中废矿物油重量必须占90%以上。产成品中必须包括润滑油基础油，且每吨废矿物油生产的润滑油基础油应不少于0.65吨。 c.利用废矿物油生产的产品与利用其他原料生产的产品应分开核算。 d.用符合规定的免税的润滑油基础油连续生产润滑油，在申报润滑油消费税税额时应当期销售的润滑油数量扣减其耗用的符合规定的润滑油基础油数量的余额计算缴纳消费税。 提示：违规排放或弄虚作假骗取享受消费税免税政策的，取消享受免税的资格，且3年内不得再次申请

提示：各子目计税时，吨与升之间计量单位换算标准的调整由财政部、国家税务总局确定。

（2）税率。

成品油从量征收消费税。

税目	税率
汽油、石脑油、溶剂油、润滑油	1.52元/升
柴油、航空煤油、燃料油	1.20元/升

（七）小汽车

包括乘用车、中轻型商用客车、超豪华小汽车。

（1）乘用车。

含驾驶员座位在内最多不超过9个座位（含）。

（2）中轻型商用客车。

含驾驶员座位在内的座位数在10～23座（含）。

提示：车身长度大于7米（含）且座位在10～23座（含）以下的商用客车不征收消费税。

（3）超豪华小汽车。

每辆零售价格130万元（不含增值税）及以上的乘用车和中轻型商用客车。

（4）对于购进乘用车或中轻型商用客车整车改装生产的汽车，应按规定征收消费税：

①用排气量小于1.5升（含）的乘用车底盘（车架）改装、改制的车辆属于乘用车征收范围。

②用排气量大于1.5升的乘用车底盘（车架）或用中轻型商用客车底盘（车架）改装、改制的车辆属于中轻型商用客车征收范围。

提示：

（1）电动汽车、沙滩车、雪地车、卡丁车、高尔夫车等均不属于消费税征税范围。

（2）企业购进货车或厢式货车改装生产的商务车、卫星通讯车等专用汽车不属于消费税征税范围，不征收消费税。

（5）税率。

小汽车从价计征消费税。超豪华小汽车在零售环节加征一道消费税。

征税环节	税目	税率	
生产、进口、委托加工环节	乘用车	气缸容量（排气量）	1.0升（含）以下	1%
			1.0升以上至1.5升（含）	3%
			1.5升以上至2.0升（含）	5%
			2.0升以上至2.5升（含）	9%
			2.5升以上至3.0升（含）	12%
			3.0升以上至4.0升（含）	25%
			4.0升以上	40%
	中轻型商用客车	5%	
零售环节	超豪华小汽车	10%	

提示：超豪华小汽车在生产、委托加工和进口环节的税率按照乘用车和中轻型商用客车

的规定征收。

（八）摩托车

（1）气缸容量250毫升和250毫升（不含）以上的摩托车。不包括电动摩托车。

（2）税率。

气缸容量为250毫升的摩托车税率为3%。

气缸容量大于250毫升的摩托车税率为10%。

（九）高尔夫球及球具

（1）高尔夫球及球具是指从事高尔夫球运动所需的各种专用装备，包括高尔夫球、高尔夫球杆、高尔夫球包（袋），高尔夫球杆又包括球杆的杆头、杆身和握把。

提示：高尔夫球帽，高尔夫球车不征收消费税。

（2）税率。

高尔夫球及球具的税率为10%。

（十）高档手表

（1）不含增值税销售价格每只在10 000元（含）以上的各类手表。

（2）税率。

高档手表的税率为20%。

（十一）游艇

（1）包括艇身长度大于8米（含）小于90米（含），内置发动机，可以在水上移动，一般为私人或团体购置，主要用于水上运动和休闲娱乐等非营利活动的各类机动艇。

提示：必须要内置发动机的机动艇才属于消费税征税范围，无动力艇和帆艇不属于消费税征税范围。

（2）税率。

游艇的税率为10%。

（十二）木制一次性筷子

（1）包括各种规格的木制一次性筷子。未经打磨、倒角的木制一次性筷子属于本税目征税范围。

提示：两个关键点，木制和一次性。不包括竹制一次性筷子和可以反复利用的筷子。

（2）税率。

木制一次性筷子的税率为5%。

（十三）实木地板

（1）包括各类规格的实木地板、实木指接地板、实木复合地板，及用于装饰墙壁、天棚的侧端面为榫、槽的实木装饰板。

提示：未经涂饰的白胚板、素板也属于本税目征税范围。

（2）税率。

实木地板的税率为5%。

（十四）电池

（1）包括原电池（又称一次电池，不可以充电）、蓄电池（可充电、重复使用）、燃料电池、太阳能电池和其他电池。

（2）对无汞原电池、金属氢化物镍蓄电池（又称"氢镍蓄电池"或"镍氢蓄电池"）、锂原电池、锂离子蓄电池、太阳能电池、燃料电池和全钒液流电池免征消费税。

（3）税率。

电池的税率为4%。

（十五）涂料

（1）涂料是指涂于物体表面能形成具有保护、装饰或特殊性能的固态涂膜的一类液体固体材料之总称。

施工状态下挥发性有机物（VOC）含量低于420克/升（含）的涂料免征消费税。

（2）税率。

涂料的税率为4%。

解题高手

命题角度1：消费税征税范围和税目是高频考点，消费税各个税目中需要特别关注的征收和不征收消费税的项目（历年考点）总结如下。

消费税税目	缴纳	不缴纳
烟	白包、手工和"计划外"卷烟、烟丝、雪茄烟、电子烟	烟叶（不属于应税消费品，以下简称"不属于"）
酒	啤酒屋自酿（自产）啤酒、果啤。配制酒、葡萄酒	料酒、酒精（不属于）
高档化妆品	不含增值税在10元/毫升（克）或15元/片（张）及以上美容、修饰和护肤类化妆品	舞台、戏剧、影视化妆用的上妆油、卸妆油、油彩（不属于）。洗发液、沐浴液等（不属于）
贵重首饰及珠宝玉石	纯金银、镶嵌首饰。经采掘、打磨、加工的各种珠宝玉石	—
鞭炮、焰火	—	体育用发令纸、鞭炮药引线（不属于）
成品油	(1) 汽油（包括甲醇、乙醇汽油）。 (2) 柴油。 (3) 石脑油。 (4) 溶剂油（包括橡胶填充油、溶剂油原料）。 (5) 润滑油（包括矿物、植物、动物性润滑油、合成和混合型润滑油、润滑脂）。 (6) 燃料油	变压器油、导热油、绝缘油类（不属于）。航空煤油暂缓征收。符合条件的纯生物柴油免征消费税。纳税人利用废矿物油为原料生产的润滑油基础油、汽油、柴油等工业油料免征消费税。对成品油生产企业在生产成品油过程中，作为燃料、动力及原料消耗掉的自产成品油，免征消费税

续表

消费税税目	缴纳	不缴纳
小汽车	乘用车、中轻型商用客车、超豪华小汽车	电动汽车、沙滩车、雪地车、卡丁车、高尔夫车（不属于）
摩托车	气缸容量250毫升及以上的	气缸容量小于250毫升（不含）的（不属于）、电动摩托车（不属于）
高尔夫球及球具	高尔夫球、球杆（包括杆头、杆身、握把）、球包（袋）	高尔夫球帽、高尔夫车（不属于）
高档手表	不含税价每只1万元及以上	—
游艇	机动艇	无动力艇和帆艇（不属于）
木制一次性筷子	未经打磨、倒角的木制一次性筷子	反复利用的木制筷子（不属于）。竹制一次性筷子（不属于）
实木地板	实木、实木指接、实木复合地板；实木装饰板、未经涂饰的实木素板	—
电池	原电池	无汞原电池、镍氢蓄电池、锂原电池、锂离子蓄电池、太阳能电池、燃料电池、全钒液流电池免税
涂料	—	施工状态VOC含量低于420克/升（含）的涂料免税

命题角度2：征税环节总结如下。

卷烟、电子烟（双环节征收）：（1）生产、委托加工（电子烟不征收）和进口环节；（2）批发环节。

超豪华小汽车（双环节征收）：（1）生产、委托加工和进口环节；（2）零售环节。

金、银、铂金、钻石首饰：零售环节征收。

除上述以外的其他应税消费品均在生产、委托加工和进口环节征收。

典型出题方式：例如，"下列产品中，应在零售（或批发）环节征收消费税的是（　　）"。这种题目难度也不高，同学们需要牢记消费税征收环节的几个特殊情形，卷烟和电子烟、"金银铂钻"、超豪华小汽车，即可顺利应对此种题目。

命题角度3：将消费税的征税范围、征税环节、特殊情形（例如消费税的视同销售）、增值税融合在一起考查。

典型出题方式："纳税人的下列经济行为中，应征收消费税的有（ ）"，或"下列各项中，应同时征收增值税和消费税的有（ ）"。这种题目难度较大，不仅需要同学们掌握消费税的征税范围和征收环节，还需要熟练掌握消费税的视同销售规定，甚至与增值税中的视同销售辨析掌握。在本章节的后面部分会详细讲述消费税的视同销售规定。

典例研习·3-1 （2019年多项选择题）

下列消费品，属于消费税征收范围的有（ ）。

A.酒精

B.护发液

C.合成宝石

D.果木酒

E.卡丁车

斯尔解析 本题考查消费税征税范围的辨析。

选项C当选，珠宝玉石征税范围包括合成宝石。

选项D当选，果木酒属于"其他酒"，属于消费税的征税范围。

选项A不当选，酒精不属于消费税征税范围。

选项B不当选，高档化妆品征税范围包括高档美容、修饰类化妆品、高档护肤类化妆品和成套化妆品，护发液不属于高档化妆品，不征收消费税。

选项E不当选，电动汽车、沙滩车、雪地车、卡丁车、高尔夫车不属于消费税征税范围。

本题答案 CD

典例研习·3-2 （2022年单项选择题）

下列产品中，属于消费税征税范围的是（ ）。

A.料酒

B.高尔夫球车

C.铅蓄电池

D.影视化妆用油彩

⑤ **斯尔解析** 本题考查消费税的征税范围。

选项A不当选，酒类属于消费税征税范围，但不包括调味料酒、酒精。

选项B不当选，高尔夫球及球具属于消费税征税范围，但高尔夫球帽、高尔夫球车不征收消费税。

选项D不当选，舞台、戏剧、影视演员化妆用的上妆油、卸妆油、油彩、发胶和头发漂白剂等，不属于高档化妆品。

▲ **本题答案** C

| 典例研习·3-3 2020年多项选择题

下列业务既征收增值税又征收消费税的有（　　）。

A.4S店销售超豪华小汽车

B.商场珠宝部销售金银首饰

C.商场珠宝部销售珍珠首饰

D.商场服装部销售高档服装

E.卷烟批发商向零售商销售卷烟

⑤ **斯尔解析** 本题考查增值税和消费税的征税范围以及消费税的征税环节。

5个选项均征收增值税。

选项A当选，超豪华小汽车在零售环节加征一道消费税。

选项B当选，金银首饰在零售环节征收消费税。

选项E当选，卷烟在批发环节加征一道消费税。

选项C不当选，珍珠饰品在零售环节不征收消费税，在生产、进口和委托加工环节征收。

选项D不当选，高档服装不属于消费税征税范围，不征收消费税。

▲ **本题答案** ABE

第二节　计税依据

消费税实行从价定率、从量定额，或者从价定率和从量定额复合计税三种计征办法。

一、从价计征（★★★）

实行从价定率办法征税的应税消费品，计税依据为应税消费品的销售额。

由于消费税是价内税，增值税是价外税，这种情况决定了实行从价定率征收的消费品，原则上消费税的计税依据和增值税计税依据是一致的，都是以消费税不含增值税的销售额作为计税依据。

消费税应纳税额=销售额（不含增值税）×适用税率

（一）销售额的确定

1.一般规定

销售额是纳税人销售应税消费品向购买方收取的全部价款和价外费用，不包括增值税。

销售额包括：

（1）消费税。

（2）价外费用。

价外费用是指价外收取的手续费、补贴、基金、集资费、返还利润、奖励费、违约金、滞纳金、延期付款利息、赔偿金、代收款项、代垫款项、包装费、包装物租金、储备费、优质费、运输装卸费以及其他各种性质的价外收费（同增值税价外费用）。

提示：白酒生产企业向商业销售单位收取的"**品牌使用费**"，属于应税白酒销售价款的组成部分。不论采取何种方式或者以何种名义收取价款，均应并入白酒的销售额中缴纳消费税。

下列项目不属于价外费用：

①同时符合以下条件的代垫运输费用：

a.承运部门将运费发票开具给购货方的。

b.纳税人将该项发票转交给购货方的。

②同时符合以下条件的代为收取的政府性基金或行政事业性收费：

a.政府性基金或行政事业性收费均经批准设立。

b.收取时开具省级以上财政部门印制的财政票据。

c.所收款项全额上缴财政。

原理详解 💡

消费税和增值税的差异：

消费税从价计征方式下的计税依据，与增值税的计税依据基本一致。

消费税属于价内税，应包含在应税消费品价格之内，构成消费品价格的一部分，所以，消费税的计税依据（也是增值税计税依据）中，包含消费税本身。

而增值税属于价外税，不包含在货物的（不含税）价格或（不含税）销售额之中，独立于销售额之外而存在，在开具的发票上也会分别注明货物的价款和增值税税额。在实际生活中部分其他国家和地区，在销售货物和商品时，甚至会把货物的售价和增值税分开列示在标价中。

下图展示了消费税和增值税的根本差异，这决定了在进口等环节，对应税消费品的"组成计税价格"进行计算时的基本原理。

2.包装物销售收入及押金收入

连同包装物销售的，无论包装物是否单独计价，也不论在会计上如何核算，均应并入应税消费品的销售额中征收消费税。

包装物押金收入，对于从价计征消费税的应税消费品，需根据不同情形，判断是否应将包装物押金并入销售额计征消费税。

情形		处理方式
包装物不作价，单独收取的包装物押金	酒类的包装物押金（除啤酒、黄酒之外）	无论包装物押金是否返还，也不论在会计上如何核算，均应并入酒类产品的销售额中征收消费税。 提示：啤酒、黄酒从量计征，所以包装物押金不作为计税依据
	一般包装物押金	收取时不并入应税消费品销售额中征税，逾期或收取时间超过12个月的，应并入销售额征收消费税
既作价随同消费品销售，又单独收取押金的		在规定期限内没有退还的，并入应税消费品的销售额

提示：纳税人销售的应税消费品，以人民币以外的货币结算销售额的，其销售额的人民币折合率可以选择销售额发生的当天或者当月1日的人民币汇率中间价，纳税人应在事先确定采用何种折合率，确定后1年内不得变更。

解题高手

命题角度：包装物押金消费税的计算。

在计算消费税时，判断除酒类以外的一般包装物押金是否逾期的原则与增值税中的处理基本相同：

比较两个期限：（1）12个月；（2）包装物押金的约定期限。

按照孰先原则，哪个期限先到达，就在期限到达时计入销售额。

此外，包装物押金默认为含增值税价，在计算逾期包装物押金的消费税时，也需要进行价税分离，换算为不含增值税销售额，来计算消费税和增值税。

另外，啤酒、黄酒是从量征收消费税，包装物押金实际上不作为啤酒、黄酒消费税的计税依据，但是会影响到啤酒类别（在确定啤酒是甲类啤酒、乙类啤酒的时候，按照含包装物押金的金额来判断）及适用税率（250元/吨或220元/吨）。所以啤酒、黄酒的包装物押金在逾期的时候只计算增值税，而无须计算消费税。

典例研习·3-4 2017年单项选择题

关于企业单独收取的包装物押金，下列消费税税务处理正确的是（　　）。

A.销售葡萄酒收取的包装物押金不并入当期销售额计征消费税

B.销售黄酒收取的包装物押金应并入当期销售额计征消费税

C.销售白酒收取的包装物押金应并入当期销售额计征消费税

D.销售啤酒收取的包装物押金应并入当期销售额计征消费税

斯尔解析 本题考查消费税包装物押金的处理。

选项ABD不当选，销售除啤酒、黄酒以外的其他酒类产品的包装物押金，应在收到的当期并入销售额计算消费税。

本题答案 C

典例研习·3-5 2018年单项选择题

关于企业单独收取的包装物押金，下列消费税税务处理正确的是（　　）。

A.销售雪茄烟收取的包装物押金并入当期销售额计征消费税

B.销售白酒收取的包装物押金并入当期销售额计征消费税

C.销售黄酒收取的包装物押金逾期时计入销售额计征消费税

D.销售葡萄酒收取的包装物押金不计入当期销售额计征消费税

斯尔解析 本题考查消费税包装物押金的处理。

选项B当选、选项CD不当选，对酒类产品生产企业销售啤酒、黄酒以外的其他酒类产品而收取的包装物押金，无论押金是否返还及会计上如何核算，均应并入酒类产品销售额中征收消费税。

选项A不当选，除酒类之外的一般货物的包装物押金，收取时不并入应税消费品销售额中征税，逾期或收取时间超过12个月的，应并入销售额征收消费税。

本题答案 B

典例研习·3-6 2021年多项选择题

纳税人销售应税消费品收取的下列款项，应计入消费税计税依据的有（　　）。

A.白酒延期付款利息

B.白酒品牌使用费

C.白酒包装物租金

D.啤酒逾期的包装物押金

E.增值税销项税额

🔍 **斯尔解析** 本题考查消费税计税依据的规定。

选项AC当选，白酒属于复合计征，从价计征部分的计税依据为向购买方收取的全部价款和价外费用。延期付款利息和包装物租金属于价外费用，应计入从价部分计税依据。

选项B当选，白酒生产企业向商业销售单位收取的"品牌使用费"，属于应税白酒销售价款的组成部分。不论采取何种方式或者以何种名义收取价款，均应并入白酒的销售额中缴纳消费税。

选项D不当选，啤酒从量计征，包装物押金不计入计税依据。

选项E不当选，增值税是价外税，不包含在消费税的计税依据中。

🔺 **本题答案** ABC

（二）含增值税销售额的换算

应税消费品的销售额＝含增值税的销售额（含价外费用）÷（1+增值税的税率或征收率）

提示：价税分离同增值税，税率采用增值税13%的适用税率，征收率为增值税3%的征收率。

二、从量计征（★★）

从量计征的消费品：啤酒、黄酒、成品油。

消费税应纳税额＝销售数量×适用税率（单位税额）

（一）销售数量的确认

应税行为	销售数量的确定
销售应税消费品	应税消费品的销售数量
自产自用应税消费品	应税消费品的移送使用数量
委托加工应税消费品	纳税人收回的应税消费品数量
进口的应税消费品	海关核定的应税消费品进口征税数量

（二）计量单位的换算标准

黄酒、啤酒是以吨为税额单位。

汽油、柴油是以升为税额单位。

换算标准如下：

黄酒：1吨=962升　　　　　啤酒：1吨=988升

汽油：1吨=1 388升　　　　柴油：1吨=1 176升

提示：吨与升的换算标准在考试时会作为已知条件提供，但是需要同学掌握换算技巧。

三、从价从量复合计征（★★★）

1.适用的应税消费品

（1）卷烟（生产、进口、委托加工和批发环节）。

（2）白酒（生产、进口、委托加工环节）。

2.计算公式

应纳税额=从价消费税+从量消费税

应纳税额=应税销售额×比例税率+应税销售数量×定额税率

四、计税依据的特殊规定

（一）自设非独立核算门市部的销售额（★★★）

纳税人通过自设非独立核算门市部对外销售的自产应税消费品，应按门市部对外销售额或者销售数量征收消费税。

｜ 典例研习·3-7

某酒厂移送50吨B类白酒给自设非独立核算门市部，不含增值税售价为1.5万元/吨，门市部当月销售40吨，对外不含增值税售价为3万元/吨。

计算该笔业务当月应缴纳的消费税。

🔍 **斯尔解析**

应根据自设非独立核算门市部对外销售的价格和数量计算应缴纳的消费税，对外销售价格为3万元/吨，销售数量40吨。

当月应缴纳的消费税=40×2 000×0.5÷10 000+3×40×20%=28（万元）

（二）应税消费品用于其他方面的计税规定

纳税人自产的应税消费品用于换取生产资料和消费资料、投资入股和抵偿债务等方面，应当按纳税人同类应税消费品的最高销售价格作为计税依据计算消费税。

（三）套装产品（★★）

纳税人将自产的应税消费品与外购或自产的非应税消费品组成套装销售的，以套装产品的销售额（不含增值税）为计税依据计算消费税。

（四）卷烟最低计税价格的核定（★★）

1.核定范围

卷烟消费税最低计税价格（以下简称"计税价格"）的核定范围为卷烟生产企业在生产环节销售的所有牌号、规格的卷烟。

2.核定方法

计税价格由国家税务总局按照卷烟批发环节销售价格扣除卷烟批发环节批发毛利核定并发布。计税价格的核定公式为：

某牌号、规格卷烟计税价格=批发环节销售价格×（1-适用批发毛利率）

卷烟批发环节销售价格，按照税务机关采集的所有卷烟批发企业在价格采集期内销售的该牌号、规格卷烟数量、销售额进行加权平均计算。

批发环节销售价格=该牌号规格卷烟各采集点的批发价格之和÷该牌号规格卷烟各采集点的销售数量之和

未经国家税务总局核定计税价格的新牌号、新规格卷烟，生产企业应按卷烟调拨价格申报纳税。

3.计税销售额

按照实际销售价格和核定的最低计税价格**孰高**确定。

｜典例研习·3-8

某卷烟厂为增值税一般纳税人，2023年8月销售A牌卷烟100箱（标准箱），每箱不含税售价为1.7万元，国家税务总局核定的A牌卷烟的最低计税价格为每标准箱1.8万元，计算该项业务应纳的消费税和增值税销项税额。

⑨斯尔解析

（1）增值税以实际售价作为计税依据：

增值税销项税额=1.7×100×13%=22.1（万元）

（2）消费税按照实际售价和核定的最低计税价格孰高作为计税依据：

1.8×10 000÷250=72（元/条）＞70元/条，为甲类卷烟，适用56%比例税率。

消费税应纳税额=1.8×100×56%+150×100÷10 000=102.3（万元）

（五）白酒最低计税价格的核定（★★）

1.核定范围

（1）白酒生产企业销售给销售单位的白酒，生产企业消费税计税价格低于销售单位对外销售价格（不含增值税）**70%以下**的，税务机关应核定消费税最低计税价格。

（2）纳税人将委托加工收回的白酒销售给销售单位，消费税计税价格低于销售单位对外销售价格（不含增值税）**70%以下**的，也应核定消费税最低计税价格。

2.核定方式

（1）企业上报、税务机关核定。

（2）核定比例统一确定为**60%**。

纳税人应按下列公式计算白酒消费税的最低计税价格：

当月该品牌、规格白酒消费税最低计税价格=该品牌、规格白酒销售单位上月平均销售价格×核定比例

3.重新核定

已核定最低计税价格的白酒，销售单位对外销售价格持续上涨或下降时间达到3个月以上、累计上涨或下降幅度在20%（含）以上的白酒，税务机关重新核定最低计税价格。

4.计税销售额

按照实际销售价格和核定的最低计税价格孰高确定。

白酒生产企业未按规定上报销售单位销售价格的，主管税务局应按照**销售单位销售价格**征收消费税。

| 典例研习·3-9

甲酒厂为增值税一般纳税人，2月销售给下属销售公司乙公司A类白酒10吨，不含税出厂价2万元/吨，税务机关认为销售价格明显偏低，乙公司对外销售同类白酒的平均价格为4万元/吨。白酒消费税计税价格核定比例为60%。

要求：

计算甲酒厂该笔业务应缴纳的消费税。

🔍 **斯尔解析**

2万元/吨 < 4万元/吨×70%=2.8（万元/吨），甲酒厂销售给乙公司的白酒，由税务机关核定最低计税价格，最低计税价格=4×60%=2.4（万元/吨），2.4万元/吨 > 2万元/吨，故应以2.4万元/吨作为计税依据。

甲酒厂应缴纳的消费税=2.4×10×20%+10×2 000×0.5÷10 000=5.8（万元）

（六）计税价格的核定权限（★） ❗变

（1）卷烟、小汽车的计税价格由**国家税务总局**核定，送财政部备案。

（2）白酒以及其他应税消费品的计税价格由**省、自治区和直辖市税务局**核定。

（3）进口的应税消费品的计税价格由**海关**核定。

| 典例研习·3-10 〔2022年多项选择题〕

下列关于消费税计税价格核定权限的说法，正确的有（　　）。

A.小汽车的计税价格由省级税务局核定，送国家税务总局备案

B.卷烟的计税价格由国家税务总局核定，送财政部备案

C.啤酒的计税价格由国家税务总局核定，送财政部备案

D.进口游艇的计税价格由国家税务总局核定

E.高档化妆品的计税价格由省、自治区和直辖市税务局核定

🔍 **斯尔解析** 本题考查消费税计税依据的核定权限。

选项B当选、选项A不当选，卷烟、小汽车的计税价格由国家税务总局核定，送财政部备案。

选项E当选、选项C不当选，白酒以及其他应税消费品的计税价格由省、自治区和直辖市税务局核定。

选项D不当选，进口应税消费品的计税价格由海关核定。

▲**本题答案** BE

原理详解 💡

核定计税价格和核定最低计税价格的区别。

《中华人民共和国税收征收管理法》三十五条：

"纳税人有下列情形之一的，税务机关有权核定其应纳税额：（六）纳税人申报的计税依据明显偏低，又无正当理由的"。价格明显偏低且无正当理由，税务机关可以核定是基于对纳税人避税行为的一种反避税措施。如果完全有合理正当的理由，没有避税动机的，则这种价格明显偏低，税务机关也不核定。

而卷烟和白酒消费税的最低计税价格制度。纳税人的交易价格和消费税最低计税价格之间是两套体系，消费税的计税依据既依赖于纳税人的交易价格，又有最低计税价格作为托底。同时，最低计税价格又会定期按照纳税人的真实市场交易价格进行调整，这个调整的频次、时间，都掌握在税务征管机关手上。

因此，最低计税价格征管制度和价格明显偏低且无正当理由核定制度是两种完全不同的税收征收管理制度。最低计税价格制度是税制的基本要素，对纳税人和税务机关影响甚大。

而价格明显偏低且无正当理由的核定制度，属于一种反避税制度，在执法程序上都是和最低计税价格制度不一样的。

▎典例研习·3-11 〔2018年多项选择题〕

关于白酒消费税最低计税价格的核定，下列说法正确的有（　　）。

A.生产企业实际销售价格高于核定最低计税价格的，按实际销售价格申报纳税

B.白酒消费税最低计税价格核定范围包括白酒批发企业销售给商场的白酒

C.白酒消费税最低计税价格由行业协会核定

D.国家税务总局选择核定消费税计税价格的白酒，核定比例统一确定为20%

E.白酒生产企业消费税计税价格高于销售单位对外销售价格70%（含70%）以上的，税务机关暂不核定最低计税价格

🔍斯尔解析　本题考查白酒消费税最低计税价格核定的相关规定。

选项A当选，生产企业实际销售价格高于消费税最低计税价格的，按实际销售价格申报纳税。实际销售价格低于消费税最低计税价格的，按最低计税价格申报纳税。

选项E当选、选项BC不当选，白酒消费税最低计税价格的核定范围是指白酒生产企业销售给销售单位的白酒（或纳税人将委托加工收回的白酒销售给销售单位），消费税计税价格低于销售单位对外销售价格（不含增值税）70%以下的，税务机关应核定消费税最低计税价格。

选项D不当选，国家税务总局选择核定消费税计税价格的白酒，核定比例统一确定为60%。

▲本题答案 AE

| 典例研习 · 3-12 （模拟多项选择题）

关于消费税计税依据的说法，正确的有（　　）。

A.啤酒生产企业生产销售啤酒时收取的包装物押金应并入销售额计税

B.白酒生产企业向商业销售单位收取的"品牌使用费"应并入白酒销售额计税

C.纳税人自产汽油用于换取生产资料和消费资料、投资入股和抵偿债务等方面，应以纳税人同类应税消费品的最高销售价格计税

D.纳税人通过自设非独立核算门市部销售的自产应税消费品，应当按照门市部对外销售额或者销售数量计税

E.卷烟生产企业实际销售价格低于核定计税价格，按实际销售价格计税

⑨ **斯尔解析** 本题考查消费税的计税依据。

选项A不当选，啤酒从量计征消费税，计税依据是销售数量，所以啤酒的包装物押金不能并入销售额计算消费税，但是啤酒的包装物押金会影响到所销售啤酒消费税税率的适用。啤酒分类以每吨出厂价的高低作为划分标准，每吨出厂价（含包装物及包装物押金）3 000元（含3 000元，不含增值税）以上是甲类啤酒。计算啤酒分类的包装物押金不包括供重复使用的塑料周转箱的押金。

选项C不当选，成品油从量计征消费税，以移送数量作为计税依据。

选项E不当选，经国家税务总局核定计税价格的卷烟，生产企业实际销售价格高于计税价格的，按实际销售价格确定适用税率，计算应纳税款并申报纳税；实际销售价格低于计税价格的，按计税价格确定适用税率，计算应纳税款并申报纳税。

▲**本题答案** BD

第三节　应纳税额的计算

消费税应纳税额的计算不同的征税环节有不同的规定，因此，我们先要了解消费税都有哪些征税环节。

应税消费品	生产、委托 加工、进口环节	批发环节	零售环节
一般应税消费品	征收	不征	不征
卷烟、电子烟	征收（电子烟委托 加工环节不征收）	加征（批发商与零售商之间） 提示：批发商之间批发卷烟不征收	不征
超豪华小汽车	征收	不征	加征
金银铂钻首饰	不征	不征	征收（仅该环节）

以下，我们就根据不同的征税环节来展开学习消费税应纳税额的计算。

一、生产销售环节应纳消费税的计算（★★★）

（一）直接对外销售

税率形式	适用的应税消费品	计算公式
从价定率	一般应税消费品	应纳税额=销售额×比例税率
从量定额	啤酒、黄酒、成品油	应纳税额=销售数量×定额税率
复合计征	白酒	应纳税额=销售额×比例税率+销售数量×定额税率
	卷烟	

│ 典例研习·3-13

某化妆品生产企业为增值税一般纳税人，2023年6月向某大型商场销售高档化妆品一批，开具增值税专用发票，取得不含增值税销售额50万元，还向商场收取了延迟付款利息2.26万元。计算该化妆品生产企业的上述业务应缴纳的消费税。（高档化妆品适用消费税税率为15%）

斯尔解析

应缴纳的消费税=［50+2.26÷（1+13%）］×15%=7.8（万元）

陷阱提示 收取的2.26万元延期付款利息属于价外费用，应价税分离后计入高档化妆品的销售额中一并缴纳消费税。

│ 典例研习·3-14

某啤酒厂2023年6月销售啤酒1 000吨，取得不含增值税销售额290万元，增值税税额37.7万元，另收取包装物押金22.6万元。计算该啤酒厂6月应缴纳的消费税税额。（甲类啤酒的消费税单位税额为250元/吨，乙类啤酒为220元/吨）

斯尔解析

首先判断啤酒类别，注意包装物押金应计入出厂价判断啤酒类别。

啤酒出厂价（含包装物及包装物押金）=［290+22.6÷（1+13%）］÷1 000×10 000=3 100（元/吨），超过3 000元/吨，属于甲类啤酒。

销售啤酒，应从量计征消费税，计税依据为销售量1 000吨，故应缴纳的消费税=1 000×250=250 000（元）。

陷阱提示 啤酒消费税从量计征，包装物押金无须考虑在计税依据内，但判断甲类乙类啤酒时需考虑。

| **典例研习·3-15**

　　某白酒生产企业（增值税一般纳税人）2023年6月销售白酒50吨，取得不含增值税销售额200万元。计算该白酒生产企业6月份应缴纳的消费税税额。（白酒消费税的比例税率为20%，定额税率为0.5元/500克）

　　🔍**斯尔解析**

　　销售白酒采用从价从量复合计税方法。1吨=2 000×500克，应缴纳的消费税=50×2 000×0.5÷10 000+200×20%=45（万元）。

（二）自产自用行为

　　自产自用，是指纳税人生产应税消费品后，不是直接用于对外销售，而是用于连续生产应税消费品或用于其他方面。

1.用于连续生产的应税消费品的规定

　　纳税人自产自用的应税消费品用于连续生产应税消费品的，不纳税。

　　例如：卷烟厂生产的烟丝，直接对外销售，应缴纳消费税。烟丝用于本厂连续生产卷烟，用于连续生产卷烟的烟丝不缴纳消费税，只对生产销售的卷烟征收消费税。这体现了税不重征的原则。

2.用于其他方面的应税消费品应视同销售

　　纳税人自产自用的应税消费品，用于其他方面的，于移送使用时纳税。所谓"用于其他方面"，具体包括：

　　（1）连续生产非应税消费品。

　　（2）用于在建工程、管理部门、非生产机构、提供劳务，以及用于馈赠、赞助、集资、广告、样品、职工福利、奖励等方面。

原理详解 💡

　　为什么自产应税消费品用于其他方面要视同销售缴纳消费税？

　　一方面是因为消费税是单一环节征税，自产应税消费品用于其他方面，在移送时如果不视同销售的话，会导致税款流失，在以后流转环节就没有征税权了。另一方面是因为企业如以外购的应税消费品用于其他方面，其外购价款中包含有消费税税金，对用于其他方面的自产应税消费品征税，可以平衡外购应税消费品与自产应税消费品之间的税负，使企业无论使用外购应税消费品，还是使用自产应税消费品进行基本建设等项目，其价款中都含有税金，从而有利于公平税负，并保证财政收入。

| 典例研习·3-16 模拟多项选择题

下列各项行为，应缴纳消费税的有（　　）。

A.石化工厂将自产的柴油用于本厂基建工程的设备

B.汽车生产商将自产的小汽车用于本企业管理职能部门使用

C.化妆品企业将自产的高档化妆品发给职工作为节日福利

D.汽车生产商将自产的小汽车赞助给汽车拉力赛赛手使用

E.食品厂用自产葡萄酒连续生产调制酒（酒度为5度），生产出的调制酒作为库存尚未对外出售

⑤斯尔解析　本题考查消费税的视同销售。

选项ABCD当选，将自产应税消费品用于在建工程、管理部门、非生产机构、职工福利、馈赠、广告、样品，均应于移送使用环节视同销售。

选项E不当选，属于将自产应税消费品（葡萄酒）用于连续生产应税消费品（调制酒），移送使用环节无须视同销售。

▲本题答案　ABCD

3.特殊情形下的免税规定

对成品油生产企业在生产成品油过程中，作为燃料、动力及原料消耗掉的自产成品油，免征消费税。

4.自产自用应税消费品的计税依据和应纳税额计算

（1）实行从价定率办法和复合计税办法计算纳税的，销售额按照如下顺序确定：

①有同类消费品的销售价格，应按照同类消费品的销售价格。

②如果没有同类消费品销售价格的，按照组成计税价格计算纳税。

两种确定方法的具体规定如下：

销售额确定		具体规定
同类消费品的销售价格		指纳税人当月销售的同类消费品的销售价格，如果当月同类消费品各期销售价格高低不同，应按照销售数量加权平均计算。 但销售的应税消费品有下列情况之一的，不得列入加权平均计算： a.销售价格明显偏低又无正当理由的。 b.无销售价格的。 如果当月无销售或者未完结，应按照同类消费品上月或者最近月份的销售价格计算纳税
组成计税价格	从价计征	组成计税价格=（成本+利润）÷（1−比例税率）=成本×（1+成本利润率）÷（1−比例税率）
	复合计征	组成计税价格=（成本+利润+自产自用数量×定额税率）÷（1−比例税率）=[成本×（1+成本利润率）+自产自用数量×定额税率]÷（1−比例税率）

提示：公式中的应税消费品的成本利润率为应税消费品全国平均成本利润率，由国家税务总局确定。电子烟全国平均成本利润率暂定为10%。

（2）用于换取生产和消费资料、投资入股和抵偿债务的（"投、换、抵"），计税依据为同类应税消费品的最高销售价格。

（3）实行从量定额办法计算纳税的计税依据为自产自用数量，应纳税额的计算公式如下：

应纳税额＝自产自用数量×定额税率

典例研习·3-17

某摩托车厂2023年10月以自产20辆摩托车（气缸容量为300毫升）与某钢厂换取钢材20吨，每吨钢材3 600元，已知摩托车厂当月销售同一型号摩托车三批，销售价格分别为4 400元/辆、4 500元/辆、4 600元/辆，销售数量分别为50辆、15辆、35辆。已知摩托车消费税税率为10%，计算该摩托车厂当月应缴纳的消费税税额。（以上均为不含增值税价格）

斯尔解析

用于换取生产和消费资料、投资入股和抵偿债务的（"投、换、抵"），计税依据为同类应税消费品的最高销售价格。

应缴纳消费税税额＝［4 400×50+4 500×15+4 600×（35+20）］×10%=54 050（元）

典例研习·3-18

某摩托车厂2023年10月以自产20辆摩托车（气缸容量为300毫升）奖励给职工，用于职工福利，已知摩托车厂当月销售同一型号摩托车三批，销售价格分别为4 400元/辆、4 500元/辆、4 600元/辆，销售数量分别为50辆、15辆、35辆。已知摩托车消费税税率为10%，计算该项业务应缴纳的消费税税额。（以上均为不含增值税价格）

斯尔解析

自产应税消费品用于职工福利应以纳税人当月销售的同类消费品的销售价格作为计税依据，如果当月同类消费品各期销售价格高低不同，应按照销售数量加权平均计算。

计税依据＝（4 400×50+4 500×15+4 600×35）÷（50+15+35）=4 485（元/辆）

应缴纳消费税税额＝（4 400×50+4 500×15+4 600×35+4 485×20）×10%=53 820（元）

典例研习·3-19

某酒厂将自产的0.5吨黄酒作为年终奖励发给本企业职工，查知无同类产品销售价格，该批黄酒的生产成本为15 000元，黄酒消费税定额税率为240元/吨。请计算该企业上述业务应缴纳的消费税税额。

斯尔解析

应缴纳消费税税额=0.5×240=120（元）

典例研习·3-20

某化妆品公司将一批自产的高档化妆品用于职工福利，该批高档化妆品的成本为80 000元，无同类产品市场销售价格，但已知其成本利润率为5%，消费税税率为15%。计算该批高档化妆品应缴纳的消费税税额。

斯尔解析

该批高档化妆品属于将自产品用于职工福利，应该视同销售。

组成计税价格=80 000×（1+5%）÷（1−15%）=98 823.53（元）

应缴纳消费税税额=98 823.53×15%=14 823.53（元）

陷阱提示 视同销售时，特别注意顺序：先找同类消费品平均销售价格，题目中无同类产品的市场销售价格，再用组成计税价格。

典例研习·3-21

某酒厂将自产的300斤薯类白酒作为年终奖励发给本企业职工，查知无同类产品销售价格，该批白酒的生产成本为15 000元。薯类白酒的成本利润率为5%，白酒消费税适用比例税率为20%，定额税率为0.5元/斤。请计算该企业上述业务应缴纳的消费税税额。

斯尔解析

组成计税价格=［15 000×（1+5%）+0.5×300］÷（1−20%）=19 875（元）

应缴纳消费税税额=19 875×20%+0.5×300=4 125（元）

解题高手👍

命题角度：自产应税消费品用于不同情形，消费税计税依据的确定以及计算。

自产应税消费品特殊用途的消费税、增值税处理总结如下：

自产应税消费品的用途	消费税处理	增值税处理
用于连续生产应税消费品	不征	不征
用于连续生产非应税消费品	视同销售，征收	不征
用于管理部门、非生产机构、提供劳务、在建工程、无形资产、不动产	视同销售，征收	不征
用于馈赠、赞助、集资、广告、样品、奖励、集体福利、个人消费和业务招待	视同销售，征收	征收
用于以物易物、投资入股、抵偿债务	视同销售，征收（按同类消费品最高售价计算征税）	征收（按同类消费品平均售价计算征税）

典例研习·3-22 模拟多项选择题

下列应税行为中，同时缴纳增值税和消费税的有（ ）。

A.批发商销售给零售商的卷烟

B.零售环节销售的金基合金首饰

C.进口的气缸容量在200毫升的摩托车

D.进口的航空煤油

E.自产的白酒用于职工福利

斯尔解析 本题考查增值税和消费税征税范围和征税环节。

5个选项均需缴纳增值税，所以只需判断消费税的纳税义务。

选项A当选，卷烟在批发环节加征消费税。

选项B当选，金基合金首饰在零售环节缴纳消费税。

选项E当选，自产的白酒用于职工福利，增值税和消费税都做视同销售处理。

选项C不当选，气缸容量在250毫升（含）以上的摩托车才属于应税消费品。

选项D不当选，航空煤油暂缓征收消费税。

本题答案 ABE

二、委托加工环节应纳消费税的计算（★★★）

（一）委托加工消费品代收代缴消费税的基本规定

1.委托加工的概念

委托加工的应税消费品是指由委托方提供原料和主要材料，受托方只收取加工费和代垫部分辅助材料加工的应税消费品。

以下情形应按照销售自制（自产）应税消费品缴纳消费税：

（1）由受托方提供原材料生产的应税消费品。

（2）受托方先将原材料卖给委托方，然后再接受加工的应税消费品。

（3）受托方以委托方名义购进原材料生产的应税消费品。

2.委托加工环节消费税的纳税义务人及代收代缴义务人

委托加工应税消费品，委托方为消费税纳税人，受托方是代收代缴义务人。由受托方在向委托方交货时代收代缴消费税，受托方为个人（含个体工商户），由委托方收回后自行缴纳。

提示：电子烟产品的委托加工无上述代收代缴规定，仅由持有电子烟商标的企业缴纳消费税。从事电子烟代加工业务的，应当分开核算持有商标电子烟的销售额和代加工电子烟的销售额，未分别核算的，一并缴纳消费税。

解题高手

命题角度：委托加工中委托方和受托方的角色和义务。

维度	委托方	受托方
身份	纳税义务人	代收代缴义务人
义务	负有实际上的纳税义务。受托方没有履行代收代缴义务的，委托方有补缴税款的责任，税务机关应向委托方补征税款	负有法定代收代缴义务，在向委托方交货时应代收代缴消费税。没有履行代收代缴义务的，对受托方处应收未收税款50%以上3倍以下的罚款

（二）委托加工的应税消费品代收代缴消费税的计税依据

（1）委托加工的应税消费品的计税依据按照如下顺序确定：

①受托方的同类消费品的销售价格。

②没有受托方同类消费品销售价格的，按照组成计税价格计算纳税。

组成计税价格的公式如下：

计征方式	计算公式
从价定率	组成计税价格=（材料成本+加工费）÷（1−比例税率）
复合计税	组成计税价格=（材料成本+加工费+委托加工数量×定额税率）÷（1−比例税率） 其中，加工费是指受托方加工应税消费品向委托方所收取的全部费用，包括代垫辅助材料的实际成本

提示：上面公式中的材料成本和加工费都应该是不含增值税的金额。如果题目中给出了含增值税的价税合计金额，需要进行价税分离。

（2）实行从量定额计税的消费品，计税依据为委托加工收回的数量。

（3）如果受托方对委托加工的应税消费品没有代收代缴消费税，则委托方需要补缴消费税。

委托方补缴的计税依据是：

①已经直接销售的，按销售额（或销售量）计税。

②尚未销售或用于连续生产，按照组成计税价格计税。

（4）委托加工环节收回的应税消费品后续处理：

①委托方将收回的应税消费品，以不高于受托方的计税价格出售的，为直接出售，不再缴纳消费税。

②委托方以高于受托方的计税价格出售的，不属于直接出售，需按照规定申报缴纳消费税，在计税时准予扣除受托方已代收代缴的消费税。

精准答疑

问题： 委托加工收回的应税消费品已纳消费税能否扣除？

解答： 对于委托加工环节收回的应税消费品：

（1）直接对外销售，已纳消费税不限制扣除范围，均可以按销售比例进行扣除。

（2）用于连续生产应税消费品已纳税款扣除有一定规定范围，注意区分。

具体内容见下述"三、已纳消费税扣除的计算"。

解题高手

命题角度1：委托加工代收代缴消费税的概念和计算。

此内容为每年高频热门考点。

计算时需要注意，首先要找"受托方同类消费品的销售价格"，没有的才需要用"组价"公式。组价公式中的"材料成本"和"加工费"都是不含增值税的金额，如果题目中给出了含增值税的金额，则需要进行价税分离。其中，材料采购成本还包括材料入库前的与材料采购直接相关的运费和其他费用。

此外，历年考试真题中曾要求同学们简述"委托加工应税消费品"的具体含义，以及"受托方未按规定代收代缴消费税时，各方应承担的义务及法律责任或需要进行的处理（罚则）"，此部分规定需要同学们进行背记。

解题高手👍

命题角度2：委托加工税务处理总结。

情形		具体规定
收回时	代收代缴税款	委托方为纳税义务人
		受托方为代收代缴义务人。 计税依据按照如下顺序确定： （1）受托方的同类消费品的销售价格。 （2）没有受托方同类消费品销售价格的，按照组成计税价格计算纳税。 组成计税价格的公式为： ①实行从价定率计税的消费品： 组成计税价格=（材料成本+加工费）÷（1−比例税率） ②实行复合计税的消费品： 组成计税价格=（材料成本+加工费+委托加工数量×定额税率）÷（1−比例税率） 提示：加工费是指受托方加工应税消费品向委托方所收取的全部费用，包括代垫辅助材料的实际成本
	未代收代缴税款	委托方补税。 （1）已经直接销售的，按销售额（或销售量）计税。 （2）尚未销售或用于连续生产，按照组成计税价格计税
		对受托方处应收未收税款50%以上3倍以下的罚款
收回后	直接出售（不高于受托方的计税价格）或连续生产非应税消费品	不再缴纳消费税
	以高于受托方的计税价格出售	需按规定申报缴纳消费税，在计税时准予扣除受托方已代收代缴的消费税（按销售比例扣除，无扣除范围限制）
	用于连续生产应税消费品	已纳消费税的扣除有范围规定（8类，按生产领用量扣除）

典例研习·3-23 2021年单项选择题

关于委托加工应税消费品的税务处理，下列说法正确的是（　　）。

A.纳税人委托个体工商户加工应税消费品，于委托方收回后在纳税人所在地缴纳消费税

B.受托方未履行代收代缴消费税义务的，由受托方补缴税款

C.受托方代收代缴消费税后，委托方收回已税消费品对外销售的，不再征收消费税

D.受托方以委托方名义购进原材料生产的应税消费品，以委托方作为消费税的纳税义务人

⑨斯尔解析 本题考查委托加工应税消费品的税务处理。

选项A当选，受托方为个人（含个体工商户），由委托方收回后自行缴纳。

选项B不当选，受托方未履行代收代缴消费税义务的，由委托方补缴税款，对受托方处应收未收税款50%以上3倍以下的罚款。

选项C不当选，委托加工环节收回的应税消费品对外销售需要分情况处理：（1）委托方将收回的应税消费品，以不高于受托方的计税价格出售的，为直接出售，不再缴纳消费税；（2）委托方以高于受托方的计税价格出售，不属于直接出售，需按规定申报缴纳消费税，在计税时准予扣除受托方已代收代缴的消费税。

选项D不当选，受托方以委托方名义购进原材料生产的应税消费品，不属于委托加工业务，按照受托方销售自产应税消费品处理，受托方为纳税义务人。

▲本题答案 A

典例研习·3-24 教材例题

甲涂料生产企业2023年11月发生如下经营业务：

（1）在境内生产并销售油脂类涂料（施工状态下挥发性有机物含量高于420克/升）1吨，取得不含增值税销售额200万元。

（2）委托境内乙企业加工橡胶类涂料（施工状态下挥发性有机物含量高于420克/升）1吨，收回后再销售的不含税销售额100万元，乙企业同类消费品的销售价格（不含税）为80万元/吨，涂料成本30万元，加工费20万元。涂料消费税税率为4%。

根据上述资料，回答下列问题。

（1）请计算甲企业生产销售自产涂料应缴纳的消费税税额。

（2）请计算乙企业受托加工涂料应代收代缴的消费税。

（3）请计算甲企业销售委托加工收回的涂料应缴纳的消费税。

（4）请计算甲企业本月应申报缴纳的消费税。

⑨斯尔解析

（1）甲企业生产销售自产涂料应缴纳的消费税=200×4%=8（万元）。

（2）乙企业受托加工涂料应代收代缴的消费税=80×4%=3.2（万元）。

（3）甲企业销售委托加工收回的涂料应缴纳的消费税=100×4%−80×4%=0.8（万元）。

（4）甲企业本月应申报缴纳的消费税=8+0.8=8.8（万元）。

三、已纳消费税扣除的计算（★★★）

517 3-3-3

原理详解 💡

如何理解已纳消费税的扣除？

我国的消费税一般情况下，具有"单一环节征收"的特点。由于某些应税消费品是用外购已缴纳消费税的应税消费品连续生产出来的，为了避免在多个环节产生重复征税，现行消费税政策规定，对外购、进口和委托加工收回的应税消费品连续生产应税消费品销售的，计算征收消费税时，应按当期生产领用数量计算准予扣除的应税消费品已纳的消费税税款。

但并不是全部外购和委托加工收回后用于连续生产的应税消费品都允许扣除已纳消费税，仅仅限于特定范围内的应税消费品。因此本部分的重点有两个层次，即允许扣除的范围及扣除金额的计算。

（一）外购应税消费品已纳税款的扣除（★★★）

1.外购应税消费品连续生产应税消费品的已纳税款扣除范围

外购某些应税消费品用于连续生产应税消费品的，在以下范围内的，允许按当期生产领用数量计算准予扣除外购的应税消费品已纳的消费税税款。

（1）外购已税烟丝生产的卷烟。

（2）外购已税高档化妆品生产的高档化妆品。

（3）外购已税珠宝玉石生产的贵重首饰及珠宝玉石。

提示：纳税人用外购的已税珠宝玉石生产改在零售环节征收消费税的金银首饰（镶嵌首饰）、钻石首饰，在计税时，一律不得扣除外购珠宝玉石的已纳税款。

（4）外购已税鞭炮、焰火生产的鞭炮、焰火。

（5）外购已税杆头、杆身和握把为原料生产的高尔夫球杆。

（6）外购已税木制一次性筷子为原料生产的木制一次性筷子。

（7）外购已税实木地板为原料生产的实木地板。

（8）外购已税汽油、柴油、石脑油、燃料油、润滑油用于连续生产的应税成品油。

提示：允许扣除外购已纳消费税的不包含溶剂油、航空煤油（本身暂缓征收）。

（9）外购葡萄酒连续生产应税葡萄酒。

从葡萄酒生产企业购进、进口葡萄酒连续生产应税葡萄酒的，准予从葡萄酒消费税应纳税额中扣除所耗用应税葡萄酒已纳消费税税款。

提示：葡萄酒生产企业之间销售葡萄酒，开具增值税专用发票时，须将应税葡萄酒销售行为单独开具增值税专用发票。

（10）啤酒生产集团内部企业间用啤酒液连续灌装生产的啤酒。

①啤酒生产集团内部企业间调拨销售的啤酒液，应由啤酒液生产企业按现行规定申报缴纳消费税。

②购入方企业应依据取得的销售方销售啤酒液所开具的增值税专用发票上记载的销售数量、销售额、销售单价确认销售方啤酒液适用的消费税单位税额，计算外购啤酒液已纳消费税额。

③购入方使用啤酒液连续灌装生产并对外销售的啤酒，应依据其销售价格确定适用单位税额计算缴纳消费税，但其外购啤酒液已纳的消费税额，可以从其当期应纳消费税额中抵减。

解题高手

命题角度：购入应税消费品不允许抵扣的情形。

（1）购入应税消费品的抵扣制度仅限于生产环节，不可以跨环节抵扣，即批发、零售环节不可以抵扣生产环节的消费税。

（2）消费税的税目中，下列税目的应税消费品在连续生产时不允许扣除外购消费品已纳的消费税：

金银首饰、钻石和钻石饰品、铂金首饰（"跨环节"），酒类（"外购葡萄酒、啤酒"除外），高档手表，涂料，电池，小汽车，摩托车，游艇。

此外，与外购的规定同理，如果用委托加工收回的已税珠宝玉石生产的金银首饰，则征税环节变为零售环节，委托加工收回的珠宝玉石已经缴纳的消费税，不允许跨环节在零售环节扣除。

2.允许扣除的已纳税款计算公式

（1）从价定率。

当期准予扣除的外购应税消费品已纳税款=当期准予扣除的外购应税消费品（当期生产领用数量）买价×外购应税消费品适用税率

当期准予扣除的外购应税消费品买价（即为按当期生产领用数量计算出的买价）=期初库存的外购应税消费品买价+当期购进的应税消费品买价−期末库存的外购应税消费品的买价

| 典例研习·3-25 模拟单项选择题

某首饰厂（增值税一般纳税人）2023年8月月初库存外购已税珠宝玉石不含增值税买价30万元，当月从某珠宝玉石厂购进一批已税珠宝玉石，增值税发票注明价款40万元，增值税税款5.2万元，月末库存已税珠宝玉石金额20万元，其余生产领用并打磨加工成高档珠宝玉石首饰后，全部销售给某首饰商城，收到不含税价款90万元。已知珠宝玉石消费税税率10%，不考虑期初期末余额，该首饰厂上述业务应缴纳的消费税税额为（　　）万元。

A.4　　　　　　　　　　　　　　B.5

C.9　　　　　　　　　　　　　　D.14

⑤斯尔解析　本题考查已纳消费税的扣除。

选项A当选，具体计算过程如下：

外购已税珠宝玉石生产的贵重首饰及珠宝玉石允许按当期生产领用数量计算准予扣除已纳的消费税税款。

（1）当期准予扣除外购已税珠宝玉石的买价=30+40-20=50（万元）。

（2）首饰厂应缴纳消费税=（90-50）×10%=4（万元）。

🔍陷阱提示　准予扣除的外购应税消费品的买价，应该按照当期生产领用数量确定，而非当期购入数量。

🔺本题答案　A

（2）从量定额。

当期准予扣除的外购应税消费品已纳税款=当期准予扣除的外购应税消费品数量×外购应税消费品单位税额

当期准予扣除的外购应税消费品数量=期初库存的外购应税消费品数量+当期购进的应税消费品数量-期末库存的外购应税消费品的数量

其中，外购应税消费品数量为规定的发票（含销货清单）注明的应税消费品的销售数量。

3.外购应税消费品后销售已纳税款的扣除

（1）既有自产，又购进与自产应税消费品同样的应税消费品。

对既有自产应税消费品，同时又购进与自产应税消费品同样的应税消费品进行销售的工业企业，对其销售的外购应税消费品应当征收消费税，同时可以扣除外购应税消费品的已纳税款。

允许扣除的外购应税消费品仅限于烟丝，高档化妆品，珠宝玉石，鞭炮、焰火和摩托车。

（2）自己不生产，购进后再销售应税消费品的工业企业。

对自己不生产应税消费品，而只是购进后再销售应税消费品的工业企业，其销售的高档化妆品，鞭炮、焰火和珠宝玉石，凡不能构成最终消费品直接进入消费品市场，而需进一步生产加工的，应当征收消费税，同时允许扣除上述外购应税消费品的已纳税款。

进一步生产加工包括需进行深加工、包装、贴标、组合等。

允许扣除已纳税款的应税消费品包括从工业企业购进的应税消费品和商业企业购进应税消费品。

解题高手👍

命题角度：外购应税消费品，连续生产应税消费品和直接销售可扣除范围辨析。

外购应税消费品后直接销售的允许扣除范围要少于外购应税消费品用于连续生产的扣除范围，只包括高档化妆品、珠宝玉石、鞭炮焰火、烟丝和摩托车。

（二）委托加工应税消费品已纳税款的扣除（★★★）

1.委托加工收回的应税消费品连续生产应税消费品的已纳税款扣除范围

委托加工应税消费品，收回货物后用于连续生产应税消费品的，在以下范围内的，准予按当期生产领用数量计算扣除委托加工收回的应税消费品已纳的消费税税款。

（1）以委托加工收回的已税烟丝为原料生产的卷烟。

（2）以委托加工收回的已税高档化妆品为原料生产的高档化妆品。

（3）以委托加工收回的已税珠宝、玉石为原料生产的贵重首饰及珠宝、玉石。

（4）以委托加工收回的已税鞭炮、焰火为原料生产的鞭炮、焰火。

（5）以委托加工收回的已税杆头、杆身和握把为原料生产的高尔夫球杆。

（6）以委托加工收回的已税木制一次性筷子为原料生产的木制一次性筷子。

（7）以委托加工收回的已税实木地板为原料生产的实木地板。

（8）以委托加工收回的已税汽油、柴油、石脑油、燃料油、润滑油为原料用于连续生产的应税成品油。

解题高手 👍

命题角度：委托加工收回和外购应税消费品已纳税款的扣除范围对比。

委托加工收回已纳税款的扣除范围，与外购应税消费品已纳税款的扣除范围基本相同。只是委托加工收回允许扣除的范围不含"葡萄酒"及"啤酒"。

2.允许扣除的已纳税款计算公式

当期准予扣除的委托加工应税消费品已纳税款=期初库存的委托加工应税消费品已纳税款+当期收回的委托加工应税消费品已纳税款−期末库存的委托加工应税消费品已纳税款

提示：与外购的扣税计算公式原理类似，同样是"倒挤"思路，只不过本处直接用"税额"计算当期生产领用部分对应的税额。

（三）办理消费税税款抵扣提供资料

纳税人在办理纳税申报时，如需办理消费税税款抵扣手续，除应按有关规定提供纳税申报所需资料外，还应当提供以下资料：

（1）外购应税消费品连续生产应税消费品的，提供外购应税消费品增值税专用发票（抵扣联）原件和复印件。

如果外购应税消费品的增值税专用发票属于汇总填开的，除提供增值税专用发票（抵扣联）原件和复印件外，还应提供随同增值税专用发票取得的由销售方开具并加盖财务专用章或发票专用章的销货清单原件和复印件。

（2）委托加工收回应税消费品连续生产应税消费品的，提供"代扣代收税款凭证"原件和复印件。

（3）进口应税消费品连续生产应税消费品的，提供"海关进口消费税专用缴款书"原件和复印件。

主管税务机关在受理纳税申报后将以上原件退还纳税人，复印件留存。

解题高手👍

👍

命题角度1：已纳消费税扣除如何确定范围和比例。

项目	范围	比例
委托加工收回后加价销售	无范围限制	按照销售比例扣除已纳税款
委托加工收回后连续生产应税消费品	8类可扣，"电表涂酒、两车一艇"不可扣	按照生产领用量扣除已纳税款
外购应税消费品连续生产应税消费品	扣除范围比委托加工多了葡萄酒和啤酒	

命题角度2：外购应税消费品连续生产应税消费品，已纳税款扣除两种计算方法。

（1）题目中给出买价和领用比例时，直接以买价乘以领用比例，计算当期准予扣除的外购应税消费品买价。

（2）题目中给出期初库存，当期购进或收回量以及期末库存时，需要倒挤出当期准予扣除的外购应税消费品买价。

| 典例研习·3-26 2021年单项选择题改编

关于已纳消费税扣除，下列说法正确的是（　　）。

A.葡萄酒生产企业购进葡萄酒连续生产应税葡萄酒的，准予从应纳消费税额中扣除所耗用的应税葡萄酒已纳消费税税款，本期消费税应纳税额不足抵扣的，余额留待下期抵扣

B.葡萄酒生产企业委托加工收回葡萄酒连续生产应税葡萄酒的，准予从应纳消费税额中扣除所耗用的应税葡萄酒已纳消费税税款，本期消费税应纳税额不足抵扣的，不得结转抵扣

C.以外购高度白酒连续生产低度白酒，可以按照当期生产领用数量计算准予扣除外购白酒已纳消费税

D.以外购高度白酒连续生产低度白酒，可以按照当期购进数量计算准予扣除外购白酒已纳消费税

Ⓢ**斯尔解析** 本题考查消费税已纳税款的扣除。

选项A当选、选项B不当选，葡萄酒生产企业购进葡萄酒连续生产应税葡萄酒的，准予按当期生产领用量从应纳消费税额中扣除应税葡萄酒已纳消费税税款，本期消费税应纳税额不足抵扣的，余额可以留待下期抵扣。委托加工收回葡萄酒连续生产的，已纳税款不得抵扣。

选项CD不当选，以外购白酒连续生产白酒，已纳消费税不得扣除。

▲**本题答案** A

| 典例研习 · 3-27 2021年单项选择题

甲卷烟厂为增值税一般纳税人，2023年1月初库存外购烟丝买价5万元；从小规模纳税人购进烟丝，取得增值税专用发票，注明金额为20万元；月末外购库存烟丝买价12万元。本月将外购烟丝用于连续生产甲类卷烟，本月销售甲类卷烟10箱（标准箱），取得不含税销售额22万元。甲卷烟厂本月应缴纳消费税（　　）万元。（烟丝消费税税率为30%、甲类卷烟消费税税率为56%和0.003元/支）

A.12.47　　　　　　　　　　　　B.8.57

C.12.32　　　　　　　　　　　　D.6.47

斯尔解析　本题考查消费税已纳税款的扣除。

选项B当选，外购烟丝连续生产卷烟，准予按照生产领用数量扣除已纳的消费税税款。

准予抵扣的消费税=（5+20-12）×30%=3.9（万元）

甲卷烟厂应缴纳消费税=22×56%+10×（0.003×200×250）÷10 000-3.9=8.57（万元）

选项A不当选，未扣除已纳消费税税款。

选项C不当选，仅计算卷烟比例税率，且未抵扣已纳消费税税款。

选项D不当选，错按全额抵扣本月购进烟丝已纳消费税税款。

▲本题答案　B

| 典例研习 · 3-28 2022年单项选择题

甲酒厂为增值税一般纳税人，2023年10月购进葡萄酒取得的增值税专用发票注明金额60万元，税额7.8万元。甲酒厂领用本月购进葡萄酒的80%用于连续生产葡萄酒，销售本月生产葡萄酒的60%取得不含税销售额56万元，甲酒厂上述业务应缴纳消费税（　　）万元。（葡萄酒消费税税率为10%）

A.0　　　　　　　　　　　　　　B.0.8

C.2　　　　　　　　　　　　　　D.5.6

斯尔解析　本题考查消费税已纳税款的扣除。

选项B当选，购进应税消费品连续生产应税消费品销售的，计算征收消费税时，应按当期生产领用数量计算准予抵扣的应纳消费税的税款。

故甲酒厂当期应缴纳的消费税=56×10%-60×10%×80%=0.8（万元）

选项A不当选，误认为已纳消费税可全额抵扣。

选项C不当选，误扣减销售数量对应的已纳消费税税款。

选项D不当选，未扣减已纳消费税税款。

▲本题答案　B

典例研习·3-29 2022年单项选择题

甲啤酒厂增值税一般纳税人，2023年2月从非关联方处购进啤酒液生产M型啤酒，M型啤酒成本6 000元/吨，当月将自产的10吨M型啤酒捐赠给当地政府举办的啤酒节，啤酒成本利润率10%。对甲啤酒厂上述业务税务处理正确的是（　　）。（M型啤酒消费税税率为250元/吨）

A.应按照组成计税价格计算M型啤酒应缴纳消费税

B.通过当地政府捐赠给啤酒节的啤酒，不征收增值税

C.M型啤酒应计提增值税销项税额8 905元

D.外购啤酒液已纳消费税可以从当期应纳消费税额中抵减

 斯尔解析 本题考查消费税已纳税款的扣除。

选项C当选、选项B不当选，将自产货物无偿赠送给其他单位或个人，需视同销售，计算缴纳增值税，应计算的增值税销项税额＝组成计税价格×13%＝（成本＋利润＋消费税）×13%＝[6 000×（1+10%）×10+10×250]×13%＝8 905（元）。

选项A不当选，啤酒从量计征消费税，无须按照组成计税价格计算缴纳消费税。

选项D不当选，啤酒生产集团内部企业间用啤酒液连续灌装生产的啤酒，其外购啤酒液已纳的消费税额，可以从其当期应纳消费税额中抵减。从非关联方处购进的，已纳税款不可抵减。

▲**本题答案** C

四、进口环节应纳消费税的计算（★★★）

（一）一般规定

纳税人进口应税消费品，应按照组成计税价格和规定的税率计算应纳税额。

1.从价定率计征应纳税额的计算

组成计税价格＝（关税完税价格＋关税）÷（1－消费税比例税率）

应纳税额＝组成计税价格×消费税比例税率

2.从量定额计征应纳税额的计算

应纳税额＝应税消费品数量×消费税定额税率

3.实行复合计税办法的应纳税额计算

组成计税价格＝（关税完税价格＋关税＋进口数量×消费税定额税率）÷（1－消费税比例税率）

应纳税额＝组成计税价格×消费税税率＋应税消费品进口数量×消费税定额税率

提示：进口环节已纳消费税同样适用外购应税消费品连续生产应税消费税已纳税款扣除的规定。

| 典例研习·3-30

某公司从境外进口一批高档化妆品，经海关核定，关税的完税价格为54 000元，进口关税税率为25%，消费税税率为15%，请计算该批高档化妆品进口环节应缴纳消费税税额。

⑤斯尔解析

组成计税价格＝（关税完税价格＋关税）÷（1－消费税比例税率）＝（54 000＋54 000×25%）÷（1－15%）=79 411.76（元）

应纳税额=组成计税价格×消费税比例税率=79 411.76×15%=11 911.76（元）

解题高手👍

👍

命题角度：自产自用、委托加工、进口环节应用组成计税价格计算应纳消费税的辨析。

情形	具体范围和规定	组成计税价格公式
自产的应税消费品	用于连续生产非应税消费品。用于馈赠、赞助、集资、广告、样品、奖励、管理部门和非生产机构使用、提供劳务、集体福利、个人消费、在建工程、无形资产、不动产	无同类消费品销售价格时用组价： （1）从价定率计税：组成计税价格＝（成本＋利润）÷（1－比例税率）。 （2）复合计税：组成计税价格＝（成本＋利润＋自产自用数量×定额税率）÷（1－比例税率）。 （3）从量定额计税：无须组价，直接按照移送的应税消费品数量计税
委托加工的应税消费品	受托方在向委托方交货时代收代缴消费税	无受托方同类消费品销售价格的，用组价： （1）从价定率计税：组成计税价格＝（材料成本＋加工费）÷（1－比例税率）。 （2）复合计税：组成计税价格＝（材料成本＋加工费＋委托加工数量×定额税率）÷（1－比例税率）。 （3）从量定额计税：无须组价，直接按照收回的应税消费品数量计税
进口的应税消费品	无适用情形，直接按照组成计税价格计算进口环节消费税	直接用"组价"： （1）从价定率计税：组成计税价格＝（关税完税价格＋关税）÷（1－消费税比例税率）。 （2）复合计税：组成计税价格＝（关税完税价格＋关税＋进口数量×消费税定额税率）÷（1－消费税比例税率）。 （3）从量定额计税：无须组价，直接按照进口数量计税

精准答疑 🎯

问题： 消费税不是价内税吗？为什么在组成计税价格公式中需要除以（1−消费税税率）把消费税包含进来？什么时候应该除以（1−消费税税率），什么时候不需要除以呢？

解答： 首先，"组成计税价格"的意义是在没有销售价格或成交价格作为消费税计税依据的时候，用价格的各项构成要素人为"组成"一个价格。在"组成"价格的时候，自产自用情形下的基本构成要素是"成本+利润"，同时因为消费税是价内税，所以要除以（1−消费税税率），把消费税本身包含到所"组成"的价格中来。这样就构成了完整的消费税的计税依据，其中包含"成本""利润"和"消费税"。在后面的进口环节、委托加工环节，也需要用到组成计税价格，基本原理也是在人为组价的时候，把消费税包含进来作为计税依据的一部分，所以也需要除以（1−消费税税率）。

如果在题目中直接给出了可以作为计税依据的销售额，无须"组价"，给出的销售额中默认是包含消费税的，所以直接用不含增值税的销售额乘以消费税税率即为消费税，无须再除以（1−消费税税率）。

（二）进口卷烟消费税的计算

（1）每标准条进口卷烟（200支）确定消费税适用比例税率的价格＝（关税完税价格+关税+消费税定额税率）÷（1−消费税比例税率）。

其中，关税完税价格和关税为每标准条的关税完税价格及关税税额。消费税定额税率为每标准条（200支）0.6元。

（2）每标准条进口卷烟（200支）确定消费税适用比例税率的价格大于等于70元的，适用比例税率为56%。每标准条进口卷烟（200支）确定消费税适用比例税率的价格小于70元的，适用比例税率为36%。

| 典例研习·3-31

某市卷烟生产企业为增值税一般纳税人，2023年3月从国外进口B牌卷烟400标准箱，关税完税价格为275万元。计算进口卷烟应缴纳的消费税。

已知：（1）卷烟比例税率：每标准条调拨价格在70元以上的（含70元，不含增值税）为56%，调拨价格在70元以下的为36%。（2）卷烟消费税定额税率：每标准箱（250标准条）150元。（3）卷烟的进口关税税率为20%。（4）相关票据已通过主管税务机关认证。

🔍**斯尔解析**

进口卷烟应缴纳的关税＝275×20%＝55（万元）

每标准条价格＝（275+55+150×400÷10 000）÷（1−36%）÷（250×400）＝0.00525（万元）＝52.5（元）＜70元

组成计税价格＝（275+55+150×400÷10 000）÷（1–36%）=525（万元）

进口卷烟应缴纳的消费税=525×36%+150×400÷10 000=195（万元）

提示：计算进口卷烟消费税的时候先一律按照乙类卷烟36%的税率进行组价试算，看计算结果是否大于等于70元。如果大于等于70元按照甲类卷烟56%的税率组价计算，如果小于70元，则按照乙类卷烟组价计算。

本题组成计税价格每条小于70元，为乙类卷烟，适用税率36%计算组成计税价格。

| 典例研习·3-32

某市卷烟生产企业为增值税一般纳税人，2023年3月从国外进口B牌卷烟400标准箱，关税完税价格为500万元。计算进口卷烟应缴纳的消费税。

已知：（1）卷烟比例税率：每标准条调拨价格在70元以上的（含70元，不含增值税）为56%，调拨价格在70元以下的为36%。（2）卷烟消费税定额税率：每标准箱（250标准条）150元。（3）卷烟的进口关税税率为20%。（4）相关票据已通过主管税务机关认证。

⑤斯尔解析

进口卷烟应缴纳的关税=500×20%=100（万元）

每标准条价格＝（500+100+150×400÷10 000）÷（1–36%）÷（250×400）=0.00947（万元）=94.7（元）＞70元

每标准条卷烟价格大于70元，为甲类卷烟，故应按照56%的比例税率计算组成计税价格：

组成计税价格＝（500+100+150×400÷10 000）÷（1–56%）=1 377.27（万元）

进口卷烟应缴纳的消费税=1 377.27×56%+150×400÷10 000=777.27（万元）

（三）小汽车进口环节消费税的特殊规定

对我国驻外使领馆工作人员、外国驻华机构及人员、非居民常住人员、政府间协议规定等应税（消费税）进口自用，且完税价格130万元及以上的超豪华小汽车消费税，按照生产（进口）环节税率和零售环节税率（10%）加总计算，由海关代征。

五、消费税征（免、退）税的特殊规定（★★）

（一）电子烟生产、批发环节征收消费税的规定

1.纳税义务人

在中华人民共和国境内生产（进口）、批发电子烟的单位和个人为消费税纳税人。

（1）电子烟生产环节纳税人，是指取得烟草专卖生产企业许可证，并取得或经许可使用他人电子烟产品注册商标（以下称"持有商标"）的企业。通过代加工方式生产电子烟的，由持有商标的企业缴纳消费税。

（2）电子烟进口环节纳税人，是指进口电子烟的单位和个人。

（3）电子烟批发环节纳税人，是指取得烟草专卖批发企业许可证并经营电子烟批发业务的企业。

2.计税依据

（1）纳税人生产、批发电子烟的，按照生产、批发电子烟的销售额计算纳税。电子烟生产环节纳税人采用代销方式销售电子烟的，按照**经销商（代理商）销售给电子烟批发企业的销售额**计算纳税。纳税人进口电子烟的，按照组成计税价格计算纳税。

（2）电子烟生产环节纳税人从事电子烟代加工业务的，应当分开核算持有商标电子烟的销售额和代加工电子烟的销售额。未分开核算的，一并缴纳消费税。

| 典例研习·3-33

甲企业拥有A牌电子烟商标，委托乙企业代加工生产A牌电子烟，乙企业销售给甲企业代加工生产的A牌电子烟，取得不含税销售收入300万元，甲企业收回后销售给批发企业，取得不含税销售收入400万元，当月乙企业销售自己持有商标的B牌电子烟，取得不含税销售收入200万元，从乙企业分开核算和未分开核算的角度分别分析甲企业和乙企业应该缴纳的消费税。

斯尔解析

分开核算：甲企业应缴纳消费税=400×36%=144（万元）。

乙企业应缴纳消费税=200×36%=72（万元）

未分开核算：甲企业应缴纳消费税=400×36%=144（万元）。

乙企业应缴纳消费税=（200+300）×36%=180（万元）

提示：乙企业未分开核算的情况下，甲企业同样负有消费税的纳税义务。

| 典例研习·3-34

甲企业是电子烟消费税纳税人，2023年12月，甲企业生产持有商标的电子烟A产品并销售给电子烟批发企业，取得不含增值税销售额为300万元。计算甲企业在2024年1月申报期内应申报的电子烟消费税。

斯尔解析

2024年1月申报期内，甲企业应申报缴纳电子烟消费税=300×36%=108（万元）。

| 典例研习·3-35

接上例，如果甲企业委托经销商销售上述电子烟产品，经销商销售给电子烟批发企业取得不含增值税销售额为360万元，计算甲企业在2024年1月申报期内应申报的电子烟消费税。

斯尔解析

甲企业在2024年1月申报期内，应申报缴纳电子烟消费税=360×36%=129.6（万元）。

（二）卷烟批发环节征收消费税的规定（加征）

（1）基本规定。

项目	具体内容
征税范围及 纳税义务人	在我国境内从事卷烟批发业务的单位和个人。 提示：批发商之间批发卷烟不缴纳消费税
计征方式及税率	复合计征：从价税率11%，从量税率0.005元/支（每标准条1元，每标准箱250元）
纳税义务发生时间	收讫销售款项或者取得索取销售款凭据的当天（同消费税纳税义务发生时间的一般规定）
纳税地点	卷烟批发企业的机构所在地，总机构与分支机构不在同一地区的，由总机构申报纳税

（2）卷烟批发企业在计算消费税时，不得扣除已含的生产环节的消费税税款（不得跨环节扣除）。

（三）超豪华小汽车零售环节征收消费税的规定（加征）

项目	具体内容
征税范围及 纳税义务人	（1）超豪华小汽车是指每辆零售价格130万元（不含增值税）及以上的乘用车和中轻型商用客车。 （2）将超豪华小汽车销售给消费者的单位和个人，即零售超豪华小汽车的单位和个人为本环节消费税纳税人
计征方式 及税率	从价计征，税率10%。 应纳税额=零售环节销售额（不含增值税）×零售环节消费税税率（即10%）
特别规定	如果国内汽车生产企业直接将超豪华小汽车销售给消费者，消费税税率按照生产环节税率和零售环节税率加总计算。 应纳税额=零售销售额（不含增值税）×（生产环节消费税税率+零售环节消费税税率）

| 典例研习 · 3-36

　　某汽车厂为增值税一般纳税人，2023年5月向4S店销售自产超豪华小汽车，取得不含增值税销售额1 000万元。向消费者销售自产超豪华小汽车，取得含增值税销售额339万元。超豪华小汽车生产环节消费税税率为40%，零售环节消费税税率为10%。请计算该汽车厂本月应缴纳的消费税税额。

⑤斯尔解析

　　（1）汽车生产企业向4S店销售自产超豪华小汽车按照40%的税率缴纳消费税。

　　（2）汽车生产企业直接销售给消费者的自产超豪华小汽车，消费税税率按照生产环节税率和零售环节税率加总计算。

　　综上，该汽车厂本月应缴纳消费税=1 000×40%+339÷（1+13%）×（40%+10%）=550（万元）。

（四）金银首饰零售环节（仅在零售环节征收）

（1）基本规定。

项目	具体内容
征税范围及纳税义务人	在中华人民共和国境内从事金银首饰零售业务的单位和个人。 提示：包括金、银，金基、银基合金首饰，金、银和金基、银基合金的镶嵌首饰，钻石及钻石饰品和铂金首饰
计征方式及税率	从价计征，税率为5%。 应纳税额=销售额（不含增值税）×消费税税率
销售额确定的特殊规定	①金银首饰与其他产品组成成套消费品销售的，应按销售额全额征收消费税。 ②金银首饰连同包装物销售的，无论包装物是否单独计价，均应并入金银首饰的销售额，计征消费税。 ③带料加工的金银首饰，按受托方同类金银首饰的销售价格确定计税依据征收消费税；没有同类价格的，按组成计税价格。 ④金银首饰以旧换新的，按实际收取的不含增值税的全部价款征收消费税（与增值税规定一致）

　　（2）对既销售金银首饰，又销售非金银首饰的生产经营单位，应将两类商品划分清楚，分别核算销售额。

　　凡划分不清或不能分别核算的，在生产环节销售的，一律从高适用税率征收消费税。在零售环节销售的，一律按金银首饰征收消费税。

　　（3）金银首饰消费税改变纳税环节后，用已税珠宝玉石生产的镶嵌首饰，在计税时一律不得扣除已纳的消费税税款（不得跨环节扣除）。

原理详解 💡

如何理解金银首饰和非金银首饰分别核算？

因为金银首饰消费税征税环节比较特殊，只在零售环节缴纳，所以出于消费税征管的目的，要求对于金银首饰和非金银首饰的销售额分别核算，以准确计算消费税。如果纳税人划分不清或无法分别核算，为了堵塞税收漏洞，在生产环节划分不清的，应从高（即按照珠宝玉石或其他非金银首饰的10%税率）全额征收消费税。在零售环节划分不清的，应全额按照金银首饰（消费税税率5%）在零售环节征收消费税。

（五）石脑油、燃料油消费税征（免、退）政策（★）

（1）自2011年10月1日起，对生产石脑油、燃料油的企业（以下简称"生产企业"）对外销售的用于生产乙烯、芳烃类化工产品的石脑油、燃料油，恢复征收消费税。

（2）自2011年10月1日起，生产企业自产石脑油、燃料油用于生产乙烯、芳烃类化工产品的，按实际耗用数量暂免征收消费税。

（3）自2011年10月1日起，对使用石脑油、燃料油生产乙烯、芳烃的企业（以下简称"使用企业"）购进并用于生产乙烯、芳烃类化工产品的石脑油、燃料油，按实际耗用数量暂退还所含消费税。

退还石脑油、燃料油所含消费税计算公式为：

应退还消费税税额＝石脑油、燃料油实际耗用数量×石脑油、燃料油消费税单位税额

（六）生产自用成品油先征后返消费税的规定

对油（气）田企业在开采原油过程中耗用的内购成品油，暂按实际缴纳成品油消费税的税额，全额返还所含消费税。

享受税收返还政策的成品油必须同时符合以下三个条件：

（1）由油（气）田企业所隶属的集团公司（总厂）内部的成品油生产企业生产。

（2）从集团公司（总厂）内部购买。

（3）油（气）田企业在地质勘探、钻井作业和开采作业过程中，作为燃料、动力（不含运输）耗用。

油（气）田企业所隶属的集团公司（总厂）向财政部驻当地财政监察专员办事处统一申请税收返还。

（七）其他视同应税消费品生产行为的规定（★）

（1）工业企业以外的单位和个人应税消费品的视同生产行为。

工业企业以外的单位和个人的下列行为视为应税消费品的生产行为，按规定征收消费税：

①将外购的消费税非应税产品以消费税应税产品对外销售的。

②将外购的消费税低税率应税产品以高税率应税产品对外销售的。

（2）外购电池、涂料大包装改成小包装或者外购电池、涂料不经加工只贴商标的行为，视同应税消费税品的生产行为。发生上述生产行为的单位和个人应按规定申报缴纳消费税。

（3）单位和个人外购润滑油大包装经简单加工改成小包装，或者外购润滑油不经加工只贴商标的行为，视同应税消费品的生产行为。单位和个人发生的以上行为应当申报缴纳消费税。准予扣除外购润滑油已纳的消费税税款。

第四节　出口应税消费品的税收政策

一、消费税退（免）税或征税政策的适用范围

1.出口免税并退税

出口企业出口或视同出口适用增值税退（免）税的货物，免征消费税，如果属于购进出口的货物，退还前一环节对其已征的消费税。

2.出口免税但不退税

出口企业出口或视同出口适用增值税免税政策的货物，免征消费税，但不退还其以前环节已征的消费税，且不允许在内销应税消费品应纳消费税税款中抵扣。

3.出口不免税也不退税

出口企业出口或视同出口适用增值税征税政策的货物，应按规定缴纳消费税，不退还其以前环节已征的消费税，且不允许在内销应税消费品应纳消费税税款中抵扣。

二、消费税退税的计税依据

出口货物的消费税应退税额的计税依据，按购进出口货物的消费税专用缴款书和海关进口消费税专用缴款书确定。

（1）属于从价定率计征消费税的，为已征且未在内销应税消费品应纳税额中抵扣的购进出口货物金额。

（2）属于从量定额计征消费税的，为已征且未在内销应税消费品应纳税额中抵扣的购进出口货物数量。

（3）属于复合计征消费税的，按从价定率和从量定额的计税依据分别确定。

三、消费税退税的计算

消费税应退税额=从价定率计征消费税的退税计税依据×比例税率+从量定额计征消费税的退税计税依据×定额税率

第五节　征收管理

一、征税环节（★★）

消费税的征税环节已在前面的内容中讲解过，此处按不同的征税环节进行总结归纳，再次进行复习。

环节	适用的情形
生产环节	消费税征收的主要环节，所有应税消费品（除金银首饰、铂金首饰、钻石和钻石饰品以外）
移送环节（自产应税消费品需要视同销售的）	自产应税消费品用于连续生产非应税消费品。 自产应税消费品用于馈赠、赞助、集资、广告、样品、奖励、管理部门和非生产机构使用、提供劳务、集体福利、个人消费、在建工程、无形资产、不动产、换取生产或消费资料、投资入股、抵偿债务
进口环节	进口的应税消费品
委托加工收回环节	符合条件的委托加工行为，由受托方在向委托方交货时（委托方提货时）代收代缴消费税。 受托方为个人的（含个体工商户），由委托方收回后缴纳
批发环节	卷烟、电子烟（加征）
零售环节	金银首饰、铂金首饰、钻石和钻石饰品（仅在零售环节征）。 超豪华小汽车（加征）

二、纳税义务发生时间（★★★）

纳税人销售的应税消费品，其纳税义务发生时间如下。

应税行为		纳税义务发生时间
生产销售（同增值税）	一般规定	收讫销售款或者取得索取销售款凭据的当天
	赊销和分期收款	（1）书面合同规定的收款日期的当天。 （2）书面合同没有约定收款日期或者无书面合同的，为发出应税消费品的当天
	预收货款结算方式	发出应税消费品的当天
	采取托收承付和委托银行收款	发出应税消费品并办妥托收手续的当天
自产自用（同增值税）		移送使用的当天

续表

应税行为	纳税义务发生时间
委托加工	纳税人提货的当天
进口的应税消费品（同增值税）	报关进口的当天

提示：除了委托加工以外，其他应税行为消费税的纳税义务发生时间基本和增值税保持一致。

典例研习·3-37 2022年单项选择题

下列说法中，符合消费税纳税义务发生时间规定的是（   ）。

A.进口应税消费品的，为报关进口的当天

B.采取预收货款结算方式的，为收到预收款的当天

C.采取分期收款结算方式的，为发出应税消费品的当天

D.委托加工应税消费品的，为支付加工费的当天

斯尔解析 本题考查消费税的纳税义务发生时间。

选项B不当选，采取预收货款结算方式的，纳税义务发生时间为发出应税消费品的当天。

选项C不当选，纳税人采取分期收款结算方式的，纳税义务发生时间为书面合同约定的收款日期的当天；书面合同没有约定收款日期或者无书面合同的，为发出应税消费品的当天。

选项D不当选，纳税人委托加工的应税消费品的，纳税义务发生时间为纳税人提货的当天。

本题答案 A

三、纳税期限和纳税地点（★★）

（一）纳税期限

消费税的纳税期限分别为1日、3日、5日、10日、15日、1个月或者1个季度。

纳税人以1个月或者1个季度为1个纳税期的，自期满之日起15日内申报纳税。以其他期限纳税的，自期满之日起5日内预缴税款，于次月1日起15日内申报纳税并结清上月税款。

纳税人进口应税消费品，应当自海关填发海关进口消费税专用缴款书之日起15日内缴纳税款。

提示：消费税的纳税期限和税款缴纳期限与增值税基本一致。

（二）纳税地点

（1）纳税人销售的应税消费品，以及自产自用的应税消费品，应当向纳税人机构所在地或者居住地的主管税务机关申报纳税。

纳税人的总机构与分支机构不在同一县（市）的，应当分别向各自机构所在地的主管税务机关申报纳税。经财政部、国家税务总局或者其授权的财政、税务机关批准，可以由总机构汇总向总机构所在地的主管税务机关申报纳税。

（2）委托加工的应税消费品，除受托方为个人外，由受托方向机构所在地或者居住地的主管税务机关解缴消费税税款。

提示：受托方为个人的情况下，由委托方向其机构所在地的主管税务机关申报纳税。

（3）进口的应税消费品，由进口人或者其代理人向报关地海关申报纳税。个人携带或者邮寄进境的应税消费品的消费税，连同关税由海关一并计征。

（4）纳税人到外县（市）销售或者委托外县（市）代销自产应税消费品的，于应税消费品销售后，向机构所在地或者居住地主管税务机关申报纳税。

│典例研习·3-38 模拟单项选择题

下列关于消费税纳税申报的说法，正确的是（ ）。

A.卷烟批发企业的总机构与分支机构不在同一县市的，由总机构向其所在地的主管税务机关申报缴纳消费税

B.金银首饰经营单位进口金银首饰在报关地海关缴纳进口环节消费税

C.生产企业总机构与分支机构不在同一县市的，由总机构向其所在地的主管税务机关申报缴纳消费税

D.委托加工的应税消费品由委托方向其机构所在地或居住地主管税务机关申报缴纳消费税

🔍**斯尔解析** 本题考查消费税的纳税地点。

选项B不当选，金银首饰在零售环节纳税，进口金银首饰不缴纳消费税。

选项C不当选，纳税人的总机构与分支机构不在同一县（市）的，应当分别向各自机构所在地的主管税务机关申报纳税；经财政部、国家税务总局或者其授权的财政、税务机关批准，可以由总机构汇总向总机构所在地的主管税务机关申报纳税。

选项D不当选，委托加工的应税消费品，除受托方为个人外，由受托方向机构所在地或者居住地的主管税务机关解缴消费税税款。

▲**本题答案** A

典例研习在线题库

至此，税法（Ⅰ）的学习已经进行了60%，继续加油呀！

60%

第四章　城市维护建设税

学习提要

重要程度：非重点章节

平均分值：2~4分

考核题型：客观题、综合分析题

本章提示：本章内容较少，学习难度较低，为非重点章节，主要掌握城市维护建设税的税率和计税依据的规定。此外城市维护建设税经常和增值税、消费税结合命题，需灵活应对

考点精讲

一、城市维护建设税的特点

（1）属于一种附加税，没有独立的征税对象，而是以纳税人实际缴纳的增值税、消费税（以下或简称"两税"）税额为计税依据，随"两税"同时征收。

（2）征收范围较广，这是因为"两税"在我国现行税制中属于主体税种，征税范围广，城市维护建设税（以下或简称"城建税"）征税范围相应也较广。

（3）根据城镇规模及其维护建设资金需要设计不同的差别比例税率。

| 典例研习 · 4-1 2019年单项选择题

关于城市维护建设税的特点，下列说法错误的是（   ）。

A.特定征税对象

B.属于一种附加税

C.根据城市规模设计税率

D.征收范围较广

⑤**斯尔解析** 本题考查城市维护建设税的特点。

选项A当选，城市维护建设税具有以下特点：（1）属于一种附加税；（2）根据城建规模设计税率；（3）征收范围较广。

🔺**本题答案** A

二、纳税义务人、税率、计税依据和应纳税额计算

（一）纳税义务人和征税范围（★）

（1）凡缴纳增值税、消费税的单位和个人，为城市维护建设税的纳税人。

提示：对外商投资企业、外国企业及外籍个人征收城市维护建设税。

（2）城市维护建设税的扣缴义务人为负有增值税、消费税扣缴义务的单位和个人，在扣缴增值税、消费税的同时扣缴城市维护建设税。

（3）对进口货物或者境外单位向境内销售劳务、服务、无形资产缴纳的增值税和消费税税额，不征收城市维护建设税。

原理详解 💡

如何理解城市维护建设税纳税义务人范围的各项规定？

城市维护建设税是附加税，依附于增值税、消费税而征收，这就决定了城市维护建设税的纳税义务人也是增值税、消费税的纳税义务人；但并不是同时缴纳增值税、消费税两种税才需缴纳城市维护建设税，只要缴纳其中一种税，就是城市维护建设税的纳税人，其中包括其他个人。

但特殊的是，进口环节的增值税、消费税的纳税义务人不缴纳城市维护建设税。之所以要征收城市维护建设税，是因为我们国家的纳税人从事应税活动的时候享受了我们国家的城市建设利益，相应的城市维护建设税的用途是继续作为城市建设维护的。但对于进口货物来说，是在国外生产制造的，货物并没有享受我国的市政利益，因此"进口不征"。相应的，于出口货物来说，是在国内生产制造的，货物享受了我国的市政利益，因此"出口不退"。

（二）税率（★★）

1.三档税率

城市维护建设税按照纳税人所在地的税率执行。按照纳税人所在地的不同，设置了三档**地区差别比例税率**。

纳税人所在地	税率
市区	7%
县城、镇	5%
其他	1%

提示：

（1）城市、县城、建制镇的范围，应以行政区划为标准，不能随意扩大或缩小各自行政区域的管辖范围。

（2）市区、县城、镇按照行政区划确定。行政区划变更的，自变更完成当月起适用新行政区划对应的城市维护建设税税率，纳税人在变更完成当月的下一个纳税申报期按新税率申报缴纳。

| 典例研习 · 4-2　2019年单项选择题

城市维护建设税采用的税率形式是（　　）。

A.产品比例税率 　　　　　　　B.行业比例税率

C.地区差别比例税率 　　　　　D.有幅度的比例税率

本题考查城市维护建设税的税率形式。

选项C当选，城市维护建设税实行地区差别比例税率。市区适用7%的税率，县城、镇适用5%的税率，其他地区适用1%的税率。

⌃本题答案 C

2.适用税率的确定

（1）一般规定：根据纳税人**所在地**确定适用税率。

纳税人所在地，是指纳税人住所地或者与纳税人生产经营活动相关的其他地点，具体地点由省、自治区、直辖市确定。

（2）异地预缴适用税率的确定。

纳税人跨地区提供建筑服务、销售和出租不动产，计税依据及适用税率规定如下：

情形	计税依据及适用税率规定
预缴时	以预缴增值税税额为计税依据，并按**预缴增值税所在地**的城市维护建设税适用税率，**就地**计算缴纳城市维护建设税
申报缴纳时	以其**实际缴纳的增值税税额**为计税依据，并按**机构所在地**的城市维护建设税适用税率计算缴纳城市维护建设税

（3）委托加工由受托方代收、代扣两税时，按缴纳"两税"所在地的规定税率就地缴纳城市维护建设税（即按受托方代收代缴地）。

（4）流动经营等无固定纳税地点的单位和个人，可按纳税人缴纳"两税"所在地的规定税率就地缴纳城市维护建设税。

解题高手👍

命题角度：如何确认城市维护建设税的适用税率？

城市维护建设税的税率一般看"机构所在地"，特殊情况看"缴纳地"。

题目中一般会注明纳税人设立的地区或者所在地，例如"某市某公司"，或者"位于某县城的某企业"等，这时候需要考生牢记城市维护建设税的税率，根据题目中的条件直接作出判断。

同时，城市维护建设税的税率适用的特殊情形，也容易在客观题中以计算题的形式考查。

例如：委托加工应税消费品，应该由受托方代收代缴消费税（受托方为个人时除外），那么相应的城市维护建设税，也应该由受托方代收代缴，所以如果题目中给出，应该采用受托方所在地的城市维护建设税税率。

▍典例研习·4-3　2021年单项选择题

关于城市维护建设税适用税率，下列说法错误的是（　　）。

A.撤县建市后，纳税人所在地为市区的，适用税率7%

B.纳税人跨地区出租不动产，按机构所在地适用税率征税

C.委托某企业加工应税消费品，按受托方所在地适用税率征税

D.行政区划变更的，自变更完成的当月适用新行政区划对应的城市维护建设税的税率

斯尔解析　本题考查城市维护建设税税率的适用。

选项B当选，纳税人跨地区出租不动产，应在不动产所在地预缴增值税时，以预缴的增值税税额为计税依据，并按预缴增值税所在地的城市维护建设税适用税率，计算城市维护建设税。

本题答案　B

▍典例研习·4-4　模拟单项选择题

设在县城的甲企业代收代缴市区乙企业的消费税，对乙企业城市维护建设税的处理办法是（　　）。

A.由乙企业在市区按7%税率缴纳城市维护建设税

B.由甲企业按7%的税率代收代缴乙企业的城市维护建设税

C.由乙企业按7%的税率自行选择纳税地点

D.由甲企业按5%的税率代收代缴乙企业的城市维护建设税

斯尔解析　本题考查城市维护建设税的适用税率。

选项D当选，由受托方代扣代缴、代收代缴"两税"的单位和个人，其代扣代缴、代收代缴的城市维护建设税按受托方所在地适用税率执行。

本题答案　D

▍典例研习·4-5　2022年单项选择题改编

位于某市的生产企业为增值税一般纳税人，2023年8月转让一幢位于某县的办公楼取得含税收入800万元，办公楼于2015年购入，购入价为500万元，企业选择简易计税办法计税。该企业当月应预缴城市维护建设税（　　）万元。

A.0.44　　　　　　　　　　　　B.0.71

C.1　　　　　　　　　　　　　D.1.9

斯尔解析　本题考查城市维护建设税的计算。

选项B当选，一般纳税人转让取得（不含自建）的不动产，选择简易计税方法计税的，以取得的全部价款和价外费用扣除不动产购置原价或者取得不动产时的作价后的余额为销售额，按照5%征收率计算应纳税额。故预缴增值税=（800−500）÷（1+5%）×5%=14.29（万元）。

预缴时，以预缴增值税税额为计税依据，并按预缴增值税所在地的城市维护建设税适用税率，就地计算缴纳城市维护建设税。

故预缴城市维护建设税=14.29×5%=0.71（万元）

选项A不当选，误用征收率3%计算预缴增值税额。

选项C不当选，误用税率7%计算预缴城市维护建设税。

选项D不当选，销售额未扣减不动产购置原价。

本题答案　B

（三）计税依据（★★）

（1）城市维护建设税的计税依据，是指纳税人依法实际缴纳的增值税、消费税税额。不包括加收的滞纳金和罚金。

（2）对实行增值税期末留抵退税的纳税人，其退还的增值税期末留抵税额应在计税依据中扣除。

提示：纳税人自收到留抵退税额之日起，应当在下一纳税申报期从城建税计税依据中扣除。当期未扣除完的余额，可以在以后申报期按规定继续扣除。

（3）对于增值税小规模纳税人更正、查补此前按照一般计税方法确定的城市维护建设税计税依据，允许扣除尚未扣除完的留抵退税额。

提示：2020年12月31号之前，一般纳税人有一次转登记为小规模纳税人的机会，目前政策已失效，但是会存在一部分小规模纳税人之前是一般纳税人的情形，因此有了该规定。

（4）生产企业出口货物实行免、抵、退税办法后，当期免抵的增值税税额应纳入城市维护建设税的计征范围，分别按规定的税（费）率征收城市维护建设税和教育费附加。

（5）对由于减免"两税"而发生的退税，同时退还已纳的城市维护建设税。但对出口产品退还"两税"的，不退还已缴纳的城市维护建设税。

（6）对"两税"实行先征后返、先征后退、即征即退办法的，除另有规定外，对随"两税"附征的城市维护建设税，一律不予退（返）还。

原理详解 💡

如何理解关于城市维护建设税的计税依据的相关规定？

（1）免抵的增值税需要纳入城市维护建设税的计税依据，是因为对于适用出口免、抵、退政策的纳税人来说，内销部分正常缴纳城市维护建设税，出口退税部分不退还城市维护建设税，但因为免抵部分的退税额冲减了内销部分的应纳增值税，导致城市维护建设税的税基变小，而这部分是应当正常缴纳城市维护建设税的，所以需要计入城市维护建设税的计税依据中。

（2）留抵退税可以从城市维护建设税的计税依据中扣除，是因为留抵退税退还的是未抵扣完的进项税额，退还后实际增加了日后的应纳税额，所以退还的部分不应该计入城市维护建设税的计税依据中，应予以扣除。

解题高手

命题角度：城市维护建设税计税依据的计算。

简要记忆为：进口不征、出口不退、免抵要交、留抵可扣、减免不征。

"两税"征收情况	具体情形	城市维护建设税规定
征收	实际缴纳的"两税"	征收
	进口货物、劳务、服务和无形资产缴纳的"两税"	不征收
减免	"两税"按规定享受减免的	不征收
退（返）还	出口产品退还的"两税"	不退（征收）
	出口产品免抵的增值税	征收
	增值税期末留抵退税	不征收（从计税依据中扣除）
	享受"两税"先征后返、先征后退、即征即退而退还的税额	不退（征收）

典例研习·4-6 模拟多项选择题

下列关于城市维护建设税的说法中，正确的有（　　　）。

A.增值税实行即征即退办法的，随增值税附征的城市维护建设税予以退还

B.城市维护建设税的适用税率，一般按纳税人所在地适用税率确定

C.城市维护建设税的计税依据是纳税人应缴纳的增值税和消费税

D.海关对进口产品代征消费税和增值税的，不征收城市维护建设税

E.对境外单位向境内销售劳务缴纳的增值税和消费税额，应征收城市维护建设税

斯尔解析 本题考查城市维护建设税的相关规定。

选项A不当选，对增值税实行先征后返、先征后退、即征即退办法的，除另有规定外，对随增值税附征的城市维护建设税和教育费附加，一律不予退还。

选项C不当选，城市维护建设税的计税依据，是纳税人实际缴纳的增值税和消费税。

选项E不当选，境外单位向境内销售劳务、服务、无形资产缴纳的增值税和消费税额，不征收城市维护建设税。

▲本题答案 BD

典例研习·4-7　2022年多项选择题

下列税额作为城市维护建设税计税依据的有（　　）。

A.增值税期末留抵税额

B.增值税免抵税额

C.直接减免的增值税、消费税

D.实际缴纳的增值税、消费税

E.进口环节缴纳的消费税

斯尔解析　本题考查城市维护建设税的计税依据。

选项B当选，生产企业出口货物实行免、抵、退税办法后，当期免抵的增值税税额应纳入城市维护建设税的计征范围，分别按规定的税（费）率征收城市维护建设税和教育费附加。

选项D当选，城市维护建设税的计税依据，是指纳税人依法实际缴纳的增值税、消费税税额。

选项A不当选，对实行增值税期末留抵退税的纳税人，其退还的增值税期末留抵税额应在城市维护建设税计税依据中扣除。

选项C不当选，依照增值税、消费税相关法律法规和税收政策规定，直接减征或免征的增值税、消费税税额同时减免城市维护建设税。

选项E不当选，城市维护建设税计税依据不包括因进口货物或境外单位和个人向境内销售劳务、服务、无形资产缴纳的增值税、消费税税额。

本题答案　BD

（四）应纳税额的计算（★★★）

应纳税额＝（实际缴纳的增值税＋实际缴纳的消费税税额）×适用税率

典例研习·4-8　教材例题改编

位于市区的某企业，可享受增值税即征即退政策，2023年11月缴纳增值税247万元，缴纳消费税300万元，因故被加收滞纳金0.25万元，另收到10月增值税即征即退退税款100万元。请计算该企业实际应纳城市维护建设税额。

斯尔解析

滞纳金不计入城市维护建设税的计税依据；即征即退税款不退还附征的城市维护建设税。

综上，应纳城市维护建设税额＝（247+300）×7%=38.29（万元）。

| 典例研习·4-9

甲企业是设立在某市区的增值税一般纳税人。既从事嵌入式软件产品的生产销售，按规定可以享受超税负3%即征即退的增值税优惠；又有其他自产产品出口，适用免抵退税政策。2023年9月，甲企业计算并申报缴纳增值税100万元，经计算并办理增值税即征即退税额50万元，免抵退税计算产生当期免抵税额10万元。当月以一般贸易方式进口原材料一批，由海关代征增值税税额5万元。计算该企业当期应缴纳的城市维护建设税。

🔍 斯尔解析

（1）甲企业申报缴纳增值税100万元，需同时缴纳城建税=100×7%=7（万元）。

（2）甲企业申报的免抵税额10万元，需缴纳城建税=10×7%=0.7（万元）。

（3）甲企业办理增值税即征即退税额50万元时，对在缴纳增值税时已经附征的城建税3.5万元（50×7%）不予退还。

（4）甲企业对在进口环节由海关代征增值税税额5万元时不需要随同缴纳城建税。

综上，甲企业当月城建税应纳税额=7+0.7=7.7（万元）。

三、税收优惠和征收管理

（一）税收优惠（★★）

城市维护建设税原则上不单独规定减免税。但是，针对一些特殊情况，财政部和国家税务总局作出了一些特别税收优惠规定：

记忆提示	优惠幅度	具体规定
国家重大水利工程建设	免征	为支持国家重大水利工程建设，对国家重大水利工程建设基金免征城市维护建设税
小规模	减免	自2023年1月1日至2027年12月31日，对增值税小规模纳税人、小型微利企业和个体工商户减半征收城市维护建设税
黄金交易和期货交易	免征	（1）对黄金交易所会员单位通过黄金交易所销售且发生实物交割的标准黄金，免征城市维护建设税。 （2）对上海期货交易所会员和客户通过上海期货交易所销售且发生实物交割并已出库的标准黄金，免征城市维护建设税
创业就业	扣减	退役士兵创业就业及重点群体创业就业按照相关规定减免城市维护建设税
金融相关	免征	经中国人民银行依法决定撤销的金融机构及其分设于各地的分支机构（包括被依法撤销的商业银行、信托投资公司、财务公司、金融租赁公司、城市信用社和农村信用社），用其财产清偿债务时，免征被撤销金融机构转让货物、不动产、无形资产、有价证券、票据等应缴纳的城市维护建设税

提示：至2027年12月31日，对经营性文化事业单位转制为企业中资产评估增值、资产转让或划转涉及的城市维护建设税，符合现行规定的享受相应税收优惠政策。

（二）征收管理（★）

城市维护建设税的纳税义务发生时间、纳税地点、纳税期限比照增值税、消费税的相应规定，城市维护建设税分别与增值税、消费税同时缴纳。

对增值税免抵税额征收的城市维护建设税，纳税人应在税务机关核准免抵税额的下一个纳税申报期内向主管税务机关申报缴纳。

| 典例研习·4-10 模拟单项选择题

下列行为中，不需要缴纳城市维护建设税的是（　　）。

A.事业单位出租房屋行为

B.企业购买房屋行为

C.煤矿开采原煤并销售的行为

D.金融机构之间开展的转贴现业务

斯尔解析 本题考查城市维护建设税的计税依据。

选项B当选，企业购买房屋只需要缴纳契税，不需要缴纳增值税，因此也不需要缴纳城市维护建设税。

选项A不当选，事业单位出租房屋的行为需要缴纳增值税，同时缴纳城市维护建设税。

选项C不当选，煤矿开采原煤并出售需要同时缴纳资源税和增值税，因此需要缴纳城市维护建设税。

选项D不当选，金融机构之间开展转贴现业务需要按照"贷款服务"计算缴纳增值税，因此需要缴纳城市维护建设税。

本题答案 B

典例研习在线题库

至此，税法（Ⅰ）的学习已经进行了62%，继续加油呀！

62%

第五章 土地增值税

学习提要

重要程度：重点章节

平均分值：18分

考核题型：所有题型

本章提示：本章为税法（Ⅰ）中的重要章节，学习难度较大，熟练掌握不同情形下关于土地增值税扣除项目的规定，还需要结合习题多加练习

考点精讲

第一节　土地增值税概述、纳税义务人及征税范围

一、概念及特点（★）

1.概念

土地增值税是对有偿转让国有土地使用权、地上的建筑物及其他附着物（以下或简称"转让房地产"）所取得的增值额为征税对象，依照规定税率征收的一种税。

2.特点

（1）以增值额为计税依据：我国土地增值税属于"土地转让增值税"的类型，将土地、房屋的转让收入合并征收。

作为计税依据的增值额，是纳税人转让房地产的收入减除税法规定准予扣除项目金额后的余额。

（2）征税面比较广：凡在我国境内转让房地产并取得收入的单位和个人，不论其经济性质，无论专营或兼营房地产业务，均有缴纳土地增值税的义务。

（3）实行四级超率累进税率：增值率高的，适用的税率高、多纳税；增值率低的，适用的税率低、少纳税。

二、纳税义务人（★★）

纳税义务人为转让房地产并取得收入的单位和个人。

单位包括各类企业单位、事业单位、国家机关、社会团体以及其他组织。个人包括个体工商户和自然人个人。

提示：不论是法人还是自然人，不论内资企业还是外资企业，不论经济性质，只要有偿转让房地产并取得收入，就是土地增值税的纳税义务人，均应按《中华人民共和国土地增值税暂行条例》的规定照章纳税。

三、征税范围（★★★）

1.基本征税范围

纳税人有偿转让国有土地使用权、地上建筑物及其附着物。

（1）转让国有土地使用权。

土地增值税只对企业、单位和个人等经济主体转让国有土地使用权的行为课税。

政府出让土地的行为及取得的收入不在土地增值税的征税范围之列。

（2）地上的建筑物及其附着物连同国有土地使用权一并转让。

提示：包括转让新建房产和转让旧房。

①转让新建房产是指纳税人取得了国有土地使用权，并进行房产开发后出售房产，土地使用权一并随之转让。

②凡是已使用一定时间或达到一定磨损程度的房产均属于旧房。使用时间和磨损程度标准可由各省、自治区、直辖市财政部门和税务部门具体规定。

原理详解

企业如何理解国有土地使用权转让和出让？

（1）国有土地使用权出让，是指国家以土地所有者的身份将土地使用权在一定年限内让与土地使用者，并由土地使用者向国家支付土地出让金的行为。由于土地使用权的出让方是国家，出让收入在性质上属于政府凭借所有权在土地一级市场上收取租金，所以，政府出让土地的行为及取得的收入不在土地增值税的征税范围之列。

（2）国有土地使用权转让，是指土地使用者通过向国家支付土地出让金等形式取得土地使用权后，将土地使用权再转让的行为，包括出售、交换和赠与，是土地使用权转让的二级市场。

2.征税范围的特殊规定

行为	征收土地增值税	不征/免征土地增值税
合作建房 （一方出土地， 一方出资金）	建成后转让	建成后分房自用，暂免征收
房地产抵押	抵押期满后，如果发生了房地产权属转移的，例如以房地产抵债而发生权属转让	抵押期间产权没有发生权属变更的，不征
房地产赠与	一般的赠与	房地产的（特定）赠与，不征收土地增值税，仅指以下情况（无收入）： （1）房产所有人、土地使用权所有人将房屋产权、土地使用权赠与直系亲属或承担直接赡养义务的人。 （2）房产所有人、土地使用权所有人通过中国境内非营利的社会团体、国家机关将房屋产权、土地使用权赠与教育、民政和其他社会福利、公益事业
房地产出租、评估增值	—	没有发生权属转移，不征

续表

行为	征收土地增值税	不征/免征土地增值税
房地产代建房行为	—	没有发生权属转移，取得的收入为劳务性质收入，不征
房地产继承	—	被继承人没有因为权属变更取得任何收入，不征
国家收回国有土地使用权、征收地上的建筑物及附着物	—	免征

解题高手

命题角度：土地增值税征税范围的判断。

(1) 权属未发生转移不征收土地增值税（实质重于形式）。

(2) 未取得收入不征收土地增值税（继承、两类赠与）。

(3) 注意对比记忆土地增值税范围的特殊情形：

征收土地增值税的情形	不征/免征土地增值税的情形
①土地使用权的转让；地上建筑物连同土地使用权一并转让。 ②直接以房产抵债，发生权属转让的。房地产的抵押，抵押期满后权属转移的。 ③合作建房，建成后转让。 ④将房地产赠与，除右侧列明项目之外的其他单位或个人	①土地使用权出让不征收。 ②房地产的出租不征收。 ③房地产的继承不征收。 ④房地产的重新评估不征收。 ⑤房地产的代建房行为不征收。 ⑥房地产的抵押，在抵押期间没有发生权属变更的不征收。 ⑦合作建房，建成后按比例分房自用的，暂免征收。 ⑧下列两类赠与不征收： a.将房地产赠与直系亲属或承担直接赡养义务的人。 b.将房地产通过中国境内非营利社会团体、国家机关赠与教育、民政、其他社会福利和公益事业

典例研习·5-1 模拟单项选择题

下列房地产交易行为中，应当计算缴纳土地增值税的是（   ）。

A.政府出让土地使用权

B.非营利的慈善组织将合作建造的房屋转让

C.房地产开发企业代客户进行房地产开发，开发完成后向客户收取代建收入

D.房地产公司出租高档住宅

斯尔解析 本题考查土地增值税的征税范围。

选项B当选，合作建房，对于一方出土地，一方出资金，双方合作建房，建成后转让的，应征收土地增值税。

选项A不当选，政府出让土地不在土地增值税的征税范围。

选项C不当选，代建房，是指房地产开发公司代客户进行房地产开发，开发完成后向客户收取代建收入的行为，对房地产开发公司而言，虽然取得了收入，但没有发生房地产权属的转移，其收入性质属于劳务性质的收入，故不属于土地增值税的征税范围。

选项D不当选，房地产公司出租高档住宅，没有发生房地产权属的转移，不征收土地增值税。

本题答案 B

典例研习·5-2 模拟单项选择题

下列行为中，属于土地增值税征税范围的是（   ）。

A.某企业将一处房产用于抵债

B.某企业通过福利机构将一套房产无偿赠与养老院

C.某人将自有的一套闲置住房出租

D.某人将自有房产无偿赠与子女

斯尔解析 本题考查土地增值税的征税范围。

选项A当选，以房地产抵债属于土地增值税的征税范围。

选项BD不当选，房地产的（特定）赠与不征收土地增值税。这里的赠与，仅指以下情况：

（1）房产所有人、土地使用权所有人将房屋产权、土地使用权赠与直系亲属或承担直接赡养义务的人。

（2）房产所有人、土地使用权所有人通过中国境内非营利的社会团体、国家机关将房屋产权、土地使用权赠与教育、民政和其他社会福利、公益事业。

选项C不当选，房地产的出租，没有发生房地产权属的转移，不征收土地增值税。

本题答案 A

| 典例研习·5-3　2020年多项选择题

下列行为属于土地增值税征税范围的有（　　）。

A.抵押期间的房地产抵押

B.房地产的评估增值

C.房地产的继承

D.将房地产捐赠给关联企业

E.合作建房，建成后转让

Ⓢ 斯尔解析　本题考查土地增值税的征税范围。

选项D当选，不征收土地增值税的赠与行为只包括以下两种：（1）将房地产赠与直系亲属或承担直接赡养义务人；（2）公益性赠与。除以上两种之外的房地产赠与行为都要征收土地增值税。

选项E当选，合作建房，建成后分房自用的，暂免征收土地增值税；建成后转让的，应征土地增值税。

选项AB不当选，没有发生房地产权属的转移，不属于土地增值税的征收范围。

选项C不当选，房地产的继承虽然发生了权属变更，但作为房产产权、土地使用权的原所有人（即被继承人）并没有因为权属变更而取得任何收入，因此，其不属于土地增值税的征税范围。

🔺本题答案　DE

第二节　税率、计税依据及应纳税额的计算

517 5-2-1

一、税率（★★★）

土地增值税四级超率累进税率表：

级数	增值额与扣除项目金额的比率	税率	速算扣除系数
1	未超过50%的部分	30%	0
2	超过50%未超过100%的部分	40%	5%
3	超过100%未超过200%的部分	50%	15%
4	超过200%的部分	60%	35%

二、计税依据（★★★）

土地增值税的计税依据是转让房地产所取得的**增值额**。转让房地产的增值额，是转让房地产的收入减除税法规定的扣除项目金额后的余额。

提示：土地增值额的大小，取决于转让房地产的收入额和扣除项目金额两个因素。

（一）收入额的确定（★★）

1.基本规定

纳税人转让房地产取得的收入，是指转让房地产的全部价款及有关的经济收益，包括货币收入、实物收入和其他收入在内的全部价款及有关的经济价值。

营改增后，纳税人转让房地产的土地增值税应税收入为不含增值税的收入。

| 典例研习·5-4 2020年单项选择题

2023年5月，某房地产开发公司销售自行开发的房地产30 000平方米，取得不含税销售额60 000万元。将5 000平方米用于抵顶供应商等值的建筑材料。将1 000平方米对外出租，取得不含税租金56万元。该房地产开发公司在计算土地增值税时的应税收入为（　　）万元。

A.60 000　　　　　　　　　　　B.60 056

C.70 000　　　　　　　　　　　D.70 056

斯尔解析 本题考查土地增值税应税收入的计算。

选项C当选，用于抵顶供应商等值的建筑材料的5 000平方米应视同销售确认收入。

对外出租的1 000平方米，权属未发生转移，不征收土地增值税，无须确认应税收入。

土地增值税的应税收入=60 000+60 000÷30 000×5 000=70 000（万元）

选项A不当选，未将抵顶材料的5 000平方米视同销售确认收入。

选项B不当选，误将租金作为土地增值税应税收入，且未将抵顶材料的5 000平方视同销售确认收入。

选项D不当选，误将租金作为土地增值税应税收入。

本题答案 C

解题高手

命题角度：含税收入如何换算为不含税收入？

注意此处与增值税的结合，特别注意增值税差额计征时，先单独计算增值税，再用含税收入减增值税金额，得到不含增值税收入，不能直接用价税分离计算应税收入。不同情形总结如下表。

情形		计税方法	增值税	土地增值税应税收入
房企转让新建房		一般计税	销项税额=（含税收入−地价款）÷（1+9%）×9%	应税收入=含税收入−销项税额
		简易计税	应纳税额=含税收入÷（1+5%）×5%	应税收入=含税收入−应纳税额 或：应税收入=含税收入÷（1+5%）
转让旧房	自建	一般计税	销项税额=含税收入÷（1+9%）×9%	应税收入=含税收入−销项税额 或：应税收入=含税收入÷（1+9%）
		简易计税	应税税额=含税收入÷（1+5%）×5%	应税收入=含税收入−应纳税额 或：应税收入=含税收入÷（1+5%）
	非自建	一般计税	销项税额=含税收入÷（1+9%）×9%	应税收入=含税收入−销项税额 或：应税收入=含税收入÷（1+9%）
		简易计税	应纳税额=（含税收入−买价）÷（1+5%）×5%	应税收入=含税收入−应纳税额

典例研习·5-5

某房地产开发公司为增值税一般纳税人，专门从事高档住宅商品房开发。2023年3月2日，对其建设的A项目进行清算（采用一般计税方法）。该项目相关信息如下：

（1）该项目可售建筑面积18 000平方米，截止到清算前，已出售面积为16 200平方米，取得含税收入50 000万元。

（2）取得土地使用权时向政府支付地价款8 000万元，并缴纳了契税。

要求：

计算土地增值税清算时的应税收入。

斯尔解析

房地产开发企业销售自行开发的房地产项目一般计税方法下以差额作为销售额，不含税销售额=（全部价款和价外费用−当期允许扣除的土地价款）÷（1+9%）。

当期允许扣除的土地价款不包含契税，并且要按照当期房地产销售面积占总可售面积的比例分摊计算。

销项税额=（50 000−8 000×16 200÷18 000）÷（1+9%）×9%=3 533.94（万元）

应税收入=50 000−3 533.94=46 466.06（万元）

| 典例研习 · 5-6

位于市区的甲公司（非房地产开发企业）为增值税一般纳税人。2023年3月转让一栋2015年自建的办公楼，取得含税收入8 000万元，甲公司对于转让"营改增"之前自建的办公楼选择简易征收方式。

要求：

计算土地增值税的应税收入。

⑤ 斯尔解析

应税收入=8 000÷（1+5%）=7 619.05（万元）

提示：一般纳税人转让其2016年4月30日前自建取得的不动产，选择适用简易计税方法的，以取得的全部价款和价外费用为销售额，按照5%的征收率计算应纳税额。因此在计算土地增值税应税收入时可以直接价税分离。

2.非货币收入的确认

收入项目	收入的确认
实物收入	按取得收入时的市场价格折算成货币收入
无形资产收入	进行专门评估，确定其价值后折算成货币收入
外国货币	以取得收入的当天或当月1日国家公布的市场汇价折合成人民币
代收的各项费用	（1）如计入房价向购买方一并收取的，作计税收入。 （2）如未计入房价，在房价之外单独收取的，不作计税收入

提示：房地产赠与、投资等未取得销售收入但应当征收土地增值税的行为应视同销售确认收入计算缴纳土地增值税。

（二）转让新建项目的扣除项目（★★★）

1.取得土地使用权所支付的金额（"项目1"）

取得土地使用权所支付的全额是指纳税人为取得土地使用权所支付的地价款和按国家统一规定缴纳的有关费用，包括两方面的内容：

项目	具体内容
纳税人为取得土地使用权所支付的地价款	（1）以出让方式取得的，为纳税人支付的土地出让金。 （2）以转让方式取得的，为向原土地使用权人实际支付的地价款。 （3）以行政划拨方式取得的，为转让土地使用权时按规定补交的土地出让金
纳税人在取得土地使用权时按国家统一规定缴纳的有关费用	纳税人在取得土地使用权过程中为办理有关手续而缴纳的有关登记、过户等手续费。 提示：房地产开发企业为取得土地使用权所支付的契税，应视同"按国家统一规定缴纳的有关费用"，计入"取得土地使用权所支付的金额"中扣除

2.房地产开发成本（"项目2"）

（1）纳税人房地产开发项目实际发生的成本。主要包括：

项目	具体内容
土地征用及拆迁补偿费	土地征用费、**耕地占用税**、劳动力安置费及有关地上、地下附着物拆迁补偿的净支出、安置动迁用房支出等
前期工程费	规划、设计、项目可行性研究和水文、地质、勘察、测绘、"三通一平"等支出
建筑安装工程费	支付给承包单位的建筑安装工程费，以自营方式发生的建筑安装工程费
基础设施费	开发小区内的道路、供水、供电、供气、排污、排洪、通信、照明、环卫、绿化等工程发生的支出
公共配套设施费	包括不能有偿转让的开发小区内公共配套设施发生的支出
开发间接费用	直接组织、管理项目所发生的费用，包括工资、职工福利费、折旧费、修理费、办公费、水电费、劳动保护费、周转房摊销等

原理详解

（1）土地征用费、拆迁补偿费，实际上是在房地产开发过程中做的前期开发工作，使"生地"变"熟地"的一个过程，其属于房地产开发阶段的第一项开发工作，所以应该按照房地产开发成本扣除，有别于取得土地使用权所支付的金额。

（2）注意辨析，在新建房地产扣除项目中，契税属于取得土地使用权所支付的金额，包含在"项目1"中扣除，而耕地占用税则属于房地产开发成本，在"项目2"中扣除。

解题高手

命题角度1：分期分批开发销售情况下房地产开发成本的计算（按比例进行扣除）。

（1）如果出现分期分批开发后再转让房地产的，允许扣除的取得土地使用权所支付的金额，按开发的土地使用权的面积占总面积的比例计算分摊，或按建筑面积计算分摊，也可按税务机关确认的其他方式计算分摊。

（2）如果开发的房地产未全部销售的，允许扣除的取得土地使用权所支付的金额和房地产开发成本按照销售面积占总建筑面积的比例计算分摊。

总结：取得土地使用权所支付的金额需要同时考虑开发比例和销售比例两个比例，房地产开发成本只需要考虑销售比例。

命题角度2：关于契税的扣除。

（1）增值税的规定：房地产开发企业中的一般纳税人销售其开发的房地产项目适用一般计税方法计税的，如果是从政府手中取得的土地使用权，以差额确定销售额。增值税销项税额=（全部价款和价外费用−当期允许扣除的土地价款）÷（1+9%）×9%。

此时减除的土地价款中是不包括契税的。

（2）土地增值税扣除项目的规定：房地产开发企业转让新建房，土地增值税扣除"项目1"为取得土地使用权所支付的金额，该扣除项目1中同时包含地价款和契税。

｜典例研习·5-7

某房地产开发企业开发某房地产项目，取得土地使用权所支付的金额为8 000万元，房地产开发成本为6 000万元，截至2023年12月月末，甲公司使用受让土地面积的90%开发建造一栋写字楼（建筑面积50 000平方米），已经销售45 000平方米，请计算土地增值税清算时允许扣除的取得土地使用权所支付的金额与房地产开发成本。

斯尔解析

取得土地使用权所支付的金额扣除比例为销售面积占受让土地面积的比例，所以需要乘以两个比例，一是建筑面积占受让土地面积的比例，二是销售面积占建筑面积的比例。房地产开发成本只需要乘以销售面积占建筑面积的比例即可。

取得土地使用权所支付的金额=8 000×90%×45 000÷50 000=6 480（万元）

房地产开发成本=6 000×45 000÷50 000=5 400（万元）

合计=6 480+5 400=11 880（万元）

（2）配套设施的扣除。

房地产开发企业开发建造的与清算项目配套的居委会和派出所用房、会所、停车场（库）、物业管理场所、变电站、热力站、水厂、文体场馆、学校、幼儿园、托儿所、医院、邮电通信等公共设施，按以下原则处理：

①建成后产权属于全体业主所有的，其成本、费用可以扣除。

②建成后无偿移交给政府、公用事业单位用于非营利性社会公共事业的，其成本、费用可以扣除。

③建成后有偿转让的，应计算收入，并准予扣除成本、费用。

（3）其他扣除项目规定。

①房地产开发企业销售已装修的房屋，其装修费用可以计入房地产开发成本。房地产开发企业的预提费用，除另有规定外，不得扣除。

②属于多个房地产项目共同的成本费用，应按清算项目可售建筑面积占多个项目可售总建筑面积的比例，计算确定清算项目的扣除金额。

③工程质量保证金的扣除：

房地产开发企业在工程竣工验收后，根据合同约定，扣留建筑安装施工企业一定比例的工程款，作为开发项目的质量保证金，在计算土地增值税时，建筑安装施工企业就质量保证金对房地产开发企业开具发票的，按发票所载金额予以扣除。未开具发票的，扣留的质保金不得扣除。

④房地产开发企业逾期开发缴纳的土地闲置费不得扣除。

⑤拆迁安置费的扣除：

a.用建造的该项目房地产安置回迁户的，安置用房视同销售处理。同时将此确认为房地产开发项目的拆迁补偿费。

b.支付给回迁户的补差价款，计入拆迁补偿费。回迁户支付给房地产开发企业的补差价款，应抵减本项目拆迁补偿费。

c.异地安置，异地安置的房屋属于自行建造的，房屋价值计入本项目的拆迁补偿费。异地安置的房屋属于购入的，以实际支付的购房支出计入拆迁补偿费。

d.货币安置拆迁的，凭合法有效凭据计入拆迁补偿费。

⑥已经计入房地产开发成本的利息支出，应调整至财务费用中计算扣除。

3.房地产开发费用（"项目3"）

房地产开发费用是开发土地和新建房及配套设施的费用简称，是指与房地产开发项目有关的销售费用、管理费用、财务费用。

根据现行财务制度的规定，上述费用直接计入当期损益，不完全按房地产项目进项归集或分配。

在计算土地增值税时不按会计制度上核算的实际发生的费用进行扣除，而必须按照土地增值税法规中规定的下列标准进行扣除。扣除方法如下：

利息支出是否可明确区分	允许扣除的房地产开发费用	提示
纳税人能够按转让房地产项目计算分摊利息支出并能提供金融机构贷款证明	公式一：利息+（取得土地使用权所支付的金额+房地产开发成本）×5%（以内）	利息最高不能超过按商业银行同期同类贷款利率计算的金额，且加息、罚息等均不可扣除
纳税人不能按转让房地产项目计算分摊利息支出或不能提供金融机构贷款证明	公式二：（取得土地使用权所支付的金额+房地产开发成本）×10%（以内）	纳税人全部使用自有资金，没有利息支出的，按此公式扣除（具体比例按规定）

解题高手 👍

命题角度：房地产开发费用的计算。

注意事项总结如下：

（1）公式中的扣除比例5%、10%，是不得超过的比例上限。考试题目中不给出的情况下默认5%，公式二中的10%也是同理。

（2）房地产开发企业既向金融机构借款，又有其他借款的，其房地产开发费用计算扣除时不能同时适用上述公式一、公式二两种办法。

（3）土地增值税清算时，已经计入房地产开发成本的利息支出，应调整至财务费用中计算扣除。如果该部分利息支出纳税人能够按转让房地产项目计算分摊利息支出并能提供金融机构贷款证明，则可以适用公式一，单独扣除利息支出。

（4）利息能够单独扣除时，要考虑销售比例。

精准答疑 🎯

问题1： 从非金融机构借款，未超过金融机构同期同类借款利率的按照上面哪个公式扣除？

解答1： 从非金融机构借款，不满足"能提供金融机构贷款证明"的条件，房地产开发费用按项目1与项目2之和的10%以内计算扣除。即为公式二。

问题2： 如果企业没有借款，如何计算房地产开发费用？

解答2： 如果企业没有借款，而是全部使用自有资金进行开发，按照公式二计算。

问题3： 如果房地产开发企业既向金融机构借款，又向非金融机构借款的，如何计算房地产开发费用？

解答3： 向金融机构借款，如果能同时满足按项目计算分摊和可以提供金融机构贷款证明，则按照公式一计算；否则，按照公式二计算。

| 典例研习 · 5-8 〔2019年单项选择题〕

甲房地产开发公司对一项开发项目进行土地增值税清算，相关资料包括：取得土地使用权支付的金额为40 000万元，房地产开发成本101 000万元，销售费用4 500万元，管理费用2 150万元，财务费用3 680万元，其中包括支付给非关联企业的利息500万元，已取得发票；支付给银行贷款利息3 000万元，已取得银行开具的相关证明，且未超过商业银行同类同期贷款利率。项目所在省规定房地产开发费用扣除比例为5%。不考虑其他情况，该房地产开发公司在本次清算中可以扣除的房地产开发费用为（　　）万元。

A.10 050   B.10 375

C.10 550   D.10 730

> **⑨斯尔解析** 本题考查房企转让新建房土地增值税清算时开发费用的扣除规定。
>
> 选项A当选，房地产开发费用在计算土地增值税时不按照会计制度上核算的实际发生的费用进行扣除，而必须按照土地增值税法规中的相关规定进行扣除。
>
> 纳税人能按转让房地产项目分摊利息支出并能提供金融机构贷款证明的，允许扣除的房地产开发费用=利息+（取得土地使用权所支付的金额+房地产开发成本）×5%（以内）=3 000+（40 000+101 000）×5%=10 050（万元）。
>
> 提示：向非关联企业借款的利息支出500万元，不能提供金融机构贷款证明，不得直接作为利息据实扣除。
>
> **▲本题答案** A

4.与转让房地产有关的税金（"项目4"）

与转让房地产有关的税金，是指在转让房地产时缴纳的城市维护建设税、印花税。因转让房地产缴纳的教育费附加也可视同税金予以扣除。

提示：

（1）营改增后，计算土地增值税增值额的扣除项目中与转让房地产有关的税金不包括增值税。

（2）印花税是指在转让房地产时缴纳的印花税。按照《施工、房地产开发企业财务制度》的有关规定，**房地产开发企业缴纳的印花税列入管理费用，已相应予以扣除，因此，不允许作为与转让环节有关的税金再重复扣除。**其他的土地增值税纳税义务人在计算土地增值税时允许扣除在转让时缴纳的印花税（按照产权转移书据记载的金额的0.5‰计算）。

（3）房地产开发企业实际缴纳的城市维护建设税、教育费附加，凡能够按清算项目准确计算的，允许据实扣除。凡不能按清算项目准确算的，则按该清算项目预缴增值税时实际缴纳的城市维护建设税和教育费附加扣除。

5.其他扣除项目（"项目5"）——仅适用于房地产开发企业销售自行开发的新建房地产项目

（1）从事房地产开发的纳税人可按照取得土地使用权所支付的金额（"项目1"）和房地产开发成本（"项目2"）中的金额之和，加计20%扣除。即：

房地产开发的其他扣除项目=（取得土地使用权所支付的金额+房地产开发成本）×20%

（2）代收费用的处理。

对于县级及县级以上人民政府要求房地产开发企业在售房时代收的各项费用：

情形	是否计入收入	是否可扣除
计入房价向购买方一并收取	计入收入	可以扣除，但不得作为加计20%扣除的基数
未计入房价，在房价之外单独收取	不计入收入	不得扣除

典例研习·5-9　(模拟单项选择题)

房地产开发企业进行土地增值税清算时，下列各项中，允许在计算"其他扣除项目"时扣除的是（　　）。

A.加罚的利息

B.已售精装修房屋的装修费用

C.逾期开发土地缴纳的土地闲置费

D.未取得建筑安装施工企业开具发票的扣留质量保证金

斯尔解析 本题考查房地产开发企业土地增值税清算时其他扣除项目的规定。

房地产开发的其他扣除项目=（取得土地使用权所支付的金额+房地产开发成本）×20%

选项B当选，房地产开发企业销售已装修的房屋，其装修费用可以计入房地产开发成本。

选项A不当选，加息、罚息等均不可扣除。

选项C不当选，房地产开发企业逾期开发缴纳的土地闲置费不得扣除。

选项D不当选，建筑安装施工企业就质量保证金对房地产开发企业开具发票的，按发票所载金额予以扣除。未开具发票的，扣留的质量保证金不得扣除。

本题答案 B

典例研习·5-10　(2021年单项选择题)

关于土地增值税扣除项目，下列说法正确的是（　　）。

A.超过贷款期限的利息，不超过银行同类同期贷款利率水平计算的部分允许扣除

B.土地增值税清算时，已经计入房地产开发成本的耕地占用税，应调整至土地成本中计算扣除

C.房地产开发过程中实际发生的合理的销售费用可以据实扣除

D.为取得土地使用权所支付的价款和已纳契税，应计入取得土地使用权所支付的金额，按照已销售部分分摊确定可以扣除土地成本的金额

斯尔解析 本题考查土地增值税扣除项目的规定。

选项A不当选，超过贷款期限的利息和超过商业银行同期同类贷款利率水平计算的部分都不允许扣除。

选项B不当选，耕地占用税应计入房地产开发成本中扣除。

选项C不当选，销售费用、管理费用、财务费用在计算土地增值税时不按会计制度上核算的实际发生的费用进行扣除，必须按照土地增值税相关规定进行扣除。

本题答案 D

典例研习·5-11 2021年单项选择题

某房地产开发公司为增值税一般纳税人，自2021至2023年开发某地块的房地产项目，可售建筑面积80 000平方米，2023年6月竣工验收并开始销售，截至2024年4月已销售72 000平方米，剩余可售建筑面积用于出租。该项目土地成本20 000万元，开发成本15 000万元，开发费用10 000万元（其中利息支出不能提供金融机构贷款证明），与转让房地产有关的税金782万元。开发费用扣除比例为10%。该公司对该地块的房地产项目进行土地增值税清算时，允许扣除项目金额（　　）万元。

A.35 432 　　　　　　　　　　B.41 732

C.46 282 　　　　　　　　　　D.47 582

斯尔解析 本题考查土地增值税扣除项目的计算。

选项B当选，具体计算过程如下：

出售比例=72 000÷80 000×100%=90%

（1）可以扣除的取得土地使用权所支付的金额=20 000×90%=18 000（万元）。

（2）可以扣除的房地产开发成本=15 000×90%=13 500（万元）。

（3）可以扣除的房地产开发费用=（18 000+13 500）×10%=3 150（万元）。

（4）可以扣除的与转让房地产有关的税金782万元。

（5）房地产开发公司可以扣除的其他扣除项目=（18 000+13 500）×20%=6 300（万元）。

综上，允许扣除项目金额合计数=18 000+13 500+3 150+782+6 300=41 732（万元）。

选项A不当选，未扣除其他扣除项目。

选项C不当选，未按照出售比例计算取得土地使用权所支付的金额和房地产开发成本。

选项D不当选，误以开发费用乘以出售比例作为房地产开发费用。

本题答案 B

（三）转让旧房及建筑物的扣除项目（★★★）

1.能够取得评估价格

扣除项目金额=房屋及建筑物的评估价格+取得土地使用权所支付的金额（"项目1"）+与转让房地产有关的税金（"项目4"）

（1）房屋及建筑物的评估价格是指在转让已使用的房屋及建筑物时，由政府批准设立的房地产评估机构评定的重置成本价乘以成新度折扣率后（非会计折旧率）的价格。评估价格必须经当地税务机关确认。

评估价格=重置成本价×成新度折扣率

此外，因评估发生的评估费准予扣除，但对纳税人因隐瞒、虚报房地产成交价格等情形而按地产评估价格计算征收土地增值税的情形除外。

（2）"项目1"：对取得土地使用权时未支付地价款，或不能提供已支付的地价款凭据的，在计征土地增值税时不允许扣除。

提示：该项扣除一般适用于自建房屋及建筑物，如果是外购的，没有此项扣除。

（3）"项目4"：与转让房地产有关的税金，包括转让房地产时缴纳印花税、城市维护建设税、教育费附加。

提示：地方教育附加是否考虑看题目具体要求。

| 典例研习·5-12

　　A公司销售一幢已经使用过的办公楼，取得不含税收入500万元，办公楼原价480万元（购入发票无法提供），已提折旧300万元。经房地产评估机构评估，该楼的重置成本为800万元，成新度折扣率为五成，计算土地增值税时可以扣除的税费为2.5万元。计算允许扣除项目金额的合计数。

🔍**斯尔解析**

可扣除项目金额=800×50%+2.5=402.5（万元）

2.不能取得评估价格

（1）不能取得评估价格，但能提供购房发票。

取得土地使用权所支付的金额、旧房及建筑物的评估价格按发票所载金额并从购买年度起至转让年度止每年加计5%计算扣除。

扣除项目金额=购房发票所载金额×（1+5%×使用年限）+与转让房地产有关的税金（"项目4"）

①购房发票所载金额不包括购房时缴纳的契税，"使用年限"按购房发票所载日期起至售房发票开具之日止，每满12个月计1年。超过1年，未满12个月但超过6个月的，可以视同为1年。

②与转让房地产有关的税金，包括转让房地产时缴纳印花税、城市维护建设税、教育费附加以及购房时缴纳的契税。

也就是说对纳税人购房时缴纳的契税，凡能提供契税完税凭证的，准予作为"与转让房地产有关的税金"予以扣除，但不作为加计5%的基数。

③取得不同购房发票的扣除项目金额的确定：

购房凭据	发票所载金额的适用
营改增前取得的营业税发票	发票所载金额（不扣减营业税）
营改增后取得的增值税普通发票	照发票所载价税合计金额
营改增后取得的增值税专用发票	发票所载不含增值税金额+不允许抵扣的增值税进项税额

提示：旧房及建筑物的评估价格扣除项只适用于旧（存量）房地产转让。

典例研习·5-13 〔2022年单项选择题〕

某市甲企业2023年1月转让一处仓库取得含税收入2 060万元，无法取得评估价格，企业选择按照简易计税方法计算增值税。该仓库于2015年1月购进，购进时取得购房发票，注明金额800万元。契税完税凭证注明契税24万元。该企业计算土地增值税时允许扣除的项目金额是（　　）万元。（不考虑印花税和地方教育附加）

A.1 126　　　　　　　　　　　　B.1 144

C.1 150　　　　　　　　　　　　D.1 190

🔍**斯尔解析** 本题考查转让旧房及建筑物土地增值税允许扣除项目金额的计算。

选项C当选，具体计算过程如下：

（1）不能取得评估价格，但能够提供购房发票，取得土地使用权所支付的金额、旧房及建筑物的评估价格，可按发票所载金额并从购买年度止每年加计5%计算抵扣。允许扣除项目金额=购房发票所载金额×（1+5%×使用年限）+与转让房地产有关的税金。

（2）与转让房地产有关的税金，包括转让房地产时缴纳印花税、城市维护建设税、教育费附加以及购房时缴纳的契税。一般纳税人转让2016年4月30日前取得的不动产，可以选择简易计税方法，以取得的全部价款和价外费用减除不动产购置原价或取得时的作价，适用5%征收率计算缴纳增值税。

应缴纳增值税=（2 060-800）÷（1+5%）×5%=60（万元）

与转让房地产有关的税金=60×（7%+3%）+24=30（万元）

综上，允许抵扣的项目金额=800×（1+8×5%）+30=1 150（万元）。

选项A不当选，未将契税计入与转让房地产有关的税金。

选项B不当选，未将缴纳的城市维护建设税、教育费附加计入与转让房地产有关的税金。

选项D不当选，误将使用年限算为9年。

▲**本题答案** C

（2）不能取得评估价格，也不能提供购房发票的，由税务机关核定征收。

精准答疑 🎯

问题： 契税什么时候能扣，什么时候不能扣？

解答： 不同情形下契税的扣除处理如下表所示：

情形	契税的扣除	
房地产开发企业销售新建房地产项目（取得土地使用权时支付的契税）	在取得土地使用权所支付的金额（"项目1"）中进行扣除	
销售存量房（购房时支付的契税）	取得评估价格	评估价格中已包含契税，契税不再单独扣除
	按购房发票计算扣除	在与转让房地产有关的税金（"项目4"）中进行扣除

解题高手 👍

命题角度：土地增值税不同情形下扣除项目总结。

（1）转让新建房。

项目	规定
取得土地使用权所支付的金额	①纳税人为取得土地使用权所支付的地价款或土地出让金。 ②纳税人在取得土地使用权时按国家统一规定缴纳的有关费用，包括办理有关手续而缴纳的登记、过户等手续费。 ③房地产开发企业的本项目中包括契税
房地产开发成本	房地产开发成本的扣除规定： ①与清算项目配套的居委会和派出所用房、会所、停车场（库）、物业管理场所、变电站、热力站、水厂、文体场馆、学校、幼儿园、托儿所、医院、邮电通信等公共设施，按以下原则处理： a.产权属于全体业主所有的或无偿移交给政府、公用事业单位用于非营利性社会公共事业的，其成本、费用可以扣除。 b.建成后有偿转让的，计算收入，并准予扣除成本、费用。 ②房地产开发企业销售已装修的房屋，其装修费用可以计入房地产开发成本。 ③属于多个房地产项目共同的成本费用，应按清算项目可售建筑面积占多个项目可售总建筑面积的比例或其他合理的方法，计算确定清算项目的扣除金额。 ④扣留的质量保证金开具发票的，按发票所载金额予以扣除。未开发票的，不得扣除。 ⑤土地闲置费不得扣除。 ⑥房地产开发企业支付给回迁户的补差价款，异地安置自行建造或者购入的房屋，以及货币安置拆迁的，均计入拆迁补偿费中核算。回迁户支付给房地产开发企业的补差价款，抵减拆迁补偿费。 ⑦计入房地产开发成本的资本化利息调至开发费用中扣除

续表

项目	规定
房地产 开发费用	①能够按转让房地产项目计算分摊利息支出并能提供金融机构贷款证明的： 房地产开发费用=利息+（取得土地使用权所支付的金额+房地产开发成本）×5%（以内） 提示：超过国家规定上浮部分的利息不得扣除，超过贷款期限的利息和加罚的利息不允许扣除。 ②不能按转让房地产项目计算分摊利息支出，或不能提供金融机构贷款证明的： 房地产开发费用=（取得土地使用权所支付的金额+房地产开发成本）×10%（以内） ③全部使用自有资金，没有利息支出的，按照第二种方法扣除。 提示：上述两种办法只能二选一，不能同时适用
与转让房地 产有关的 税金	包括转让房地产时缴纳的城市维护建设税、教育费附加(和地方教育附加)。 提示：房地产开发企业缴纳的印花税列入管理费用，已相应予以扣除，因此，不允许作为与转让环节有关的税金再重复扣除
其他 扣除项目	仅限于房地产开发企业，其他纳税人不适用。 从事房地产开发纳税人的其他扣除项目=（取得土地使用权所支付的金额+房地产开发成本）×20%

（2）转让旧房。

包括取得土地使用权所支付的金额（如单独确认）、旧房的价值以及与转让房地产有关的税金三大部分。

情形	扣除项目
能够取得评 估价格的	①取得土地使用权所支付的金额。 ②房屋及建筑物的评估价格。 评估价格=重置成本价×成新度折扣率 提示：评估产生的费用准予扣除。 ③与转让房地产有关的税金：包括印花税、城市维护建设税、教育费附加（和地方教育附加）

续表

情形	扣除项目
不能取得评估价格，但能提供购房发票	①旧房及建筑物的评估价格按发票所载金额并从购买年度起至转让年度止每年加计5%计算扣除。 评估价格=发票所载买价×（1+5%×年数） 其中："每年"按购房发票所载日期起至售房发票开具之日止，每满12个月计1年。超过1年，未满12个月但超过6个月的，可以视同为1年。 ②与转让房地产有关的税金及附加：包括印花税、城市维护建设税、教育费附加（和地方教育附加）。 纳税人购房时缴纳的契税，凡能提供契税完税凭证的，准予作为"与转让房地产有关的税金"予以扣除。 提示：取得不同购房发票的扣除项目金额的确定。 ①营改增前营业税发票，以含营业税的发票所在金额作为基数。 ②营改增后增值税普通发票，以发票所载价税合计金额作为基数。 ③营改增收增值税专用发票，以发票所载不含税金额加上不得抵扣的进项税额作为基数
不能取得评估价格，也不能提供购房发票的	税务机关核定征收

三、应纳税额的计算（★★★）

（一）增值额的确定

1.一般计算公式

增值额=转让房地产取得的收入−扣除项目金额

2.按房地产评估价格计算征收的情形

纳税人有下列情形之一的，按照房地产评估价格计算征收：

（1）隐瞒、虚报房地产成交价格（不申报或少申报）：由评估机构参照同类房地产的市场交易价格进行评估。

（2）提供扣除项目金额不实：由评估机构对该房屋按照评估出的房屋重置成本价，乘以房屋的成新度折扣率，确定房产的扣除项目金额，并用该房产所坐落土地取得时的基准地价或标定地价来确定土地的扣除项目金额，房产和土地的扣除项目金额之和即为该房地产的扣除项目金额。

（3）转让房地产的成交价格低于房地产评估价格，又无正当理由：按评估的市场交易价确定其实际成交价，并以此作为转让房地产的收入计算征收土地增值税。

（二）应纳税额的计算方法

计算步骤：

第一步：计算转让房地产的应税收入总额。

注意计税收入不含增值税。

第二步：计算允许扣除项目的金额。

这里需要注意，按照不同的项目和情形，例如房地产开发企业转让自行开发的新房，转让存量房，扣除项目的规定也不尽相同。

如果有已售部分、未售或者未完工未开发的部分，需要按照相应比例计算分摊，匹配相应的为取得土地使用权所支付的金额和房地产开发成本。

第三步：计算增值额。

土地增值额＝应税收入总额−扣除项目金额

第四步：计算增值率。

增值率＝增值额÷扣除项目金额×100%

并根据增值率确定适用税率和速算扣除系数。

第五步：计算应纳税额。

土地增值税应纳税额＝增值额×适用税率−扣除项目金额×速算扣除系数

| 典例研习·5-14

S房地产开发公司为增值税一般纳税人，2024年8月出售一幢新建写字楼，取得应税收入为18 348.62万元。开发该写字楼有关支出如下：

2019年7月支付地价款3 800万元，并按照规定缴纳契税190万元。

2019年9月动工建设，房地产开发成本4 200万元，其中包括装修费用1 200万元。

财务费用中的利息支出为700万元（可按转让项目计算分摊并提供金融机构证明），其中有60万元是加罚的利息。

允许扣除的有关税金及附加为800万元。

已知：该单位所在地政府规定的其他房地产开发费用计算扣除比例为5%。

根据上述资料计算该房地产开发公司应纳的土地增值税税额。

⑤ 斯尔解析

(1) 取得土地使用权所支付金额=3 800+190=3 990（万元）。

(2) 装修费用允许扣除的房地产开发成本为4 200万元。

(3) 罚息不得在开发费用中扣除，且该利息支出可按转让项目计算分摊并可提供金融机构证明，因此房地产开发费用=（700-60）+（3 990+4 200）×5%=1 049.5（万元）。

(4) 允许扣除与转让房地产有关的税金为800万元。

(5) 从事房地产开发的纳税人可加计20%扣除。

加计扣除额=（3 990+4 200）×20%=1 638（万元）

(6) 允许扣除的项目金额合计=3 990+4 200+1 049.5+800+1 638=11 677.5（万元）。

(7) 增值额=18 348.62-11 677.5=6 671.12（万元）。

(8) 增值率=6 671.12÷11 677.5×100%=57.13%，适用40%税率、速算扣除系数5%。

(9) 应纳税额=6 671.12×40%-11 677.5×5%=2 084.57（万元）。

四、房地产开发企业土地增值税清算

土地增值税清算，是指纳税人在符合土地增值税清算条件后，依照法律、法规计算房地产开发项目应缴纳的土地增值税税额，并向主管税务机关提供有关资料，办理土地增值税清算手续，结清该房地产项目应缴纳土地增值税税款的行为。

（一）清算单位（★）

土地增值税以国家有关部门审批的房地产开发项目为单位进行清算，对于分期开发的项目，以分期项目为单位清算。

开发项目中同时包含普通住宅和非普通住宅的，应分别计算增值额。

（二）清算条件及清算时间要求（★★）

注意区分纳税人应进行土地增值税清算和主管税务机关可以要求纳税人进行土地增值税清算的情形：

情形	纳税人应进行土地增值税清算	主管税务机关可要求纳税人进行土地增值税清算
条件	（1）房地产开发项目全部竣工、完成销售的。 （2）整体转让未竣工决算房地产开发项目的。 （3）直接转让土地使用权的	（1）已竣工验收的房地产开发项目，已转让的房地产建筑面积占整个项目可售建筑面积的比例在85%以上，或该比例虽未超过85%，但剩余的可售建筑面积已经出租或自用的。 （2）取得销售（预售）许可证满3年仍未销售完毕的。 （3）纳税人申请注销税务登记但未办理土地增值税清算手续的

续表

情形	纳税人应进行 土地增值税清算	主管税务机关可要求 纳税人进行土地增值税清算
清算 时间	纳税人应当在满足条件之日起90日内到主管税务机关办理清算手续	（1）纳税人应当在收到主管税务机关下达的清算通知之日起90日内办理清算手续。 （2）对条件情形中第（3）项，应在办理注销登记前进行土地增值税清算

提示：在纳税人应进行清算和主管税务机关可以要求清算的条件中，都是"三者满足其一"即可。

典例研习·5-15　2020年多项选择题

下列情形中，主管税务机关可要求纳税人进行土地增值税清算的有（　　）。

A.纳税人申请注销税务登记但未办理土地增值税清算手续

B.房地产开发项目全部竣工、完成销售

C.已竣工验收的房地产开发项目，已转让的房地产建筑面积占整个项目可售建筑面积的比例未超过85%，但剩余可售建筑面积已经出租或自用

D.取得销售（预售）许可证满2年仍未销售完毕的

E.已竣工验收的房地产开发项目，已转让的房地产建筑面积占整个项目可售建筑面积的比例在85%以上

⑤斯尔解析 本题考查土地增值税的清算条件。

纳税人符合下列条件之一的，主管税务机关可要求纳税人进行土地增值税清算：

（1）已竣工验收的房地产开发项目，已转让的房地产建筑面积占整个项目可售建筑面积的比例在85%以上，或比例未超过85%，但剩余可售建筑面积已经出租或自用。（选项CE当选）

（2）取得销售（预售）许可证满3年仍未销售完毕的。（选项D不当选）

（3）纳税人申请注销税务登记但未办理土地增值税清算手续。（选项A当选）

选项B不当选，属于纳税人应当进行土地增值税清算的情形。

▲本题答案 ACE

（三）清算时收入的确定（★★）

1.已销售的房地产项目

情形	收入的确认
已全额开具商品房销售发票	发票所载金额
未开具发票或未全额开具发票	交易双方签订的销售合同所载的售房金额及其他收益
销售合同所载商品房面积与有关部门实际测量面积不一致	在清算前已发生补、退房款的，应在计算土地增值税时予以调整

2.非直接销售和自用房地产项目

（1）房地产开发企业将自己开发的产品用于职工福利、奖励、对外投资、分红、偿债、换取非货币性资产等，发生所有权转移时应视同销售房地产，其收入按下列方法和顺序确认：

①按本企业在同一地区、同一年度销售的同类房地产的平均价格确定。

②由主管税务机关参照当地当年、同类房地产的市场价格或评估价值确定。

（2）房地产开发企业将开发的部分房地产转为企业自用或用于出租等商业用途时，产权未发生转移的，不征收土地增值税，在税款清算时不列收入，也不扣除相应的成本和费用。

解题高手

命题角度： "视同销售"及"自用和出租"房地产的不同处理。

（1）房地产开发企业发生了视同销售行为，其收入应该予以确认，视同销售这部分房产相对应的开发成本费用等也允许在计算土地增值税时予以扣除。

（2）转为自用或出租的房产，由于产权仍在房地产开发企业，没有发生转移，不属于土地增值税的征税范围，所以这部分自用或出租的房产没有对应的收入，相对应的成本费用都不得在土地增值税的计算中扣除。

（四）扣除项目（★★★）

房地产开发企业办理土地增值税清算时，可扣除：

（1）"项目1"取得土地使用权所支付的金额。

（2）"项目2"房地产开发成本。

（3）"项目3"房地产开发费用。

（4）"项目4"与转让房地产有关的税金。

（5）"项目5"加计扣除项目。

"项目1～项目4"均须提供合法有效的凭证。不能提供合法有效凭证的，不予扣除。

房地产开发企业为取得土地使用权所支付的契税，应视同按国家统一规定缴纳的有关费用，计入"项目1"取得土地使用权所支付的金额中扣除。

（五）土地增值税清算应报送的资料（★）

土地增值税时报送资料的包括：

（1）土地增值税清算表及其附表。

（2）房地产开发项目清算说明。

（3）项目竣工决算报表、取得土地使用权所支付的地价款凭证、国有土地使用权出让合同、银行贷款利息结算通知单、项目工程合同结算单、商品房购销合同统计表、销售明细表、预售许可证等与转让房地产的收入、成本和费用有关的证明资料。

（4）纳税人委托税务中介机构审核鉴证的清算项目，还应报送中介机构出具的《土地增值税清算税款鉴证报告》。

（六）土地增值税清算的受理

（1）主管税务机关已受理的清算申请，纳税人无正当理由不得撤销。

（2）对确定暂不清算的，应继续做好项目管理，每年作出评估，及时确定清算时间并通知纳税人办理清算。

（七）土地增值税的清算审核方法

清算审核包括案头审核、实地审核。

1.案头审核

案头审核是指对纳税人报送的清算资料进行数据、逻辑审核，重点审核项目归集的一致性、数据计算的准确性等。

2.实地审核

实地审核是指在案头审核的基础上，通过对房地产开发项目实地查验等方式，对纳税人申报情况的客观性、真实性、合理性进行审核。

| 典例研习·5-16 　2020年单项选择题

关于房地产开发企业土地增值税的清算，下列说法正确的是（　　）。

A.对于分期开发的项目，以分期项目为单位进行清算

B.清算审核方法包括实地审核和通讯审核

C.主管税务机关已受理的清算申请，纳税人可无理由撤销

D.配套建造的停车库有偿转让的，其成本、费用不得扣除

🔍**斯尔解析** 本题考查土地增值税清算的规定。

选项B不当选，清算审核包括案头审核、实地审核。

选项C不当选，主管税务机关已受理的清算申请，纳税人无正当理由不得撤销。

选项D不当选，配套建造的停车库有偿转让的，其成本、费用可以扣除。

🔺**本题答案** A

（八）土地增值税的核定征收（★）

在土地增值税清算中符合以下条件之一的，可实行核定征收，核定征收率原则上不得低于5%：

（1）依照法律、行政法规的规定应当设置但未设置账簿的。

（2）擅自销毁账簿或者拒不提供纳税资料的。

（3）虽设置账簿，但账目混乱或者成本资料、收入凭证、费用凭证残缺不全，难以确定转让收入或扣除项目金额的。

（4）符合土地增值税清算条件，未按照规定的期限办理清算手续，经税务机关责令限期清算，逾期仍不清算的。

（5）申报的计税依据明显偏低，又无正当理由的。

提示：对于分期开发的房地产项目，各期清算的方式应保持一致。

（九）清算后再转让房地产（★）

在土地增值税清算时未转让的房地产，清算后销售或有偿转让时，纳税人应按规定进行土地增值税的纳税申报，扣除项目金额按清算时的单位建筑面积成本费用乘以销售或转让面积计算。

单位建筑面积成本费用=清算时的扣除项目总金额÷清算的总建筑面积

| 典例研习 · 5-17

甲房地产开发公司开发A项目的可售总面积为10 000平方米，截至2023年8月底销售面积为8 000平方米，取得不含增值税收入8 000万元，计算土地增值税时扣除项目金额合计5 000万元。尚余2 000平方米房屋未销售。2024年1月初，公司将剩余2 000平方米房屋打包销售，收取不含增值税收入2 400万元。

计算公司打包销售的2 000平方米房屋的土地增值税。

斯尔解析

（1）单位建筑面积成本费用=5 000÷8 000=0.625（万元）。

（2）打包销售2 000平方米的扣除项目金额=2 000×0.625=1 250（万元）。

（3）增值额=2 400−1 250=1 150（万元）。

（4）增值率=1 150÷1 250×100%=92%，适用40%税率、速算扣除系数5%。

（5）应缴纳土地增值税=1 150×40%−1 250×5%=397.5（万元）。

提示：销售面积8 000平方米对应的扣除项目金额合计5 000万元，可以计算单位建筑面积成本费用。

第三节　税收优惠和征收管理

一、税收优惠（★★）

（1）转让普通标准住宅，转让旧房作为改造安置住房、公租房、保障性住房的税收优惠。

①纳税人建造普通标准住宅出售，增值额未超过扣除项目金额之和20%的，免征土地增值税；增值额超过扣除项目金额之和20%的，应就其全部增值额按法规计税。

提示：对纳税人既建造普通标准住宅，又建造其他房地产开发的，应分别核算增值额；不分别核算增值额或不能准确核算增值额的，其建造的普通标准住宅不适用该免税规定。

高级公寓、别墅、度假村等不属于普通标准住宅。

②企事业单位、社会团体以及其他组织转让旧房作为改造安置住房房源且增值额未超过扣除项目金额20%的，免征土地增值税。

③对企事业单位、社会团体以及其他组织转让旧房作为公租房房源，且增值额未超过扣除项目金额20%的，免征土地增值税。

④自2023年10月1日起，企事业单位、社会团体以及其他组织转让旧房作为保障性住房房源且增值额未超过扣除项目金额20%的，免征土地增值税。

（2）国家征收、收回的房地产的税收优惠。

①因国家建设需要依法征用、收回的房地产，免征土地增值税。

②因城市实施规划、国家建设的需要而搬迁，由纳税人自行转让原房地产的，免征土地增值税。

（3）对个人销售住房，暂免征收土地增值税。

（4）企业改制重组税收优惠。

企业整体改制重组中，改制前企业将房地产转移至改制后企业的行为，暂不征收土地增值税。但此政策不适用于房地产转移任意一方为房地产开发企业的情形。

原理详解

整体改制包括非公司制企业整体改制为有限责任公司或股份有限公司，有限责任公司（股份有限公司）整体改制为股份有限公司（有限责任公司）。整体改制不改变原企业的投资主体，并承继原企业权利、义务。

以下情形中的房地产转移行为均暂不征收土地增值税：

①两个或两个以上企业合并为一个企业，且原企业投资主体存续的，对原企业将房地产转移、变更到合并后的企业。

②企业分设为两个或两个以上与原企业投资主体相同的企业。

③在改制重组时以房地产作价入股进行投资，将房地产转移、变更到被投资的企业。

（5）其他税收优惠。

①对杭州亚运会组委会赛后出让资产取得的收入，免征增值税和土地增值税。

②对北京2022年冬奥会和冬残奥会组织委员会再销售所获捐赠物品和赛后出让资产取得收入，免征应缴纳的增值税、消费税和土地增值税。

典例研习·5-18　（模拟单项选择题）

下列情形中需要缴纳土地增值税的是（　　）。

A.个人销售商铺

B.因国家建设需要而被政府收回的房地产

C.因城市实施规划而搬迁，企业自行转让的房地产

D.非房地产开发企业吸收合并过程中涉及房地产过户

斯尔解析　本题考查土地增值税的税收优惠。

选项A当选，对个人销售住房，暂免征收土地增值税，而个人销售商铺应缴纳土地增值税。

选项BC不当选，因国家建设需要而被政府征收、收回的房地产；因城市实施规划、国家建设需要而搬迁，纳税人自行转让房地产，免征土地增值税。

选项D不当选，非房地产开发企业吸收合并过程中涉及房地产过户，暂不征收土地增值税。

本题答案　A

典例研习·5-19　（2019年多项选择题改编）

下列行为中，免征土地增值税的有（　　）。

A.企业转让旧房作为改造安置住房房源，且增值额未超过扣除项目金额20%

B.企业以分期收款方式转让房产

C.因国家建设的需要而搬迁，企业自行转让办公楼

D.甲为一家医药企业，在改制重组时以房地产作价入股乙房地产公司进行投资

E.企业转让旧房作为保障性住房房源且增值额未超过扣除项目金额20%

斯尔解析　本题考查土地增值税的税收优惠。

选项A当选，企事业单位、社会团体以及其他组织转让旧房作为改造安置住房房源且增值额未超过扣除项目金额20%的，免征土地增值税。

选项C当选，因城市实施规划、国家建设的需要而搬迁，由纳税人自行转让原房地产的，免征土地增值税。

选项E当选，企事业单位、社会团体以及其他组织转让旧房作为保障性住房房源且增值额未超过扣除项目金额20%的，免征土地增值税。

选项B不当选，以分期收款方式转让房地产的应缴纳土地增值税。

选项D不当选，改制重组有关土地增值税免税政策不适用于房地产转移任意一方为房地产开发企业的情形。

本题答案　ACE

｜典例研习·5-20 2021年多项选择题

下列情形免征土地增值税的有（　　）。

A.因旧城改造而由政府主管部门根据审批通过的城市规划进行搬迁，由纳税人自行转让房地产

B.个人销售商铺

C.因实施省级人民政府批准的建设项目而进行搬迁，由纳税人自行转让房地产

D.企业转让旧房增值额未超过扣除项目金额20%

E.因企业污染而由政府主管部门根据审批通过的城市规划进行搬迁，由纳税人自行转让房地产

Ⓢ**斯尔解析**　本题考查土地增值税的税收优惠。

选项ACE当选，因城市实施规划、国家建设需要而搬迁，纳税人自行转让房地产的，免征土地增值税。

选项B不当选，个人销售住房暂免征收土地增值税，销售商铺不享受优惠政策。

选项D不当选，企业转让旧房作为安置房、公租房其增值率未超过20%的，免征土地增值税，不是作为安置房、公租房的不享受优惠。

▲**本题答案**　ACE

二、征收管理（★★）

1.纳税义务发生时间及纳税期限

纳税人应自转让房地产合同签订之日起7日内，向房地产所在地的主管税务机关办理纳税申报，并在税务机关核定的期限内缴纳土地增值税。

2.土地增值税的预征

对纳税人在项目全部竣工结算前转让房地产取得的收入可以预征土地增值税。

对纳税人预售房地产所取得的收入，当地税务机关规定预征土地增值税的，纳税人应当到主管税务机关办理纳税申报，并按规定比例预交，待办理决算后，多退少补。当地税务机关规定不预征土地增值税的，也应在取得收入时先到税务机关登记或备案。

纳税人按规定预缴土地增值税后，清算补缴的土地增值税，在主管税务机关规定的期限内补缴的，不加收滞纳金。

提示：对于实行土地增值税预征办法的地区，可根据不同类型房地产的实际情况，确定适当的预征率。除保障性住房外，东部省份预征率不得低于2%。中部和东北地区省份不得低于1.5%，西部地区不得低于1%。

3.纳税地点

纳税地点为房地产所在地，即房地产的坐落地。

纳税人转让的房地产坐落在两个或两个以上地区的，应按房地产所在地分别申报纳税。

典例研习在线题库

至此，税法（Ⅰ）的学习已经进行了67%，继续加油呀！

67%

第六章　资源税

学习提要

重要程度：次重点章节

平均分值：12分

考核题型：所有题型

本章提示：本章为税法（Ⅰ）中的次重点章节，重点内容有资源税应纳税额的计算和税收优惠，学习难度不大，需要掌握计税依据中的特殊规定以及各种减征比例的辨析

考点精讲

第一节　资源税纳税义务人、税目及税率

资源税是以应税资源为课税对象，对在中华人民共和国领域和中华人民共和国管辖的其他海域开发应税资源的单位和个人，就其应税资源销售额或销售数量为计税依据而征收的一种税。

一、纳税义务人（★★）

（1）资源税的纳税义务人，是指在中华人民共和国领域及中华人民共和国管辖的其他海域开发应税资源的单位和个人。

（2）进口的矿产品和盐不征收资源税。相应的，对出口应税产品也不免征或退还已纳资源税。

（3）对取用地表水或者地下水的单位和个人试点征收水资源税。

（4）中外合作开采陆上、海上石油资源的企业依法缴纳资源税。

提示：开采陆上、海洋油气资源的中外合作油气田，在2011年11月1日前已签订的合同继续缴纳矿区使用费，不缴纳资源税。合同期满后，依法缴纳资源税。

二、税目及税率（★★）

《中华人民共和国资源税法》（以下简称《资源税法》）采取正列举的方式，共设置5个一级税目，17个二级子税目，具体税目有164个。各税目的征税对象包括原矿或选矿，涵盖了所有已经发现的矿种和盐。税目、征税对象及征税对象均由《资源税税目税率表》（以下简称《税目税率表》）确定。

《资源税法》规定，对大部分资源应税产品实行从价计征，部分应税产品从量计征，因此，税率形式有比例税率和定额税率两种。

1.税目税率表（择要）

税目	子目	征税对象	税率
能源矿产	原油（开采的天然原油，不包括人造石油）	原矿	6%
	天然气、页岩气、天然气水合物		6%
	煤	原矿或选矿	2%~10%
	煤成（层）气	原矿	1%~2%
	铀、钍		4%

续表

税目	子目	征税对象		税率
能源矿产	油页岩、油砂、天然沥青、石煤	原矿或选矿		1%～4%
	地热	原矿		1%～20%或每立方米1～30元
金属矿产	黑色金属	铁、锰、铬、钒、钛	原矿或选矿	1%～9%
	有色金属	铜、铅、锌、锡、镁、铝土矿、金、银等	原矿或选矿	幅度比例税率
		钨	选矿	6.5%
		钼		8%
		轻稀土		7%～12%
		中重稀土		20%
非金属矿产	矿物类	高岭土、磷、石墨、工业用金刚石、粘土等	原矿或选矿	幅度比例税率
		石灰岩		1%～6%或每吨（每立方米）1～10元
		其他粘土		1%～5%或每吨（每立方米）0.1～5元
	岩石类	大理岩、花岗岩等		1%～10%
		砂石		1%～5%或每吨（每立方米）0.1～5元
	宝玉石类	宝石、玉石、宝石级金刚石、玛瑙、黄玉、碧玺		4%～20%
水气矿产	二氧化碳气、硫化氢气、氦气、氡气		原矿	2%～5%
	矿泉水			1%～20%或每立方米1～30元
盐	钠盐、钾盐、镁盐、锂盐		选矿	3%～15%
	天然卤水		原矿	3%～15%或每吨（每立方米）1～10元
	海盐		—	2%～5%

此外，水资源税根据当地水资源状况、取用水类型和经济发展等情况实行差别税率。

原理详解 💡

　　在2019年新资源税法的《税目税率表》中，针对地热、石灰岩、其他粘土、砂石、矿泉水和天然卤水这几个项目，规定可以选择从价定率或者从量定额的计征方式。这主要是考虑在我国一些地区，针对这几类应税资源，存在着经营分散、多为现金交易、难以管控的现状，所以在设置《税目税率表》时，对资源税的计征方式也允许各省、自治区、直辖市政府按照当地情况，依照征管便利的原则，选择适合自己地方的计征方式。

解题高手 👍

命题角度1：资源税结合增值税、消费税进行考查。

　　这五大类应税资源中，绝大部分产品都适用于标准增值税税率（13%），只有天然气适用于增值税低税率（9%），所以同学们需要格外注意。

　　此外，原油为资源税应税产品，而成品油为消费税应税消费品，而非资源税应税产品，需注意以原油连续生产成品油的两税缴纳问题。

命题角度2：征税对象及适用税率的辨析。

　　资源税的税目中有对原矿计征的，有对选矿计征的，也有对原矿和选矿都征收的，需要适当关注，总结如下：

征税对象类型	税目
原矿或选矿	一般应税资源
选矿	钨、钼、轻稀土、中重稀土、钠盐、钾盐、镁盐、锂盐
原矿	原油、天然气、页岩气、天然气水合物、煤成（层）气、铀、钍、地热、水气矿产、天然卤水

▎典例研习·6-1　（模拟单项选择题）

　　下列生产或开采的资源产品中，属于资源税征税范围的是（　　　）。

A.汽油

B.钨矿原矿

C.煤层气

D.一氧化碳

🔍 **斯尔解析** 本题考查资源税的征税范围。

选项C当选，煤层气属于能源矿产类征税范围。

选项A不当选，汽油属于消费税的征税范围，不属于资源税的征税范围。

选项B不当选，钨矿只针对选矿征收资源税。

选项D不当选，一氧化碳不属于资源税的征收范围，不征收资源税。

⬆ **本题答案** C

| 典例研习·6-2 2020年多项选择题

根据《中华人民共和国资源税法》的规定，下列税目属于资源税征税对象的有（   ）。

A.锰矿原矿

B.人造石油

C.钼矿原矿

D.钨矿原矿

E.海盐

🔍 **斯尔解析** 本题考查资源税的征税范围。

选项B不当选，原油属于资源税的征税对象，但不包括人造石油。

选项CD不当选，钨矿和钼矿只针对选矿征收资源税，对原矿不征税。

⬆ **本题答案** AE

2.税率确定的依据

（1）《税目税率表》中规定实行幅度税率的，以及规定可以选择实行从价计征或者从量计征的，其具体适用税率或具体计征方式由省、自治区、直辖市人民政府在规定范围内提出，报同级人民代表大会常务委员会决定，并报全国人民代表大会常务委员会和国务院备案。

（2）《税目税率表》中规定征税对象为原矿或者选矿的，应当分别确定具体适用税率。

纳税人以自采原矿直接销售，或者自用于应纳资源税情形的，按照原矿计征资源税（适用原矿税率）。

纳税人以自采原矿洗选加工为选矿产品（通过破碎、切割、洗选、筛分、磨矿、分级、提纯、脱水、干燥等过程形成的产品，包括富集的精矿和研磨成粉、粒级成型、切割成型的原矿加工品）销售，或者将选矿产品自用于应纳资源税情形的，按照选矿产品计征资源税（适用选矿税率），在原矿移送环节不缴纳资源税。对于无法区分原生岩石矿种中的粒级成型砂石颗粒，按照砂石税目征收资源税。

提示：纳税人开采或者生产应税产品自用的，应当依照《资源税法》的规定缴纳资源税；但是，自用于连续生产应税产品的，不缴纳资源税。

纳税人自用应税产品应当缴纳资源税的情形，包括纳税人以应税产品用于非货币性资产交换、捐赠、偿债、赞助、集资、投资、广告、样品、职工福利、利润分配或者连续生产非应税产品等。

（3）税率不同时，分别核算，否则从高适用。

纳税人开采或者生产不同税目应税产品，或者同一税目下适用不同税率应税产品的，应当分别核算不同税目应税产品的销售额或者销售数量。未分别核算或者不能准确提供不同税目应税产品的销售额或者销售数量的，从高适用税率。

| 典例研习 · 6-3 〔2020年单项选择题〕

关于资源税税率，下列说法正确的是（　　）。

A.有色金属选矿一律实行幅度比例税率

B.纳税人开采不同应税产品的，未分别核算或者不能准确提供不同应税产品的销售额或者销售数量的，从高适用税率

C.原油和天然气税目不同，适用税率也不同

D.《税目税率表》中规定实行幅度税率的，其具体适用税率由省级人民政府提出，报全国人民代表大会常务委员会决定

📘**斯尔解析** 本题考查资源税的税率。

选项B当选，纳税人开采不同应税产品的，应分别核算不同税目应税产品的销售额或者销售数量。未分别核算或者不能准确提供不同应税产品的销售额或者销售数量的，从高适用税率。

选项A不当选，有色金属选矿中的钨、钼、中重稀土采用的是固定比例税率。

选项C不当选，原油和天然气都适用6%的比例税率。

选项D不当选，《税目税率表》中规定实行幅度税率的，其具体适用税率由省级人民政府提出，报同级人民代表大会常务委员会决定，并报全国人民代表大会常务委员会和国务院备案。

▲**本题答案** B

| 典例研习 · 6-4 〔2019年单项选择题〕

关于资源税的处理中，下列说法正确的是（　　）。

A.以自采原矿加工为非应税产品，视同销售非应税产品缴纳资源税

B.以自采原矿加工为选矿无偿赠送，视同销售选矿缴纳资源税

C.以自采的原煤加工为洗选煤自用，视同销售原煤缴纳资源税

D.以自采原矿洗选后的选矿连续生产非应税产品，视同销售原矿缴纳资源税

📘**斯尔解析** 本题考查资源税的视同销售。

选项A不当选，以自采原矿加工为非应税产品的，视同销售原矿。

选项C不当选，以自采原煤加工为洗选煤自用的，视同销售洗选煤。

选项D不当选，以自采原矿洗选后的选矿连续生产非应税产品，视同销售选矿。

▲**本题答案** B

｜典例研习·6-5　2022年单项选择题

下列关于资源税的说法中，正确的是（　　）。

A.将自采的原煤加工为洗选煤销售，在加工环节缴纳资源税

B.将自采的铁矿原矿加工为选矿自用，视同销售原矿缴纳资源税

C.将自采的原油连续生产汽油，不缴纳资源税

D.将自采的铜矿原矿加工为选矿进行投资，视同销售选矿缴纳资源税

斯尔解析　本题考查资源税的视同销售。

选项D当选，纳税人将自采原矿加工为选矿自用或者进行投资、分配、抵债以及以物易物等情形的，视同销售选矿缴纳资源税。

选项AB不当选，将自采的应税产品连续生产应税产品，在移送加工环节不缴纳资源税。

选项C不当选，将自采的应税产品连续生产非应税产品，在移送环节需要视同销售，缴纳资源税。

本题答案　D

第二节　资源税应纳税额的计算

一、从价定率（★★★）

1.计税依据

从价定率征收的计税依据为应税资源产品计税销售额。

计税销售额，按照纳税人销售应税产品向购买方收取的全部价款确定，不包括增值税税款。

计入销售额中的运杂费用，凡取得增值税发票或其他合法有效凭据的，准予从销售额中扣除。相关运杂费用是指应税产品从坑口或者洗选（加工）地到车站、码头或者购买方指定地点的运输费用、建设基金以及随运销产生的装卸、仓储、港杂费用。

这里要注意几个关键表述（需同时符合以下条件）：

（1）包含在应税产品销售收入中。

（2）销售应税产品环节发生的。

（3）取得合法有效凭据。

（4）分别核算。

原理详解

销售额中为何不包含运杂费？

资源税规定中允许运杂费用扣减的政策出发点是考虑到部分应税资源产品，由于其自身特性从开采到交货的过程中需要花费较高的运输成本，这部分运输成本实际上不涉及我国自然资源的占用或开采，对这部分运输成本自然不应该征税。

2.计税依据的特殊规定

纳税人申报的应税产品销售额明显偏低且无正当理由，或者有自用应税产品行为而无销售额的，主管税务机关应按照下列顺序确定其应税产品计税价格：

（1）按纳税人最近时期同类产品的平均销售价格确定。

（2）按其他纳税人最近时期同类产品的平均销售价格确定。

（3）**按后续加工非应税产品销售价格，减去后续加工环节的成本利润后确定。**

（4）按应税产品组成计税价格确定：

组成计税价格=成本×（1+成本利润率）÷（1−资源税税率）

提示：上述公式中的成本利润率由省、自治区、直辖市税务机关确定。

解题高手

命题角度：不同税种视同销售情形下计税依据的确定。

（1）增值税。

①按纳税人最近时期同类货物的平均销售价格确定。

②按其他纳税人最近时期同类货物的平均销售价格确定。

③按组成计税价格确定。

属于应征消费税的货物，其组成计税价格中应包含消费税额。

（2）消费税。

①按纳税人生产的同类消费品的加权平均销售价格确定。

另外，纳税人用于换取生产资料和消费资料，投资入股和抵偿债务等方面的应税消费品，应当以纳税人同类应税消费品的最高销售价格作为计税依据计算消费税。

②没有同类消费品销售价格的，按照组成计税价格计算纳税。

（3）资源税。

①纳税人最近时期同类产品的平均销售价格。

②其他纳税人最近时期同类产品的平均销售价格。

③按后续加工非应税产品销售价格，减去后续加工环节的成本利润后确定。

④应税产品组成计税价格。

3.应纳税额的计算

实行从价计征的，应纳税额按照应税产品的销售额乘以具体适用税率计算，计算公式如下：

应纳税额=原矿销售额×原矿适用税率+选矿销售额×选矿适用税率

典例研习·6-6　2022年单项选择题

下列关于从价定率征收资源税计税依据的说法，正确的是（　　）。

A.计税销售额是向购买方收取的全部价款，价外费用和其他相关费用

B.计税销售额不包含增值税税额

C.已税产品购进金额当期不足抵减的，不可结转下期扣减

D.以组成计税价格确定应税产品销售额，组成计税价格不包含资源税

斯尔解析　本题考查资源税的计税依据。

选项B当选、选项A不当选，计税销售额按照纳税人销售应税产品向购买方收取的全部价款确定，不包括增值税税款。

选项C不当选，已税产品购进金额当期不足抵减的，可结转下期扣减。

选项D不当选，资源税是价内税，组成计税价格包含资源税，组成计税价格＝成本×（1−成本利润率）÷（1−资源税税率）。

本题答案　B

典例研习·6-7

某铁矿开采企业2023年11月开采并销售铁矿原矿，开具增值税专用发票，注明金额400万元、税额52万元。销售铁矿选矿取得不含增值税销售额2 000万元。当地省人民政府规定，铁矿原矿资源税税率为4%，铁矿选矿资源税税率为3%。请计算该企业2023年11月应缴纳的资源税税额。

斯尔解析

该铁矿企业应缴纳资源税＝原矿销售额×原矿适用税率＋选矿销售额×选矿适用税率＝400×4%＋2 000×3%＝76（万元）

典例研习·6-8

2023年10月，某锡矿开采企业开采锡矿原矿400吨。本月销售锡矿原矿200吨，取得不含税销售额500万元。另将锡矿原矿100吨移送加工选矿80吨，本月全部销售，取得不含税销售额240万元。剩余100吨锡矿原矿用于抵偿债务。锡矿原矿和锡矿选矿资源税税率分别为5%和4.5%。请计算该企业2023年10月应缴纳的资源税。

斯尔解析

（1）开采并销售锡矿原矿应缴纳资源税＝500×5%＝25（万元）。

（2）将锡矿原矿移送加工选矿，不征收资源税，生产销售的锡矿选矿属于资源税应税产品，应于对外销售时缴纳资源税。销售锡矿选矿应缴纳资源税＝240×4.5%＝10.8（万元）。

（3）剩余100吨用于抵偿债务，应于移送使用时视同销售缴纳资源税，纳税人有近期同类产品的平均销售价格的，以该价格确认视同销售计税依据。

用于抵偿债务的原矿应缴纳资源税＝（500÷200）×100×5%＝12.5（万元）

综上，该企业2023年10月应缴纳资源税＝25＋10.8＋12.5＝48.3（万元）。

二、从量定额（★）

从量定额征收的资源税计税依据是应税产品的销售数量。

应税产品的销售数量，包括纳税人开采或者生产应税产品的实际销售数量和需视同销售的自用数量。

应纳税额＝销售数量×单位税额

｜典例研习·6-9

某矿泉水生产企业2023年9月开发生产矿泉水6 900立方米，本月销售6 000立方米。该企业所在省政府规定，矿泉水实行定额征收资源税，资源税税率为5元/立方米。请计算该企业2023年9月应缴纳的资源税税额。

⑤斯尔解析

该企业2023年9月应缴纳资源税=6 000×5=30 000（元）

提示：计税依据为销售量，而不是开采数量。

三、外购应税产品的扣除（★★★）

1.扣除的基本规定

（1）纳税人外购应税产品与自采应税产品混合销售或者混合加工为应税产品销售的，在计算应税产品销售额或者销售数量时，准予扣减外购应税产品的购进金额或者购进数量。

（2）当期不足扣减的，可结转下期扣减。

原理详解 💡

由于资源税的特点，在我国对应税的资源产品只征收一次资源税，不会出现重复征税的情形。

外购已税产品用于应税产品的，不再征税。

外购已税产品用于非应税产品的，也不再征税。

自采的未税产品和外购已税产品混合（混合销售或者混合加工）用于应税产品的，在计算资源税时，外购已税产品购进金额若单独核算的可以扣减。

2.准予扣减的购进金额和数量的计算

（1）纳税人以外购原矿与自采原矿混合为原矿销售，或者以外购选矿产品与自产选矿产品混合为选矿产品销售的，在计算应税产品销售额或者销售数量时，直接扣减外购原矿或者外购选矿产品的购进金额或者购进数量。（原矿混原矿卖原矿、选矿混选矿卖选矿，直接扣）

（2）纳税人以外购原矿与自采原矿混合洗选加工为选矿产品销售的，在计算应税产品销售额或者销售数量时，按照下列方法进行扣减：

准予扣减的外购应税产品购进金额（数量）＝外购原矿购进金额（数量）×（本地区原矿适用税率÷本地区选矿产品适用税率）

提示：

①本地区是指应税产品的销售地，而不是采购地。

②纳税人应当单独核算外购产品的购进数量或购进金额，未准确核算的，一并计算缴纳资源税。

③扣减当期外购应税产品购进金额和数量，应当依据外购应税产品的增值税发票、海关进口增值税专用缴款书或者其他合法有效凭据。

解题高手 👍

命题角度：外购应税产品可扣金额和数量的确定。

情形	外购应税产品可扣金额/数量的确定
外购原矿+自采原矿→销售原矿	直接扣减外购原矿或者外购选矿产品的购进金额/数量
外购选矿+自采选矿→销售选矿	
外购原矿+自采原矿→销售选矿	按公式计算扣减： 准予扣减的外购应税产品购进金额（数量）＝外购原矿购进金额（数量）×（本地区原矿适用税率÷本地区选矿产品适用税率）

精准答疑 ✏️

问题： 关于外购原矿与自采原矿混合洗选加工为选矿产品的资源税计算方法，能不能直接用选矿计算的资源税减去外购原矿已经缴纳的资源税呢？（即应缴纳的资源税＝选矿的销售额×选矿适用税率–外购原矿购进金额×原矿适用税率）

解答： 如果采购地和销售地为同一地区或者适用税率相同的情形下可以，如果两地适用税率不同的情形下，只能按照公式计算。

推导过程：

应纳资源税额＝（选矿的销售额–准予扣减的外购原矿购进金额）×选矿适用税率

＝[选矿的销售额–外购原矿购进金额×（原矿适用税率÷选矿适用税率）]×选矿适用税率

＝选矿的销售额×选矿适用税率–外购原矿购进金额×（原矿适用税率÷选矿适用税率）×选矿适用税率

＝选矿的销售额×选矿适用税率–外购原矿购进金额×原矿适用税率

典例研习 · 6-10

甲煤炭生产企业位于A地，2023年10月从位于B地的乙煤炭生产企业购进原煤，取得增值税专用发票，注明金额100万元。甲企业将其与部分自采原煤混合为原煤并在本月全部销售，取得不含税销售额为500万元，该批自采原煤同类产品不含税销售价格为300万元。已知A地和B地原煤资源税税率均为3%。请计算甲企业2023年10月上述业务应纳资源税。

斯尔解析

甲企业销售原煤，应缴纳资源税，其外购原煤购进金额可按规定进行扣除。本题属于"自采原矿+外购原矿→销售原矿"的情形，直接自销售额中扣减外购原矿金额即可。

甲企业应纳资源税=（500−100）×3%=12（万元）

典例研习 · 6-11

某煤炭企业将外购100万元原煤与自采200万元原煤混合洗选加工为选煤销售，选煤销售额为450万元。当地原煤税率为3%，选煤税率为2%，上述金额均为不含税金额。请计算该企业应纳资源税。

斯尔解析

本题属于"自采原矿+外购原矿→销售选矿"的情形，在计算应税产品销售额时，准予扣减的外购应税产品购进金额=外购原煤购进金额×（本地区原煤适用税率÷本地区选煤适用税率）=100×（3%÷2%）=150（万元）。

该企业应纳资源税=（450−150）×2%=6（万元）

典例研习 · 6-12　2022年单项选择题

甲锡矿开采企业为增值税一般纳税人，2023年6月销售自采锡矿原矿100吨，取得不含税销售额250万元。将自产锡矿原矿50吨移送加工锡矿选矿40吨，并于本月全部销售，取得不含税销售额120万元。本月从当地的乙锡矿开采企业购进锡矿原矿，取得增值税专用发票上注明金额80万元，甲企业将其与自采锡矿原矿混合为原矿并全部销售，取得不含税销售额200万元，当地锡矿原矿资源税税率为5%，选矿资源税税率为4.5%。甲企业本月应缴纳资源税（　　）万元。

A.24.5　　　　　　　　　　　　B.23.46

C.23.9　　　　　　　　　　　　D.27.9

斯尔解析　本题考查资源税的计税依据。

选项C当选，具体计算过程如下：

（1）销售锡矿原矿适用原矿资源税税率，故应缴纳资源税=250×5%=12.5（万元）。

（2）以自采原矿洗选加工为选矿销售，按照选矿计征资源税，原矿移送环节不征收资源税，故应缴纳资源税=120×4.5%=5.4（万元）。

（3）以外购原矿与自采原矿混合为原矿销售，在计算应税产品销售额或者销售数量时，直接扣减外购原矿的购进金额或者购进数量，应缴纳资源税=（200－80）×5%=6（万元）。

综上，应缴纳资源税=12.5+5.4+6=23.9（万元）。

选项A不当选，误以原矿资源税税率计算销售选矿应缴纳资源税。

选项B不当选，误以外购原矿购进金额×（本地区原矿适用税率÷本地区选矿产品适用税率）计算准予扣减的外购原矿购进金额。

选项D不当选，未扣除外购原矿的购进金额。

本题答案 C

典例研习·6-13

某石化企业为增值税一般纳税人。2024年6月发生如下业务：

（1）从国外某石油公司进口原油50 000吨，支付不含税价款折合人民币9 000万元，其中含包装费及保险费折合人民币10万元。

（2）开采原油10 000吨，并将开采的原油对外销售4 000吨，取得含税销售额2 260万元，另外支付运输费用7.02万元。原油的资源税税率为6%，计算该石化公司当月应纳资源税。

斯尔解析

由于资源税仅对在中国境内开采或生产应税产品的单位和个人征收，因此业务（1）中该石化公司进口原油无须缴纳资源税。

业务（2）应缴纳的资源税=2 260÷（1+13%）×6%=120（万元）

提示：本题综合考查资源税的征税范围与计算。

（1）考查资源税进口不征的规定：资源税仅对在中国境内开采或生产产品的单位和个人征收。

（2）自采应税资源产品外销时的计税依据是销售额，而非开采量。

（3）题目中的"运输费用"是另外支付的，而非"包含在销售额中"，所以与计税依据无关，仅仅是个迷惑条件。

第三节　税收优惠

一、免征资源税项目

（1）开采原油以及在油田范围内运输原油过程中用于加热的原油、天然气。

（2）煤炭开采企业因安全生产需要抽采的煤成（层）气。

二、减征资源税项目

（一）类别和具体规定

类别	具体规定
法定减征	（1）低丰度油气田开采的原油、天然气资源税减征20%。 提示：陆上低丰度油田是指每平方公里原油可开采储量丰度低于25万立方米的油田，陆上低丰度气田是指每平方公里天然气可开采储量丰度低于2.5亿立米的气田。 海上低丰度油田是指每平方公里原油可开采储量丰度低于60万立方米的油田，海上低丰度气田是指每平方公里天然气可开采储量丰度低于6亿立米的气田。 （2）高含硫天然气、三次采油和深水油气田开采的原油、天然气资源税减征30%。 提示：高含硫天然气，是指硫化氢含量在每立方米30克以上的天然气。 深水油气田，是指水深超过300米的油气田。 （3）从衰竭期矿山开采的矿产品，资源税减征30%。 提示：衰竭期矿山，是指设计开采年限超过15年，且剩余可开采储量下降到原设计可开采储量的20%以下或者剩余开采年限不超过5年的矿山。衰竭期矿山以开采企业下属的单个矿山为单位确定。 （4）稠油、高凝油资源税减征40%。 提示：稠油，是指地层原油粘度大于或等于每秒50毫帕或原油密度大于或等于每立方厘米0.92克的原油
其他临时性减免税	（1）自2014年12月1日至2027年12月31日，对充填开采置换出来的煤炭，资源税减征50%。 （2）自2018年4月1日至2027年12月31日，对页岩气资源税（按6%的规定税率）减征30%。 （3）自2023年1月1日至2027年12月31日，对增值税小规模纳税人、小型微利企业和个体工商户减半征收资源税（不含水资源税）。 提示：增值税小规模纳税人、小型微利企业和个体工商户已依法享受资源税等其他优惠政策的，可叠加享受该项优惠政策。 该项优惠政策发布之日（即2023年8月2日）前，已征的相关税款，可抵减纳税人以后月份应缴纳税款或予以退还。发布之日前已办理注销的，不再追溯享受
地区决定减免	有下列情形之一的，省、自治区、直辖市可以决定免征或者减征资源税： （1）纳税人因意外事故或者自然灾害等原因遭受重大损失的。 （2）纳税人开采共伴生矿、低品位矿、尾矿

（二）资源税减免税的其他执行规定

1.同一应税产品的减免政策适用

（1）同一应税产品，其中既有享受减免税政策的，又有不享受减免税政策的，按照免税、减税项目的产量占比等方法分别核算确定免税、减税项目的销售额或者销售数量。

（2）同一应税产品同时符合两项或者两项以上减征资源税优惠政策的，除另有规定外，只能选择其中一项执行。

2."自行判别、申报享受、有关资料留存备查"

纳税人享受资源税优惠政策，实行"自行判别、申报享受、有关资料留存备查"的办理方式，另有规定的除外。纳税人对资源税优惠事项留存材料的真实性和合法性承担法律责任。

3.其他减免规定备案要求

国务院对有利于促进资源节约集约利用、保护环境等情形可以规定免征或者减征资源税，报全国人民代表大会常务委员会备案。

由地方决定减免资源税的，免征或者减征资源税的具体办法，由省、自治区、直辖市人民政府提出，报同级人民代表大会常务委员会决定，并报全国人民代表大会常务委员会和国务院备案。

4.单独核算要求

纳税人的免税、减税项目，应当单独核算销售额或者销售数量；未单独核算或者不能准确提供销售额或者销售数量的，不予免税或者减税。

典例研习·6-14 （2021年单项选择题）

关于资源税税收优惠，下列说法错误的是（　　）。

A.纳税人开采低品位矿，由省、自治区、直辖市决定免征或减征资源税

B.纳税人享受资源税优惠政策，实行"自行判别、申报享受、留存备查"的办理方式

C.纳税人开采或者生产同一应税产品，同时符合两项或两项以上减征资源税优惠政策的，可以同时享受各项优惠政策

D.由省、自治区、直辖市提出的免征或减征资源税的具体办法，应报同级人民代表大会常务委员会决定，并报全国人民代表大会常务委员会和国务院备案

斯尔解析 本题考查资源税税收优惠的执行规定。

选项C当选，纳税人开采或者生产同一应税产品同时符合两项或者两项以上减征资源税优惠政策的，除另有规定外，只能选择其中一项执行。

本题答案 C

典例研习·6-15 （模拟多项选择题）

下列关于资源税减免优惠的说法中，正确的有（　　）。

A.稠油和高凝油资源税减按40%征收

B.高含硫天然气减征40%

C.低丰度油气田资源税减征20%

D.充填开采置换出来的煤炭，资源税减征50%

E.从衰竭期矿山开采的矿产品，资源税减征30%

斯尔解析 本题考查资源税减征优惠的辨析。

减征资源税的规定如下：

（1）从低丰度油气田开采的原油、天然气减征20%资源税。（选项C当选）

（2）高含硫天然气、三次采油和深水油气田开采的原油、天然气以及从衰竭期矿山开采的矿产品，减征30%资源税。（选项E当选、选项B不当选）

（3）稠油、高凝油减征40%资源税。（选项A不当选，实际上是减按60%征收。注意辨析"减征"和"减按"）

（4）自2014年12月1日至2027年12月31日，对充填开采置换出来的煤炭，资源税减征50%。（选项D当选）

提示：减征40%的意思是减少40%的比例进行征收。减按60%的意思是按照60%的比例进行征收。

本题答案 CDE

典例研习·6-16 〔2022年单项选择题〕

下列有关资源税税收优惠的表述中，错误的是（　　）。

A.纳税人因意外事故或者自然灾害等原因遭受重大损失的免征资源税

B.开采原油以及在油田范围内运输原油过程中用于加热的原油、天然气免征资源税

C.油田范围内运输原油过程中用于加热的原油，免征资源税

D.深水油气田开采的原油，资源税减征30%

斯尔解析 本题考查资源税的税收优惠。

选项A当选，纳税人因意外事故或者自然灾害等原因遭受重大损失的，省、自治区、直辖市可以决定免征或者减征资源税。

本题答案 A

第四节　征收管理

一、纳税义务发生时间

（1）纳税人销售应税产品，纳税义务发生时间为收讫销售款或者取得索取销售款凭据的当日。

（2）纳税人自产自用应税产品的，纳税义务发生时间为移送使用应税产品的当天。

二、纳税期限

（1）资源税按月或者按季申报缴纳；不能按固定期限计算缴纳的，可以按次申报缴纳。

（2）纳税人按月或者按季申报缴纳的，应当自月度或季度终了之日起15日内申报纳税。按次申报缴纳的，应当自纳税义务发生之日起15日内，申报纳税。

三、纳税地点

纳税人应当在应税产品的开采地或者海盐的生产地的税务机关申报缴纳资源税。

海上开采的原油和天然气资源税由海洋石油税务管理机构征收管理。

第五节　水资源税

为促进水资源节约、保护和合理利用，根据党中央、国务院决策部署，自2016年7月1日起在河北省实施水资源税改革试点。

自2017年12月1日起，北京市、天津市、山西省、内蒙古自治区、河南省、山东省、四川省、陕西省、宁夏回族自治区（以下简称试点省份）9个省区市纳入水资源税改革试点，由征收水资源费改为征收水资源税。

一、纳税义务人

除规定情形外，水资源税的纳税人为直接取用地表水、地下水的单位和个人，包括直接从江、河、湖泊（含水库）和地下取用水资源的单位和个人。

下列情形，不缴纳水资源税：

（1）农村集体经济组织及其成员从本集体经济组织的水塘、水库中取用水的。

（2）家庭生活和零星散养、圈养畜禽饮用等少量取用水的。

（3）水利工程管理单位为配置或者调度水资源取水的。

（4）为保障矿井等地下工程施工安全和生产安全必须进行临时应急取用（排）水的。

（5）为消除对公共安全或者公共利益的危害临时应急取水的。

（6）为农业抗旱和维护生态与环境必须临时应急取水的。

典例研习·6-17 模拟单项选择题

根据水资源税试点的相关规定，下列情形中，应缴纳水资源税的是（　　）。

A.为农业抗旱必须临时应急取水的

B.农村集体经济组织从其他集体经济组织的水库中取用水的

C.农村居民圈养畜禽饮用少量取用水的

D.家庭生活饮用少量取用水的

斯尔解析 本题考查不缴纳水资源税的情形。

选项B当选，农村集体经济组织及其成员从本集体经济组织的水塘、水库中取用水的不缴纳水资源税。从其他水库取用水的，需要缴纳水资源税。

选项ACD不当选，属于不缴纳水资源税的情形。

本题答案 B

二、征税对象

水资源税的征税对象为地表水和地下水。

地表水是陆地表面上动态水和静态水的总称，包括江、河、湖泊（含水库）等水资源。

地下水是埋藏在地表以下各种形式的水资源。

三、税率

（1）地下水税额要高于地表水。

（2）超采区地下水税额要高于非超采区，严重超采地区的地下水税额要大幅高于非超采地区。

（3）对超计划或超定额用水加征1~3倍。

（4）对特种行业从高征税。

（5）对超过规定限额的农业生产取用水、农村生活集中式饮水工程取用水从低征税。

（6）在城镇公共供水管网覆盖地区取用地下水的，其税额要高于城镇公共供水管网未覆盖地区，原则上要高于当地同类用途的城镇公共供水价格。

（7）对回收利用的疏干排水和地源热泵取用水，从低确定税额。

四、计税依据及应纳税额的计算

水资源税实行从量计征，计税依据规定如下：

（1）对一般取用水按照实际取用水量征税。

（2）对采矿和工程建设疏干排水按照排水量征税。

（3）水力发电和火力发电贯流式（不含循环式）冷却取用水按照实际发电量征税。

应纳税额=计税依据×适用税额

五、税收优惠

下列情形，予以免征或者减征水资源税：

（1）规定限额内的农业生产取用水，免征水资源税。

（2）取用污水处理再生水，免征水资源税。

（3）除接入城镇公共供水管网以外，军队、武警部队通过其他方式取用水的，免征水资源税。

（4）抽水蓄能发电取用水，免征水资源税。

（5）采油排水经分离净化后在封闭管道回注的，免征水资源税。

（6）财政部、国家税务总局规定的其他免征或者减征水资源税情形。

提示：注意区分减免水资源税与不征水资源税的差异。从特点分析，减免水资源税的项目一般具有限额内农业生产用水、军事单位非公共方式用水、水的循环利用等特征。

六、征收管理

（1）纳税义务发生时间：纳税人取用水资源的当日。

（2）纳税期限：

除农业生产取用水外，水资源税按季或者按月征收，由主管税务机关根据实际情况确定。对超过规定限额的农业生产取用水水资源税可按年征收；不能按固定期限计算纳税的，可以按次申报纳税。

纳税人应当自纳税期满或者纳税义务发生之日起15日内申报纳税。

（3）纳税地点：生产经营所在地的主管税务机关征收管理。

| 典例研习·6-18 模拟单项选择题

下列表述中，不符合水资源税征收管理规定的是（　　）。

A.水资源税的纳税义务发生时间为纳税人取用水资源的当日

B.除农业生产取用水外，水资源税按季或者按月征收

C.超过规定限额的农业生产取用水水资源税可按年征收

D.跨省（区、市）调度的水资源，由调出区域所在地的税务机关征收水资源税

⑤斯尔解析 本题考查水资源税征收管理。

选项D当选，跨省（区、市）调度的水资源，由调入区域所在地的税务机关征收水资源税。

▲本题答案 D

典例研习在线题库

517 6-6

至此，税法（I）的学习已经进行了 72%，继续加油呀！

72%

第七章　车辆购置税

学习提要

重要程度：次重点章节

平均分值：10分

考核题型：客观题

本章提示：本章为税法（Ⅰ）中的次重点章节，主要内容有车辆购置税征税范围的辨析、计税依据、应纳税额的计算和征收管理

考点精讲

第一节　车辆购置税概念、纳税义务人与征税范围

一、概念及特点

车辆购置税是以在中国境内购置的汽车、有轨电车、汽车挂车、排气量超过150毫升的摩托车为课税对象，在特定的环节向车辆购置者征收的一种税。

车辆购置税除具有税收的共同特点外，还具有其自身特点：

（1）征收范围有限。

车辆购置税以购置的特定车辆为课税对象，而不是对所有的财产或消费财产征税，其范围窄，是一种行为税。

（2）征收环节单一。

车辆购置税实行一次性课征制，它不是在生产、经营和消费的每个环节道道征收，而是在消费领域中的特定环节一次征收，购置已征车辆购置税的车辆，不再征收车辆购置税。

（3）采取价外征收。

征收车辆购置税的计税价格中不含车辆购置税税额，车辆购置税是附加在价格之外的。

（4）征税目的特定。

车辆购置税为中央税，专用于国道、省道干线公路建设和支持地方道路建设。它取之于应税车辆，用之于交通建设，其征税具有专门用途，可作为中央财政的经常性预算科目，由中央财政根据国家交通建设投资计划，统筹安排。

二、纳税义务人与征税范围（★★）

1.纳税义务人

车辆购置税的纳税人是指在我国境内购置汽车、有轨电车、汽车挂车、排气量超过150毫升的摩托车（以下或简称"应税车辆"）的单位和个人。

其中，购置是指以购买、进口、自产、受赠、获奖或者其他方式（如拍卖、抵债、走私、罚没等方式）取得并自用应税车辆的行为，即以各种渠道取得并自用。

提示：

（1）单位，是指企业、行政单位、事业单位、军事单位、社会团体和其他单位。个人，是指个体工商户和自然人。

（2）购买自用，包括购买自用国产应税车辆和购买自用进口应税车辆。

（3）进口自用，是指直接进口或委托代理进口自用应税车辆的行为，不包括境内购买的进口车辆。

（4）自产自用，指纳税人将自己生产的应税车辆作为最终消费品自己消费使用。

（5）受赠使用，受赠指接受他人馈赠，对馈赠人而言，在缴纳车辆购置税前发生财产所有权转移后，应税行为一同转移，其不再是纳税人。而作为受赠人在接受自用（包括接受免税车辆）后，发生了应税行为，就要承担纳税义务。

（6）获奖自用，包括从各种奖励形式中取得并自用应税车辆的行为。

典例研习·7-1 （模拟单项选择题）

下列人员中，属于车辆购置税纳税义务人的是（　　）。

A.应税车辆的捐赠者　　　　　　　B.应税车辆的获奖者

C.应税车辆的出口者　　　　　　　D.应税车辆的销售者

🔍 **斯尔解析** 本题考查车辆购置税的纳税义务人。

选项B当选，车辆购置税的纳税人是指在我国境内以购买、进口、自产、受赠、获奖或者其他方式（如拍卖、抵债、走私、罚没等方式）取得并自用应税车辆的行为，即以各种渠道取得并自用。

选项A不当选，受赠使用的纳税人义务人是受赠者，不是捐赠者。

选项C不当选，进口自用的单位和个人属于纳税义务人。

选项D不当选，车辆购置税的纳税义务人是购买者，不是销售者。

🔺 **本题答案** B

2.征税范围

车辆购置税以列举的车辆为征税对象，未列举的车辆不征税。其征税范围包括汽车、有轨电车、汽车挂车、排气量超过150毫升的摩托车。

地铁、轻轨等城市轨道交通车辆，装载机、平地机、挖掘机、推土机等轮式专用机械车，以及起重机（吊车）、叉车、电动摩托车，不属于应税车辆。

解题高手 👍

命题角度：车辆购置税的车辆范围和消费税应税车辆范围比较辨析。

车辆类型	消费税	车辆购置税
小汽车（包含乘用车和中轻型商用客车）	√	√
卡车、挂车、货车、大型商用客车	×	√
电动汽车	×	√（符合条件可免税）
摩托车	排气量250毫升及以上	排气量超过150毫升

| 典例研习 · 7-2 模拟多项选择题

下列车辆中，属于车辆购置税征税范围的有（   ）。

A.货车

B.排气量为250毫升的摩托车

C.拖拉机牵引车

D.电动汽车

E.电动摩托车

⑤ 斯尔解析 本题考查车辆购置税的征税范围。

选项A当选，货车属于车辆购置税中"汽车"的征收范围。

选项B当选、选项E不当选，排气量超过150毫升的摩托车属于车辆购置税的征税范围。电动摩托车不征收车辆购置税。

选项D当选，电动汽车属于车辆购置税中"汽车"的征收范围。

选项C不当选，目前车辆购置税只针对汽车挂车征收，拖拉机牵引车不征收车辆购置税。

▲ 本题答案 ABD

| 典例研习 · 7-3 2022年单项选择题

下列行为需要缴纳车辆购置税的是（   ）。

A.某高校接受某汽车厂捐赠中巴车用作通勤班车

B.某叉车厂将自产叉车自用于库房料件装卸

C.某汽车厂将自产小轿车用于出口

D.某幼儿园租赁客车用于校车服务

⑤ 斯尔解析 本题考查车辆购置税的征税范围和纳税义务人。

选项A当选，在我国境内购置汽车、有轨电车、汽车挂车、排气量超过150毫升的摩托车的单位和个人。其中购置是指以购买、进口、自产、受赠、获奖或者其他方式取得并自用应税车辆的行为。

选项B不当选，叉车不属于车辆购置税的征税范围。

选项C不当选，车辆购置税为取得并自用的一方缴纳，销售方无须缴纳车辆购置税。

选项D不当选，租赁车辆无须缴纳车辆购置税。

▲ 本题答案 A

第二节　车辆购置税应纳税额的计算

一、税率（★★★）

车辆购置税实行统一比例税率，税率为10%。

二、计税价格与应纳税额的计算（★★★）

应纳税额＝计税依据×税率

计税依据为应税车辆的计税价格，在不同情形下，计税依据的确定方式和应纳税额的计算有所区别。

（一）购买自用应税车辆

纳税人购买自用应税车辆的计税价格，为纳税人实际支付给销售者的全部价款，不包括增值税税款。

计税价格＝全部价款÷（1+增值税税率或征收率）

解题高手

命题角度：车辆购置税计税依据的确定。

（1）纳税人购买自用应税车辆的计税价格，在考试中经常以"发票电子信息中的不含增值税价"出现。如果题目给出的是含税价格，需进行价税分离，换算为不含增值税的计税价格。

（2）计税依据仅包括全部价款，不再包括价外费用。价外费用是指销售方价外向购买方收取的基金、集资费、违约金（延期付款利息）和手续费、包装费、储存费、优质费、运输装卸费、保管费以及其他各种性质的价外收费。

（3）代收款项应区别征收。凡使用代收单位（受托方）票据收取的款项，应视作代收单位销售额，并入计税依据中一并征税。凡使用委托方票据收取，受托方只履行代收义务和收取代收手续费的款项，不并入计税依据中。

精程答疑

问题： 装饰费要不要缴纳车辆购置税？

解答： （1）"真实"装饰费。

①与销售额分别开票，不计入计税依据。

②与销售额开具同一张发票，计入计税依据。

（2）"不真实"装饰费。

不管是否与销售额分别开票，均计入计税依据。

举例：小张买的小汽车，其实际销售价格为20万元（不含增值税），此外装饰费花了5万元，这5万元的装饰费不是车辆购置税计税价格的组成部分，不用缴纳车辆购置税。如果没有做装饰，4S店将20万元的实际销售价格分解为车辆价格15万元、装饰费5万元，分别开具机动车销售统一发票和普通发票（或者不开发票），这5万元不是真正意义上的装饰费，而是实际销售价格的组成部分，应予缴税。这种分解应税车辆实际销售价格分别开票或者不开票的行为，是违反《中华人民共和国发票管理办法》的违法行为。

典例研习·7-4

宋某2023年5月从某汽车有限公司购买一辆小汽车供自己使用，支付了含税价款226 000元，另外支付代收临时牌照费650元、代收保险费1 000元、车辆装饰费250元。其中车辆价款由该汽车公司开具了"机动车销售统一发票"，代收的临时牌照和代收保险费分别取得了车辆管理部门、保险公司开具的财政收据和发票，并转交给宋某，支付的车辆装饰费取得增值税普通发票。计算宋某应缴纳的车辆购置税。

斯尔解析

购买自用应税车辆的计税价格，为纳税人实际支付给销售者的全部价款，即机动车销售统一发票上载明的不含增值税的价款。支付的临时牌照费及保险费为代收款项，不计入计税价格，支付的车辆装饰费为真实装饰费，且单独取得增值税普通发票，同样不计入计税价中。

计税依据=226 000÷（1+13%）=200 000（元）

宋某应缴纳的车辆购置税=200 000×10%=20 000（元）

（二）进口自用应税车辆

纳税人进口自用应税车辆的计税价格为组成计税价格，计算公式为：

组成计税价格=关税完税价格+关税+消费税

纳税人进口自用的应税车辆应纳税额的计算公式为：

车辆购置税应纳税额=（关税完税价格+关税+消费税）×税率

解题高手 👍

命题角度：进口环节增值税、消费税与车辆购置税的计税依据。

进口自用车辆的计税依据，与计算进口增值税和进口消费税的计税依据一致，为组成计税价格。组成计税价格也可以按照以下公式计算：

组成计税价格=（关税完税价格+关税）÷（1-消费税税率）

在这种计算方式下：

车辆购置税应纳税额=［（关税完税价格+关税）÷（1-消费税税率）］×税率

但是需要注意，以上公式只适用于进口消费税应税车辆的情形。如果进口不属于消费税征税范围的卡车、货车、大型商用客车等，则组成计税价格中不应包含消费税。

典例研习·7-5 教材例题改编

某外贸进出口公司于2023年11月进口3辆小轿车，该公司报关进口这批小轿车时，经报关地口岸海关对有关报关资料的审查，确定关税计税价格为250 000元/辆（人民币），海关按关税政策规定课征关税37 500元/辆，并按消费税、增值税有关规定分别代征进口消费税15 132元/辆，进口增值税39 342元/辆。由于业务工作的需要，该公司将其中2辆小轿车用于本单位使用，1辆对外售出。计算该外贸进出口公司应纳的车辆购置税税额。

🔍斯尔解析

纳税人进口并自用的应税车辆，应当按照组成计税价格确定应纳税额。题干指出"该公司将其中2辆小轿车用于本单位使用"，所以只对进口3辆小轿车中的2辆征收车辆购置税。

组成计税价格=关税完税价格+关税+消费税=250 000+37 500+15 132=302 632（元）
应纳税额=302 632×10%×2=60 526.4（元）

（三）自产自用应税车辆

纳税人自产自用应税车辆的计税价格，按照纳税人生产的同类应税车辆（即车辆配置序列号相同的车辆）的销售价格确定，不包括增值税税款。

没有同类应税车辆销售价格的，按照组成计税价格确定，公式如下：

组成计税价格=成本×（1+成本利润率）

属于应征消费税的应税车辆，其组成计税价格中应加计消费税税额，计算公式为：

组成计税价格=成本×（1+成本利润率）÷（1-消费税税率）

提示：

（1）上述公式中的成本利润率，由国家税务总局各省、自治区、直辖市和计划单列市税务局确定。

（2）自产自用应税车辆的计税价格，不能以自开机动车销售统一发票上的价格确定。

典例研习·7-6 教材例题改编

某汽车制造企业将自产的一辆汽车，用于企业的生产经营活动。该企业在办理车辆上牌落籍前，出具该车的机动车销售统一发票，注明金额125 000元，并按此金额向主管税务机关申报纳税。经审核，同类型车辆的销售价格为170 000元（不含增值税），该企业对作价问题无法提出正当理由。请计算该汽车应纳车辆购置税。

斯尔解析

虽然发票上注明金额为125 000元（发票上注明的金额即为不含增值税价格），但是纳税人自产自用应税车辆的计税价格按同类型应税车辆的销售价格确定。

应纳税额=170 000×10%=17 000 （元）

（四）受赠、获奖或其他方式取得并自用应税车辆

纳税人以受赠、获奖或者其他方式取得自用应税车辆的计税价格，按照**购置应税车辆时相关凭证载明的价格确定**，不包括增值税税款。

购置应税车辆时相关凭证，是指原车辆所有人购置或者以其他方式取得应税车辆时载明价格的凭证。**无法提供相关凭证的**，参照同类应税车辆**市场平均交易价格**确定其计税价格。

原车辆所有人为车辆生产或者销售企业，未开具机动车销售统一发票的，按照车辆生产或者销售同类应税车辆的销售价格确定计税价格；无同类应税车辆销售价格的，按照组成计税价格确定计税价格（同自产自用的组价公式）。

此外，纳税人申报的应税车辆计税价格明显偏低，又无正当理由的，由税务机关依照《中华人民共和国税收征收管理法》的规定核定其应纳税额。

解题高手👍

命题角度：不同情形下车辆购置税计税依据的确定。

应税行为		计税依据
购买自用		实际支付的全部不含税价款
进口自用		组成计税价格=关税完税价格+关税（+消费税）
自产自用		（1）纳税人生产的同类应税车辆的销售价格（不含增值税）。 （2）没有同类应税车辆销售价格，按照组成计税价格确定
受赠、获奖或者其他方式取得自用	来自其他企业	（1）购置应税车辆时相关凭证所载价格。 （2）同类应税车辆市场平均交易价格
	来自车辆生产或销售企业（未开具机动车统一销售发票）	（1）按照车辆生产或者销售同类应税车辆的销售价格。 （2）按组成计税价格

｜典例研习·7-7 2021年单项选择题

关于车辆购置税的计税依据，下列说法正确的是（　　）。

A.获奖自用应税车辆的计税依据为组成计税价格

B.购买自用应税车辆的计税依据为支付给销售者的含增值税的价款

C.受赠自用应税车辆的计税依据为组成计税价格

D.进口自用应税车辆的计税依据为组成计税价格

⑤**斯尔解析** 本题考查车辆购置税的计税依据。

选项D当选，进口自用应税车辆的计税依据为组成计税价格，组成计税价格＝关税完税价格＋关税（＋消费税）。

选项AC不当选，受赠、获奖或其它方式取得自用应税车辆的计税价格，按照购置应税车辆时相关凭证载明的价格确定，不含增值税。

选项B不当选，购买自用应税车辆的计税依据，为实际支付给销售者的全部价款，不含增值税。

▲**本题答案** D

（五）车辆购置税的补税、退税规定

1.减免税条件消失车辆应纳税额的计算

已经办理减税、免税手续的车辆因转让、改变用途等原因不再属于免税、减税范围的，纳税人在办理纳税申报时，应如实填报相关申报表。发生二手车交易行为的，提供二手车销售统一发票；属于其他情形的，按照相关规定提供申报材料。

纳税人、纳税义务发生时间、应纳税额的确定方式和计算方法如下：

维度	内容
纳税人	发生转让行为的，受让人为车辆购置税纳税人；未发生转让行为的，车辆所有人为车辆购置税纳税人
纳税义务发生时间	车辆转让或者用途改变等情形发生之日
应纳税额计算公式	应纳税额＝初次办理纳税申报时确定的计税价格×（1－使用年限×10%）×10%－已纳税额 其中： （1）应纳税额不得为负数。 （2）使用年限是指自纳税人初次办理纳税申报之日起，一直到不再属于免税、减税范围的情形发生之日止。使用年限取整计算，不满1年的不计算在内

典例研习·7-8 （教材例题改编）

某高速公路集团2021年2月购置一辆道路检测车用于高速公路安全运行检测，该集团办理纳税申报时，出具该车的发票注明金额200 000元（不含增值税），经审核，该车符合车辆购置税免税条件。2023年9月，该车因改变用途不再属于车辆购置税免税辆。请计算该集团应纳的车辆购置税税额。

斯尔解析

该车在初次办理纳税申报时，经审核符合车辆购置税免税条件，但2年后因用途改变不属于免税车辆，应按规定缴纳车辆购置税。

应纳税额 = 200 000 × （1−2×10%）×10%=16 000（元）

2.已纳税车辆的退税

（1）纳税人将已征车辆购置税的车辆退回车辆生产企业或者销售企业的，可以向主管税务机关申请退还车辆购置税。

（2）需要提供的资料：纳税人身份证明、退车证明和退车发票。

（3）退税额以已缴税款为基准，自缴纳税款之日至申请退税之日，每满1年扣减10%。应退税额计算公式如下：

应退税额=已纳税额×（1−使用年限×10%）

提示：应退税额不得为负数。使用年限是指自纳税人缴纳税款之日起至申请退税之日止。使用年限取整计算，不满1年的不计算在内。

典例研习·7-9 （2022年单项选择题）

2023年9月10日，王某因汽车质量问题与汽车销售企业达成退车协议，并于当日向税务机关申请退还已纳的车辆购置税。汽车销售企业开具的退车证明和发票上显示，王某于2021年5月10日购买该汽车，支付价税合计金额152 000元，并于当日缴纳车辆购置税13 451.33元。王某可以申请退还的车辆购置税为（   ）元。

A.9 415.93   B.10 761.06

C.10 088.50   D.13 451.33

斯尔解析 本题考查车辆购置税的退税规定。

选项B当选，纳税人将已征车辆购置税的车辆退回车辆生产企业或者销售企业的，可以向主管税务机关申请退还车辆购置税。退税额以已缴税款为基准，自缴纳税款之日至申请退税之日，每满1年扣减10%，使用年限取整计算，不满1年的不计算在内，应退税额=已纳税额×（1−使用年限×10%）。

故王某可以申请退还的车辆购置税=13 451.33×（1−2×10%）=10 761.06（元）

选项A不当选，误将使用年限判断为3年。

选项C不当选，误将使用年限判断为2.5年。

选项D不当选，误认为可以全额退还车辆购置税。

本题答案 B

第三节　税收优惠

一、法定减免税规定

（1）依照法律规定应当予以免税的**外国驻华使馆、领事馆和国际组织驻华机构及其外交人员**自用车辆免税。

（2）中国人民解放军和中国人民武装警察部队列入军队武器装备订货计划的车辆免税。

（3）悬挂应急救援专用号牌的国家综合性消防救援车辆免税。

（4）设有**固定装置的非运输专用作业车辆**免税。

（5）城市公交企业购置的公共汽电车辆免税。

二、其他减免税规定

（1）回国服务的在外留学人员用现汇购买1辆个人自用国产小汽车免税。

（2）长期来华定居专家进口1辆自用小汽车免税。

（3）防汛部门和森林消防部门用于指挥、检查、调度、报汛（警）、联络的由指定厂家生产的设有固定装置的指定型号的车辆免税。

（4）对购置日期在2024年1月1日至2025年12月31日期间的新能源汽车免征车辆购置税，其中，每辆新能源乘用车免税额不超过3万元；对购置日期在2026年1月1日至2027年12月31日期间的新能源汽车减半征收车辆购置税，其中，每辆新能源乘用车减税额不超过1.5万元。

对购置日期在2014年9月1日至2023年12月31日期间内的新能源汽车免税。新

（5）自2018年7月1日至2027年12月31日，对购置挂车减半征收车辆购置税。

（6）中国妇女发展基金会"母亲健康快车"项目的流动医疗车免税。

（7）原公安现役部队和原武警黄金、森林、水电部队改制后换发地方机动车牌证的车辆（公安消防、武警森林部队执行灭火救援任务的车辆除外），一次性免税。

根据国民经济和社会发展的需要，国务院可以规定减征或者其他免征车辆购置税的情形，报全国人民代表大会常务委员会备案。

解题高手

命题角度：车辆购置税的主要税收优惠政策归纳总结如下。

(1) 特定用途："农用""军警外交、应急消防"免。

(2) 外来人士用车：留学回国人员现汇买国产车、来华专家进口车免。

(3) 单独记忆：城市公交用汽电车辆免。固定装置的非运输车辆免。新能源汽车分阶段减免、挂车减半。

典例研习 · 7-10 模拟单项选择题

下列车辆，免征车辆购置税的是（　　）。

A.防汛部门专用指挥车

B.长期来华定居专家在国内购买一辆进口小汽车自用

C.回国服务的留学人员用人民币购买进口小汽车自用

D.购置汽车挂车

斯尔解析 本题考查车辆购置税的税收优惠。

选项A当选，防汛部门和森林消防部门用于指挥、检查、调度、报汛（警）、联络的由指定厂家生产的设有固定装置的指定型号的车辆免税。

选项B不当选，长期来华定居专家进口1辆自用小汽车免税，在国内购买进口小汽车不免征。

选项C不当选，回国服务的在外留学人员用现汇购买1辆个人自用国产小汽车免税，其他情形不免征。

选项D不当选，自2018年7月1日至2027年12月31日，对购置挂车减半征收车辆购置税。

本题答案 A

典例研习 · 7-11 2019年单项选择题

下列行为中，免征车辆购置税的是（　　）。

A.某市公交企业购置自用小轿车

B.某国驻华使馆进口自用小汽车

C.来华留学人员用现汇购买1辆自用国产小汽车

D.某物流企业购买设有固定装置的运输专用车辆

斯尔解析 本题考查车辆购置税的税收优惠。

选项B当选，外国驻华使馆、领事馆和国际组织驻华机构及其外交人员自用车辆免税。

选项A不当选，城市公交企业购置的公共汽电车辆免税，购置自用的小轿车应照常征税。

选项C不当选，回国服务的在外留学人员用现汇购买一辆个人自用国产小汽车免税。来华留学人员没有免税规定。

选项D不当选，设有固定装置的非运输专用车辆免税，运输专用车辆应照常征税。

本题答案 B

第四节 征收管理

一、纳税环节及一次征收制

车辆购置税是对应税车辆的购置行为课征，征税环节选择在车辆的最终消费环节。纳税人应当在向公安机关交通管理部门办理车辆登记注册手续前，缴纳车辆购置税。

公安机关交通管理部门办理车辆注册登记，应当根据税务机关提供的应税车辆完税或者免税电子信息对纳税人申请登记的车辆信息进行核对，核对无误后依法办理车辆注册登记。

车辆购置税实行"一车一申报"制度，车辆购置税一次性征收，购置已征车辆购置税的车辆，不再征收车辆购置税。

提示：

纳税人办理纳税申报时应如实填写《车辆购置税纳税申报表》，同时提供以下凭证：

（1）车辆合格证明，整车出厂合格证或者《车辆电子信息单》。

（2）车辆相关价格凭证，机动车销售统一发票、海关进口关税专用缴款书或其他有效证明。

（3）办理纳税申报业务、补税、完税证明换证等业务时，税务机关不再出具纸质车辆购置税完税证明。

二、减免税的纳税申报

纳税人在办理车辆购置税免税、减税时，除如实填报《车辆购置税纳税申报表》，提供车辆合格证明和车辆相关价格凭证外，还应当根据不同的免税、减税情形，分别提供相关资料的原件、复印件。

（1）外国驻华使馆、领事馆和国际组织驻华机构及其有关人员自用车辆，提供机构证明和外交部门出具的身份证明。

（2）城市公交企业购置的公共汽电车辆，提供所在地县级以上（含县级）交通运输主管部门出具的公共汽电车辆认定表。

（3）悬挂应急救援专用号牌的国家综合性消防救援车辆，提供中华人民共和国应急管理部批准的相关文件。

（4）回国服务的在外留学人员购买的自用国产小汽车，提供海关核发的《中华人民共和国海关回国人员购买国产汽车准购单》。

（5）长期来华定居专家进口自用小汽车，提供国家外国专家局或者其授权单位核发的专家证或者A类和B类《外国人工作许可证》。

三、车辆购置税退税的程序

已经缴纳车辆购置税的，纳税人向原征收机关申请退税时，应当如实填报《车辆购置税退税申请表》，提供纳税人身份证明，并区别不同情形提供相关资料。

（1）纳税人身份证明。单位纳税人身份证明是指《统一社会信用代码证书》，或者营业执照，或者其他有效机构证明；个人纳税人身份证明是指居民身份证，或者居民户口簿，或者入境的身份证件。

（2）车辆退回生产企业或者销售企业的，提供生产企业或者销售企业开具的退车证明和退车发票。

（3）其他依据法律法规规定应当退税的，根据具体情形提供相关资料。

四、完税或者免税电子信息更正

纳税人名称、车辆厂牌型号、发动机号、车辆识别代号（车架号）、证件号码等应税车辆完税或者免税电子信息与原申报资料不一致的，纳税人可以到税务机关办理完税或者免税电子信息更正，但是不包括以下情形：

（1）车辆识别代号（车架号）和发动机号同时与原申报资料不一致。

（2）完税或者免税信息更正影响到车辆购置税税款。

（3）纳税人名称和证件号码同时与原申报资料不一致。税务机关核实后，办理更正手续，重新生成应税车辆完税或者免税电子信息，并且及时传送给公安机关交通管理部门。

五、纳税地点

需办理车辆登记注册手续的纳税人，向车辆登记地的主管税务机关办理纳税申报。

不需要办理车辆登记注册手续的纳税人，单位纳税人向其机构所在地的主管税务机关办理纳税申报。个人纳税人向其户籍所在地或者经常居住地的主管税务机关办理纳税申报。

六、纳税期限

（1）车辆购置税的纳税义务发生时间为纳税人购置应税车辆的当日。

情形	纳税义务发生时间
购买自用	购买之日，即车辆相关价格凭证的开具日期
进口自用	进口之日，即《海关进口增值税专用缴款书》或者其他有效凭证的开具日期
自产、受赠、获奖或者以其他方式取得并自用	取得之日，即合同、法律文书或者其他有效凭证的生效或者开具之日

提示：纳税义务发生时间以纳税人购置应税车辆所取得的车辆相关凭证上注明的时间为准。

（2）纳税人应当自纳税义务发生时间起60日内申报纳税。

典例研习·7-12 2021年单项选择题

关于车辆购置税征收管理，下列说法正确的是（　　）。

A.纳税人应向车辆销售地主管税务机关申报纳税

B.纳税期限是自纳税义务发生之日起60日内

C.纳税人按年缴纳车辆购置税

D.纳税义务发生时间为纳税人购置应税车辆的次日

⑤斯尔解析 本题考查车辆购置税的征收管理。

选项A不当选，需要办理车辆登记注册手续的纳税人，向车辆登记地的主管税务机关办理纳税申报。不需要办理车辆登记注册手续的，单位纳税人向其机构所在地的主管税务机关办理纳税申报。个人纳税人向其户籍所在地或者经常居住地的主管税务机关办理纳税申报。

选项C不当选，车辆购置税"一车一申报"，实行一次性征收。

选项D不当选，纳税义务发生时间为购置应税车辆所取得的车辆相关凭证上注明的时间。

▲**本题答案** B

典例研习在线题库

至此，税法（Ⅰ）的学习已经进行了77%，继续加油呀！

77%

第八章 环境保护税

重要程度：次重点章节

平均分值：7分

考核题型：各种题型

本章提示：本章为税法（Ⅰ）中的次重点章节，近两年有命制计算题和综合分析题的趋势，学习的时候不可掉以轻心，需要重点掌握环境保护税的征税范围、计税依据和应纳税额的计算以及税收优惠等内容，尤其是计算部分，务必通过做题加强练习

考点精讲

第一节　环境保护税概念和征税范围

一、环境保护税的特点

为了保护和改善环境，减少污染物排放，推进生态文明建设，开征环境保护税。与其他税种比较，环境保护税具有以下几个特点：

（1）征税项目为四类重点污染物。

环境保护税开征是原有的排污费"平移"费改税的结果，根据排污费项目设置税目，对**大气污染物、水污染物、固体废物、噪声**四类重点污染物征税。

（2）纳税人主要是企事业单位和其他经营者。

政府机关、家庭和个人即便有排放污染物的行为，因其不属于企业事业单位和其他生产经营者，不属于环境保护税的纳税人。同时对农业生产者（不包括规模化养殖）暂免征税。

（3）直接排放应税污染物是必要条件。

与其他税种不同，环境保护税的征税环节不是生产销售环节，也不是消费使用环节，而是直接向环境排放应税污染物的排放环节。**直接排放污染物是必要条件**，如果不属于直接向环境排放污染物，则不需要缴纳环境保护税。

（4）税额为**统一定额税和浮动定额税**结合。

（5）税收收入**全部归地方**。

纳税人应当向应税污染物排放地的税务机关申报缴纳环境保护税。为鼓励地方做好污染防治工作，税收收入中央不再参与分成，全部归地方，用于地方治理环境污染。

二、环境保护税的纳税义务人和征税范围（★）

1.纳税义务人

环境保护税的纳税人是指在中华人民共和国领域和中华人民共和国管辖的其他海域，直接向环境排放应税污染物的**企业事业单位和其他生产经营者**。

提示：政府机关、家庭和个人（仅指其他个人）不属于《环境保护税法》规定的环境保护税的纳税人范畴，家庭以及个人日常生活中排放的污水、生活垃圾以及其他的废弃物是不用缴纳环境保护税的。

| 典例研习·8-1 2019年多项选择题

下列直接向环境排放污染物的主体中，属于环境保护税纳税人的有（　　）。

A.事业单位

B.个人

C.家庭

D.私营企业

E.国有企业

斯尔解析 本题考查环境保护税的纳税人。

选项ADE当选、选项BC不当选，环境保护税的纳税人是指在中华人民共和国领域和中华人民共和国管辖的其他海域，直接向环境排放应税污染物的企业事业单位和其他生产经营者，不包括家庭和个人。

▲本题答案 ADE

2.征税范围

环境保护税的征税对象为纳税人直接向环境排放的应税污染物，包括**大气污染物、水污染物、固体废物和噪声**。

提示："直接排放"为征收环境保护税的必要条件。

（1）有下列情形之一的，不属于直接向环境排放污染物，不缴纳环境保护税：

①向依法设立的污水集中处理、生活垃圾集中处理场所排放应税污染物的。

②在符合国家和地方环境保护标准的设施、场所贮存或者处置固体废物的。

③达到省级人民政府确定的规模标准并且有污染物排放口的畜禽养殖场，依法对畜禽养殖废弃物进行综合利用和无害化处理的。

（2）下列行为属于直接向环境排放应税污染物，应征收环境保护税，包括：

①依法设立的**城乡污水集中处理**、生活垃圾集中处理场所超过国家和地方规定的排放标准向环境排放应税污染物的。

城乡污水集中处理场所，是指为社会公众提供生活污水处理服务的场所，不包括为工业园区、开发区等工业聚集区域内的企业事业单位和其他生产经营者提供污水处理服务的场所，以及企业事业单位和其他生产经营者自建自用的污水处理场所。

②企业事业单位和其他生产经营者贮存或者处置固体废物不符合国家和地方环境保护标准的，应当缴纳环境保护税。

③达到省级人民政府确定的规模标准并且有污染物排放口的畜禽养殖场，应当依法缴纳环境保护税。

原理详解 💡

　　向污水集中处理、生活垃圾集中处理场所排放应税污染物，还有在符合环保标准的规定设施、场所贮存、处置固体废物的，以及对养殖废弃物进行综合利用和无害化处理的，这些行为中污染物会进行进一步处置、处理，所以不属于直接向环境排放污染物，不会造成环境污染，不征收环境保护税。

典例研习·8-2 模拟单项选择题

　　下列情形中，属于直接向环境排放污染物，从而应缴纳环境保护税的是（　　）。

A.企业在符合国家和地方环境保护标准的场所处置固体废物

B.事业单位向依法设立的生活垃圾集中处理场所排放应税污染物

C.企业向依法设立的污水集中处理场所排放应税污染物

D.依法设立的城乡污水集中处理场所超过国家和地方规定的排放标准排放应税污染物

　　⑤**斯尔解析** 本题考查环境保护税的征税范围。

　　选项D当选，依法设立的城乡污水集中处理、生活垃圾集中处理场所排放相应应税污染物，不超过国家和地方规定的排放标准的，暂予免征环境保护税；超过国家和地方排放标准的，应当征税。

　　选项ABC不当选，不属于直接向环境排放污染物，不缴纳环境保护税。

　　🔺**本题答案** D

典例研习·8-3 2022年单项选择题

　　下列关于环境保护税征税范围的表述，错误的是（　　）。

A.依法设立的生活垃圾集中处理场所超过国家和地方规定的排放标准向环境排放的应税污染物，应当缴纳环境保护税

B.存栏量为8 000羽鸡的养殖场排放应税污染物，应当缴纳环境保护税

C.装修新房产生噪声，应当缴纳环境保护税

D.提供餐饮服务直接向环境排放水污染物，应当缴纳环境保护税

　　⑤**斯尔解析** 本题考查环境保护税的征税范围。

　　选项C当选，环境保护税的应税噪声目前只针对工业噪声。

　　🔺**本题答案** C

第二节 税目与税率

一、税目

税目	概念	具体内容
大气污染物	排入大气的并对人和环境产生有害影响的物质	二氧化硫、氮氧化物、一氧化碳、一般性粉尘、烟尘、二硫化碳等。 提示：（1）不包括温室气体二氧化碳。 （2）燃烧产生废气中的颗粒物，按照烟尘征收环境保护税
水污染物	向水体排放的，能导致水体污染的物质	（1）总汞、总铬、六价铬、总铅等。 （2）pH值酸碱度失衡、色度变化、大肠菌群数超标或余氯量造成的污染。 （3）禽畜养殖业、小型企业、饮食娱乐服务业、医院等因素造成的污染
固体废物	丧失原有利用价值或虽未丧失但被抛弃或放弃的固态、半固态和置于容器中的气态的物品、物质	煤矸石、尾矿、危险废物、冶炼渣、粉煤灰、炉渣、其他固体废物（含半固态、液态废物）。 提示：其他固体废物的范围由各省、自治区和直辖市人民政府统筹考虑本地区环境承载能力、污染物排放现状和经济社会生态发展目标要求提出，报同级人民代表大会常务委员会决定，并报全国人民代表大会常务委员会和国务院备案
噪声	超过国家规定的环境噪声排放标准，并干扰他人正常生活、工作和学习的声音	目前只针对工业噪声征收环境保护税

| 典例研习 · 8-4 | 2020年多项选择题 |

关于环境保护税税目，下列说法正确的有（　　）。

A.一氧化碳属于大气污染物

B.煤矸石属于固体废物

C.石棉尘属于大气污染物

D.建筑施工噪声属于噪声污染

E.家庭排放的污水属于水污染物

斯尔解析　本题考查环境保护税的税目。

选项D不当选，目前只对工业企业噪声超标的情况征收环境保护税。

选项E不当选，家庭排放的污水不属于环境保护税法所称的水污染物。

本题答案　ABC

二、税率

应税污染物的适用税率有两种，一是全国统一定额税，二是浮动定额税。

税目		计税单位	税额
大气污染物		每污染当量	1.2元至12元
水污染物			1.4元至14元
固体废物	煤矸石	每吨	5元
	尾矿		15元
	危险废物		1000元
	粉煤灰、炉渣等		25元
噪声（工业噪声）		超标1~3分贝	每月350元
		超标4~6分贝	每月700元
		超标7~9分贝	每月1400元
		……	……

提示：应税大气污染物和水污染物的具体适用税额的确定和调整，由省、自治区、直辖市人民政府统筹考虑，在规定的税额幅度内提出，报同级人民代表大会常务委员会决定，并报全国人民代表大会常务委员会和国务院备案。

第三节 计税依据和应纳税额的计算

一、应税大气污染物、应税水污染物

（1）计税依据按照污染物排放量折合的污染当量数确定。

污染当量数=该污染物的排放量÷该污染物的污染当量值

（2）应纳税额=污染当量数×适用税额。

提示：

①污染当量，是指根据污染物或者污染排放活动对环境的有害程度以及处理的技术经济性，衡量不同污染物对环境污染的综合性指标或者计量单位。

②色度的污染当量数，以污水排放量乘以色度超标倍数再除以适用的污染当量值计算。

③畜禽养殖业水污染物的污染当量数，以该畜禽养殖场的月均存栏量除以适用的污染当量值计算。畜禽养殖场的月均存栏量按照月初存栏量和月末存栏量的平均数计算。

典例研习·8-5 2022年单项选择题

某养猪场2023年3月养猪存栏量为3 000头，污染当量值为1头，当地水污染物适用税额为每污染当量2元，当月应缴纳环境保护税（　　）元。

A.0　　　　　　　　　　　　B.2 000

C.3 000　　　　　　　　　　D.6 000

斯尔解析 本题考查环境保护税应纳税额的计算。

选项D当选，具体计算过程如下：

（1）应税水污染物的计税依据按照污染物排放量折合的污染当量数确定。污染当量数=该污染物的排放量÷该污染物的污染当量值。

畜禽养殖业水污染物的污染当量数，以该畜禽养殖场的月均存栏量除以适用的污染当量值计算。

水污染物当量数=3 000÷1=3 000

（2）应纳税额=污染当量数×定额税率。

故应缴纳环境保护税=3 000×2=6 000（元）

本题答案 D

（3）按污染当量排序确定征收的污染物。

污染物	具体内容
大气污染物	每一排放口或者没有排放口的应税大气污染物，按照污染当量数从大到小排序，对前三项污染物征收环境保护税
水污染物	每一个排放口的应税水污染物，区分第一类水污染物和其他类水污染物，按照污染当量数从大到小排序，对第一类水污染物按照前五项征收环境保护税，对其他类水污染物按照前三项征收环境保护税

提示：省、自治区、直辖市人民政府根据本地区污染物减排的特殊需要，可以增加同一排放口征收环境保护税的应税污染物项目数，报同级人民代表大会常务委员会决定，并报全国人民代表大会常务委员会和国务院备案。

典例研习·8-6

某餐饮公司，通过安装水流量计测得2023年2月排放污水量为60吨，污染当量值为0.5吨。假设当地水污染物适用税额为2.8元/污染当量，计算该餐饮公司当月应缴纳的环境保护税税额。

斯尔解析

水污染当量数=污水排放量÷污染当量值=60÷0.5=120

应纳环境保护税额=水污染当量数×单位税额=120×2.8=336（元）

典例研习·8-7 （教材例题改编）

某企业2023年6月向大气直接排放二氧化硫160吨、氮氧化物228吨，烟尘45吨、一氧化碳20吨，该企业所在地区大气污染物的税额标准为1.2元/污染当量，该企业只有一个排放口。已知二氧化硫、氮氧化物的污染当量值为0.95千克，烟尘污染当量值为2.18千克，一氧化碳污染当量值为16.7千克。请计算该企业6月大气污染物应缴纳的环境保护税（结果保留两位小数）。

斯尔解析

（1）大气污染物对一个排污口排放的应税污染物，按照污染当量数从大到小排序，对前三项污染物征收环境保护税。

二氧化硫污染当量数=160×1 000÷0.95=168 421.05

氮氧化物污染当量数=228×1 000÷0.95=240 000

烟尘污染当量数=45×1 000÷2.18=20 642.2

一氧化碳污染当量数=20×1 000÷16.7=1 197.6

氮氧化物（240 000）＞二氧化硫（168 421.05）＞烟尘（20 642.2）＞一氧化碳（1 197.6），应对前三项污染物计算应纳税额。

（2）该企业6月应纳环境保护税税额=（240 000+168 421.05+20 642.2）×1.2=514 875.9（元）。

（4）多个检测数据或无监测数据时计税依据的确定。

纳税人委托监测机构对应税大气污染物和水污染物排放量进行监测时，其当月同一个排放口排放的同一种污染物有多个监测数据的，有以下几项规定：

①应税大气污染物按照监测数据的平均值计算应税污染物的排放量。

②应税水污染物按照监测数据以流量为权的加权平均值计算应税污染物的排放量。

③在生态环境主管部门规定的监测时限内当月无监测数据的，可以跨月沿用最近一次的监测数据计算应税污染物排放量，但不得跨季度沿用监测数据。

④纳入排污许可管理行业的纳税人，其应税污染物排放量的监测计算方法按照排污许可管理要求执行。

（5）违规情形处理。

纳税人有下列情形之一的，以其当期应税大气污染物、水污染物的产生量作为污染物的排放量：

①未依法安装使用监测设备或者未将监测设备联网。

②损毁或者擅自移动、改变监测设备。

③篡改、伪造监测数据。

④通过暗管、渗井、渗坑、灌注或者稀释排放以及不正常运行设施等方式违法排放应税污染物。

⑤进行虚假纳税申报。

二、应税固体废物

（1）计税依据按照固体废物的排放量确定。

固体废物的排放量=当期固体废物的产生量-当期固体废物的综合利用量-当期固体废物的贮存量-当期固体废物的处置量

（2）应纳税额=固体废物排放量×具体适用税额。

提示：

①纳税人应当准确计算应税固体废物的贮存量、处置量和综合利用量；未准确计算的，不得从其应税固体废物的产生量中减除。

②纳税人依法将应税固体废物转移至其他单位和个人进行贮存、处置或者综合利用的，固体废物的转移量相应计入其当期应税固体废物的贮存量、处置量或者综合利用量。

③纳税人接收的应税固体废物转移量，不计入其当期应税固体废物的产生量。

④未直接向环境排放固体废物，且不享受综合利用税收减免的单位，不再进行纳税申报。

（3）违规情形处理。

纳税人有下列情形之一的，以其当期应税固体废物的产生量作为固体废物的排放量：

①非法倾倒应税固体废物。

②进行虚假纳税申报。

典例研习·8-8　2021年单项选择题

甲企业2023年3月在生产过程中产生固体废物600吨，其中按照国家和地方环境保护标准综合利用200吨。已知该固体废物单位税额为每吨5元，该企业排放固体废物应缴纳环境保护税（　　）元。

A.4 000
B.2 000
C.3 000
D.1 000

斯尔解析　本题考查环境保护税应纳税额的计算。

选项B当选，固体废物的计税依据为固体废物的排放量，计算公式为：

固体废物的排放量=当期固体废物的产生量−当期固体废物的综合利用量−当期固体废物的贮存量−当期固体废物的处置量

该企业应缴纳环境保护税=（600−200）×5=2 000（元）

本题答案　B

三、应税噪声

按照超过国家规定标准的分贝数确定每月税额。噪声超标分贝不是整数值的，按四舍五入取整。

应税噪声的应纳税额=超过国家规定标准的分贝数对应的适用税额

（1）一个单位的同一监测点当月有多个监测数据超标的，以最高一次超标声级计算应纳税额。当沿边界长度超过100米有两处以上噪声超标，按两个单位计算应纳税额。

（2）一个单位有不同地点作业场所的，应当分别计算应纳税额，合并计征。

（3）昼、夜均超标的环境噪声，昼、夜分别计算应纳税额，累计计征。

（4）夜间频繁突发和夜间偶然突发厂界超标噪声，按等效声级和峰值噪声两种指标中超标分贝值最高的一项计算应纳税额。

（5）声源一个月内超标不足15天的，减半计算应纳税额。

解题高手

命题角度：考查应税污染物计税依据的确定。

在解题时需要特别注意不同种类应税污染物的计税依据各不相同：

（1）大气污染物和水污染物的计税依据是按照排放量换算出的污染当量数，大气污染物的污染当量数排序取前三征税。水污染物的污染当量数分类排序，第一类取前五征税，其他类取前三征税。

（2）固体废物的计税依据为排放量，用产生量减除综合利用、贮存和处置量。

（3）噪声的计税依据为超标分贝。

四、应税污染物排放量的计算

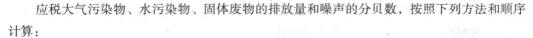

应税大气污染物、水污染物、固体废物的排放量和噪声的分贝数，按照下列方法和顺序计算：

（1）纳税人安装使用符合国家规定和监测规范的污染物自动监测设备的，按照污染物自动监测数据计算。

（2）纳税人未安装使用污染物自动监测设备的，按照监测机构出具的符合国家有关规定和监测规范的监测数据计算。

（3）因排放污染物种类多等原因不具备监测条件的：

①属于排污许可管理的排污单位，适用生态环境部发布的排污许可证申请与核发技术规范中规定的排（产）污系数、物料衡算方法计算应税污染物排放量。排污许可证申请与核发技术规范未规定相关排（产）污系数的，适用生态环境部发布的排放源统计调查制度规定的排（产）污系数方法计算应税污染物排放量。

②不属于排污许可管理的排污单位，适用生态环境部发布的排放源统计调查制度规定的排（产）污系数方法计算应税污染物排放量。

③上述情形中仍无相关计算方法的，由各省、自治区、直辖市生态环境主管部门结合本地实际情况，科学合理制定抽样测算方法。

（4）不能按照上述（1）至（3）规定的方法计算的，按照省、自治区、直辖市人民政府生态环境主管部门规定的抽样测算的方法核定计算。

即：设备自动监测→监测机构→排污系数→抽样测算。

另外，对于纳税人从两个以上排放口排放应税污染物的，对每一排放口排放的应税污染物分别计算征收环境保护税。纳税人持有排污许可证的，其污染物排放口按照排污许可证载明的污染物排放口确定。

第四节 税收优惠

一、免征项目

（1）农业生产（不包括规模化养殖）排放应税污染物的。

提示：规模化养殖是指存栏规模大于50头牛、500头猪、5 000羽鸡鸭等的畜禽养殖场。

（2）机动车、铁路机车、非道路移动机械、船舶和航空器等流动污染源排放应税污染物的。

（3）依法设立的城乡污水集中处理、生活垃圾集中处理场所（如生活垃圾焚烧发电厂、生活垃圾填埋场、生活垃圾堆肥厂）排放相应应税污染物，不超过国家和地方规定的排放标准的。

（4）纳税人综合利用的固体废物，符合国家和地方环境保护标准的。

二、减征项目

（1）纳税人排放应税大气污染物或者水污染物的浓度值低于国家和地方规定的污染物排放标准30%的，减按75%征收环境保护税。

（2）纳税人排放应税大气污染物或者水污染物的浓度值低于国家和地方规定的污染物排放标准50%的，减按50%征收环境保护税。

（3）纳税人噪声声源一个月内累计昼间超标不足15昼或者累计夜间超标不足15夜的，分别减半计算应纳税额。

┃典例研习·8-9　2021年单项选择题

下列行为，免征环境保护税的是（　　）。

A.生活垃圾填埋场排放应税污染物

B.水泥厂排放应税大气污染物的浓度值低于国家规定的污染物排放标准50%的

C.符合国家和地方环境保护标准的综合利用固体废物

D.规模化养殖场排放应税污染物

斯尔解析 本题考查环境保护税的税收优惠。

选项C当选，符合国家和地方环境保护标准的综合利用固体废物，暂免征收环境保护税。

选项A不当选，生活垃圾填埋场排放相应应税污染物，不超过国家和地方规定的排放标准的，暂予免征环境保护税；超过国家和地方规定的排放标准的，照常征税。

选项B不当选，排放应税大气污染物或水污染物的浓度值低于国家和地方规定的污染物排放标准50%的，减按50%征收环境保护税。

提示：排放应税大气污染物或水污染物的浓度值低于国家和地方规定的污染物排放标准30%的，减按75%征收环境保护税。

选项D不当选，农业生产（不包括规模化养殖）排放应税污染物的，暂予免征环境保护税；规模化养殖场排放应税污染物的，照常征税。

▲本题答案 C

第五节　征收管理

一、纳税义务发生时间及纳税期限

（1）环境保护税纳税义务发生时间为纳税人排放应税污染物的当日。

（2）环境保护税按月计算，按季申报缴纳。不能按固定期限计算缴纳的，可以按次申报缴纳。

①纳税人按季申报缴纳的，应当自季度终了之日起15日内，向税务机关办理纳税申报并缴纳税款。

②纳税人按次申报缴纳的，应当自纳税义务发生之日起15日内，向税务机关办理纳税申报并缴纳税款。

二、纳税地点

纳税人应当向应税污染物排放地的税务机关申报缴纳环境保护税。

应税污染物排放地包括：

（1）应税大气污染物、水污染物排放口所在地。

（2）应税固体废物产生地。

（3）应税噪声产生地。

纳税人跨区域排放应税污染物，税务机关对税收征收管辖有争议的，由争议各方按照有利于征收管理的原则协商解决；不能协商一致的，报请共同的上级税务机关决定。

三、税务机关与生态环境主管部门职责分工

生态环境主管部门和税务机关应当建立涉税信息共享平台和工作配合机制。

（1）生态环境主管部门应当将排污单位的排污许可、污染物排放数据、环境违法和受行政处罚情况等环境保护相关信息，定期交送税务机关。

（2）税务机关应当将纳税人的纳税申报、税款入库、减免税额、欠缴税款以及风险疑点等环境保护涉税信息，定期交送生态环境主管部门。

典例研习·8-10 2021年单项选择题

关于环境保护税征收管理，下列说法正确的是（　　）。

A.环境保护税不能够按固定期限计算缴纳的，可以按次申报缴纳

B.纳税义务发生时间为纳税人排放应税污染物后15日内

C.环境保护税能够按固定期限计算缴纳的，按月计算并申报缴纳

D.纳税人在机构所在地申报缴纳环境保护税

⑤斯尔解析 本题考查环境保护税的征收管理。

选项A当选、选项C不当选，环境保护税按月计算，按季度申报，应当自季度终了之日起15日内申报缴纳税款。不能按固定期限计算缴纳的，可以按次申报缴纳，应当自纳税义务发生之日起15日内申报。

选项B不当选，纳税义务发生时间为纳税人排放应税污染物的当日。

选项D不当选，纳税人应当向应税污染物排放地的税务机关申报缴纳环境保护税。

▲**本题答案** A

典例研习在线题库
517 8-6

至此，税法（Ⅰ）的学习已经进行了82%，继续加油呀！

82%

第九章 烟叶税

学习提要

重要程度：非重点章节

平均分值：1.5~3分

考核题型：单项选择题、多项选择题

本章提示：本章为非重点章节，内容较少，学习难度低，但是要注意烟叶税和增值税、消费税结合的命题

考点精讲

第一节　烟叶税概述

　　烟叶税是以纳税人收购烟叶的价款总额为计税依据征收的一种税。

第二节　烟叶税各项规定

要素	具体规定
纳税义务人	在中华人民共和国境内依照规定收购烟叶的单位，为烟叶税的纳税人。 提示： （1）烟叶的生产销售方不是烟叶税的纳税人。 （2）烟叶税的纳税义务人只有单位，不包括个体工商户和其他个人
征税范围	晾晒烟叶、烤烟叶
税率	全国统一的比例税率为20%
计税依据	纳税人收购烟叶 实际支付的价款总额。 实际支付的价款总额包括纳税人支付给烟叶生产销售单位和个人的烟叶收购价款和价外补贴。其中，价外补贴统一按烟叶收购价款的10%计算。 实际支付的价款=收购价款×（1+10%）
应纳税额的计算	应纳税额=实际支付价款×税率=收购价款×（1+10%）×20%
纳税义务发生时间	纳税人收购烟叶的当日。 收购烟叶的当日是指纳税人向烟叶销售者付讫收购烟叶款项或者开具收购烟叶凭据的当日
纳税地点	应当向烟叶收购地的主管税务机关申报缴纳烟叶税
纳税期限	按月计征，纳税义务发生月终了之日起15日内申报并缴纳税款

典例研习·9-1 （模拟多项选择题）

2023年5月，甲市某烟草公司向乙县某烟叶种植户收购了一批烟叶，收购价款200万元，另外支付了价外补贴。下列关于该笔烟叶交易涉及烟叶税征收管理的表述中，符合税法规定的有（　　）。

A.纳税人为烟叶种植户

B.烟叶税的计税依据为200万元

C.烟叶税应纳税额为44万元

D.应向乙县主管税务机关申报纳税

E.应该在6月15日之前向税务机关申报缴纳烟叶税

斯尔解析 本题考查有关烟叶税的各类规定。

选项C当选，烟叶税应纳税额=200×（1+10%）×20%=44（万元）。

选项D当选，纳税人收购烟叶，应当向烟叶收购地（乙县）的主管税务机关申报缴纳烟叶税。

选项E当选，纳税义务人应当在纳税义务发生月终了之日起15日内申报并缴纳税款。

选项A不当选，烟叶税的纳税人为收购烟叶的单位。

选项B不当选，烟叶税的计税依据为烟叶收购价款和价外补贴。其中，价外补贴统一按烟叶收购价款的10%计算，计税依据=200×（1+10%）=220（万元）。

本题答案 CDE

解题高手

命题角度：烟叶税和增值税、消费税结合考查。

（1）烟叶属于农产品，购进的烟叶在进行进项税额抵扣时需要按照农产品的有关规定，计算抵扣进项税额。

允许抵扣的进项税额=买价×扣除率。其中，买价=收购价款+价外补贴+烟叶税。

（2）购进的烟叶用于委托加工烟丝时，如果受托方没有同类售价，需要按照组成计税价格代收代缴消费税。

组成计税价格=（材料成本+加工费）÷（1-消费税比例税率）

其中，材料成本=收购价款+价外补贴+烟叶税-允许抵扣的进项税额。

| 典例研习·9-2 (2020年计算题)

甲卷烟厂为增值税一般纳税人，主要生产销售A牌卷烟，2023年5月发生如下经营业务：

（1）向农业生产者收购烟叶，实际支付价款360万元、另支付10%价外补贴，按规定缴纳了烟叶税，开具合法的农产品收购凭证。另支付运费，取得运输公司（小规模纳税人）开具的增值税专用发票，注明运费5万元。

（2）将收购的烟叶全部运往位于县城的乙企业加工烟丝，取得增值税专用发票，注明加工费40万元、代垫辅料10万元，本月收回全部委托加工的烟丝，乙企业已代收代缴相关税费。

（3）以委托加工收回的烟丝80%生产A牌卷烟1 400箱。本月销售A牌卷烟给丙卷烟批发企业500箱，取得不含税收入1 200万元，由于货款收回及时给予丙企业2%的折扣。

（4）将委托加工收回的烟丝剩余的20%对外出售，取得不含税收入150万元。

已知：A牌卷烟消费税比例税率56%、定额税率150元/箱。烟丝消费税比例税率30%。相关票据已在当月勾选抵扣或计算扣除进项税额。

根据上述资料，请回答下列问题。

（1）业务（1）甲厂应缴纳烟叶税（   ）万元。

A.36

B.40.1

C.72

D.79.2

⑤斯尔解析 本小问考查烟叶税的计算。

选项D当选，烟叶税以纳税人收购烟叶实际支付的价款总额为计税依据，实际支付的价款总额包括烟叶收购价款和价外补贴，其中，价外补贴统一按烟叶收购价款的10%计算。烟叶税税率为20%。

故应缴纳烟叶税=360×（1+10%）×20%=79.2（万元）

选项A不当选，误以烟叶收购价款作为计税依据，且烟叶税税率错用10%。

选项B不当选，误将支付运费计入计税依据，且烟叶税税率错用10%。

选项C不当选，误以烟叶收购价款作为计税依据。

▲本题答案 D

（2）业务（2）乙企业应代收代缴消费税（   ）万元。

A.162.43

B.177.86

C.206.86

D.227.23

⑤斯尔解析 本小问考查委托加工环节应纳消费税的计算。

选项C当选，具体计算过程如下：

（1）烟叶属于农产品，购进的烟叶可计算抵扣增值税进项税额。允许抵扣的进项税额=买价×扣除率，其中，买价=收购价款+价外补贴+烟叶税，烟叶用于加工烟丝（13%税率货物），适用10%扣除率。

允许抵扣的进项税额＝［360×（1+10%）+79.2］×10%=47.52（万元）

（2）运费为购买原材料入库前合理必要支出，需要计入烟叶的材料成本。

烟叶材料成本=360×（1+10%）+79.2-47.52+5=432.68（万元）

综上，乙企业应代收代缴消费税=（材料成本+加工费）÷（1-消费税税率）×消费税税率=（432.68+40+10）÷（1-30%）×30%=206.86（万元）。

本题答案 C

（3）业务（3）甲厂应纳消费税（　　）万元。

A.500.57　　　　　　　　　　B.514.01

C.666.06　　　　　　　　　　D.679.5

斯尔解析 本小问考查委托加工收回应纳消费税的扣除。

选项B当选，现金折扣是为了鼓励购货方及时偿还货款而给予的折扣优待，不得从销售额中减除。以委托加工收回的已税烟丝为原料生产的卷烟，准予按当期生产领用数量计算扣除委托加工收回的应税消费品已纳的消费税税款。

甲厂应纳消费税=1 200×56%+500×150÷10 000-206.86×80%=514.01（万元）

选项A不当选，误在销售额中扣除折扣额。

选项C不当选，误在销售额中扣除折扣额，且未扣除已纳消费税税款。

选项D不当选，未扣除已纳消费税税款。

提示：单位换算需注意。

本题答案 B

（4）业务（4）甲厂应纳消费税（　　）万元。

A.0　　　　　　　　　　　　B.3.63

C.9.43　　　　　　　　　　　D.45.00

斯尔解析 本小问考查委托加工收回对外出售消费税的计算。

选项B当选，20%的烟丝收回的价格=（432.68+40+10）÷（1-30%）×20%=137.91（万元）。销售20%烟丝取得不含税收入150万元，属于加价出售的情形，正常计算缴纳消费税，委托加工环节已代收代缴的消费税准予扣除。

业务（4）甲厂应纳消费税=150×30%-206.86×20%=3.63（万元）

选项A不当选，误认为无须缴纳消费税。

选项C不当选，第二问已纳消费税错误计算为177.86万元。

选项D不当选，未扣除已纳消费税税款。

本题答案 B

典例研习在线题库

至此，税法（Ⅰ）的学习已经进行了 84%，继续加油呀！

84%

第十章 关 税

学习提要

重要程度：非重点章节

平均分值：5分

考核题型：单项选择题、多项选择题

本章提示：本章虽然内容较多，学习难度较大，但是在考试中分值占比不高，重点关注关税的税率、完税价格的确定、税收优惠和征收管理等内容即可

考点精讲

第一节　征税对象与纳税义务人

关税是由海关根据国家制定的有关法律，以准许进出口的货物和进出境物品为征税对象而征收的一种税收。

关税具有以下特点：

（1）征收的对象是准许进出口的货物和进出境物品。

（2）关税是单一环节的价外税。

（3）有较强的涉外性（关税与国家的经济、外交政策紧密相关）。

一、征税对象

征收的对象是进出境的货物和物品。

（1）货物，是指贸易性商品。

（2）物品，是指入境旅客随身携带的行李物品、个人邮递物品、各种运输工具上的服务人员携带进口的自用物品、馈赠物品以及其他方式进境的个人物品。

（3）"进出境"的"境"是指关境，又称"海关境域"或"关税领域"，是《中华人民共和国海关法》（以下简称《海关法》）全面实施的领域。

二、纳税义务人（★）

类型		纳税义务人
进口货物		收货人
出口货物		发货人
进出境物品	所有人	包括该物品的所有人和推定为所有人的人。 一般情况下： （1）对于携带进境的物品，推定其携带人为所有人。 （2）对分离运输的行李，推定相应的进出境旅客为所有人。 （3）对以邮寄方式进境的物品，推定其收件人为所有人。 （4）对以邮递或其他运输方式出境的物品，推定其寄件人或托运人为所有人

| 典例研习·10-1　模拟多项选择题

下列各项中，属于关税纳税义务人的有（　　）。

A.进口货物的收货人

B.出口货物的发货人

C.进口货物的发货人

D.进出境物品的携带人

E.从国外购进专利权的收货人

💲斯尔解析　本题考查关税的纳税义务人。

关税的纳税人包括进口货物的收货人（选项A当选、选项C不当选）、出口货物的发货人（选项B当选）、进出境物品的所有人和推定所有人（携带人、收件人、寄件人或托运人等）（选项D当选）。

选项E不当选，专利权不属于关税征税范围，因此无须缴纳关税。

▲本题答案　ABD

第二节　税率及税率的适用

一、关税的分类

517 10-2-1

分类标准	分类
征税对象	进口关税、出口关税
计税方式	从价税、从量税、复合税、选择税、滑准税
征税性质	（1）普通关税。 （2）优惠关税（如特定优惠关税、普遍优惠关税、最惠国待遇）。 （3）差别关税（如加重关税、反补贴关税、反倾销关税、报复关税）

提示：

（1）进口关税是关税中最重要的征税形式。目前，除对部分出口货物征收出口关税外，各国一般不对出口产品征收关税。

（2）选择税是指在税则的同一税目中，有从价和从量两种税率，征税时由海关选择其中一种计征。一般是选择税额较高的一种征税，当物价上涨时，使用从价税。在物价下跌时，使用从量税。

（3）滑准税又称滑动税，商品价格上涨，采用低税率。商品价格下跌则采用较高税率，其目的是使该种商品的国内市场价格保持稳定，免受国际市场价格波动的影响。

（4）普通关税、优惠关税和差别关税都主要适用于进口关税。

（5）差别关税属于附加税，是在征收进口正税的基础上额外加征的关税，主要是为了保护本国生产和增加财政收入两个方面，用以补充正税的不足，通常属于临时性的限制进口措施。

二、进口关税税率（★★★）

（一）进口货物税率

根据《中华人民共和国进出口关税条例》（以下简称《关税条例》），我国进口关税设有最惠国税率、协定税率、特惠税率、普通税率、关税配额税率等税率形式，对进口货物在一定期限内可以实行暂定税率。

适用最惠国税率、协定税率、特惠税率的国家或者地区名单，由国务院关税税则委员会决定。

1.我国各类税率的概念及适用情形

税率类型	概念	适用情形
最惠国税率	国际贸易协定中的一项重要内容，它规定缔约国双方相互间现在和将来所给予任何第三国的优惠待遇，同样适用于对方	（1）原产于与我国共同适用最惠国待遇条款的世界贸易组织（WTO）成员的进口货物。 （2）原产于与我国签订有相互给予最惠国待遇条款的双边贸易协定的国家或地区进口的货物。 （3）原产于我国境内的进口货物
协定税率	一国根据其与别国签订的贸易条约或协定而制订的关税税率	原产于与我国签订含有关税优惠条款的区域性贸易协定的国家或地区的进口货物
特惠税率	指某一国家对另一国家或某些国家对另外一些国家的某些方面予以特定优惠关税待遇，而他国不得享受	原产于与我国签订有特殊关税优惠条款的贸易协定的国家或地区的进口货物
普通税率	一国关税税则中对进口货物规定的较高税率。适用于同本国未签订贸易互利条约或协定国家的进口货物，它一般要比优惠税率高1~2个税级，体现国家对进口货物的区别对待政策，是国家保护关税政策的重要组成部分	原产于上述国家或地区以外的其他国家或地区的进口货物，以及原产地不明的进口货物。 按照普通税率征税的进口货物，经国务院关税税则委员会特别批准，可以适用最惠国税率

续表

税率类型	概念	适用情形
关税配额税率	—	对实行关税配额管理的进口货物，关税配额内的，适用配额税率。 配额外的，按不同情况分别适用于最惠国税率、协定税率、特惠税率或普通税率
暂定税率	在海关进出口税则规定的进口优惠税率和出口税率的基础上，对进口的某些重要的工农业生产原材料和机电产品关键部件（但只限于从与中国订有关税互惠协议的国家和地区进口的货物）以及出口的部分资源性产品实施的更为优惠的关税税率。这种税率一般按照年度制订，并且随时可以根据需要恢复按照法定税率征税	适用最惠国税率、协定税率、特惠税率、关税配额税率的进口货物在一定期限内可以实行暂定税率

2.税率的选择

记忆提示	税率的适用规则
暂定优先最惠国	适用最惠国税率的进口货物有暂定税率的，应当适用暂定税率
暂定、协定、特惠从低	适用协定税率、特惠税率的进口货物有暂定税率的，应当从低适用税率
普通排斥暂定	适用普通税率的进口货物，不适用暂定税率
最惠国和协定	最惠国税率低于或等于协定税率时，协定有规定的，按相关协定的规定执行。协定无规定的，二者从低适用税率

3.反倾销、反补贴及报复性关税

按照有关法律、行政法规的规定对进口货物采取反倾销、反补贴、保障措施的，其税率的适用按照《中华人民共和国反倾销条例》《中华人民共和国反补贴条例》和《中华人民共和国保障措施条例》的有关规定执行。征收反倾销税、反补贴税、保障措施关税、临时反倾销税、临时反补贴税、临时保障措施关税，由国务院关税税则委员会另行决定。

任何国家或者地区违反与中华人民共和国签订或者共同参加的贸易协定及相关协定，对中华人民共和国在贸易方面采取禁止、限制、加征关税或者其他影响正常贸易的措施的，对原产于该国家或者地区的进口货物可以征收报复性关税，适用报复性关税税率。征收报复性关税的货物、适用国别、税率、期限和征收办法，由国务院关税税则委员会决定并公布。

| 典例研习·10-2 模拟多项选择题

以下有关进口货物关税的适用税率，说法正确的有（　　）。

A.最惠国税率优先适用于暂定税率

B.特惠税率适用原产于与我国签订含有关税优惠条款的区域性贸易协定的国家或地区的进口货物

C.适用协定税率、特惠税率的进口货物有暂定税率的，应当从低适用税率

D.实行关税配额管理的进口货物，关税配额内的，适用关税配额税率。关税配额外的，按其适用税率的规定执行

E.最惠国税率低于或等于协定税率时，协定有规定的，按相关协定的规定执行。协定无规定的，二者从低适用

斯尔解析 本题考查我国各类关税税率的适用情形和税率的选择。

选项A不当选，暂定税率优先最惠国税率。

选项B不当选，特惠税率适用原产于与我国签订有特殊关税优惠条款的贸易协定的国家或地区的进口货物。

本题答案 CDE

（二）进境物品进口税及税率

进境物品的关税以及进口环节海关代征税合并为**进口税**。

海关总署**规定数额以内**的个人自用进境物品，免征进口税。超过海关总署规定数额但仍在合理数量以内的个人自用进境物品，由进境物品的纳税义务人在进境物品放行前按照规定缴纳进口税。超过合理、自用数量的进境物品应当按照进口货物依法办理相关手续。国务院关税税则委员会规定按货物征税的进境物品，按照进口货物相关规定征收关税。

中华人民共和国进境物品进口税税率表：

税目序号	物品名称	税率
1	书报、刊物、教育影视资料；计算机、视频摄录一体机、数字照相机等信息技术产品；食品、饮料；金银；家具；玩具，游戏品、节日或其他娱乐用品；药品	13%
2	运动用品（不含高尔夫球及球具）、钓鱼用品；纺织品及其制成品；电视摄像机及其他电器用品；自行车；税目1、3中未包含的其他商品	20%
3	烟、酒；贵重首饰及珠宝玉石；高尔夫球及球具；高档手表；高档化妆品。 （所列商品的具体范围与消费税征收范围一致）	50%

提示：税目1中的药品，对国家规定减按3%征收进口环节增值税的进口药品，按照货物税率征收。

三、出口关税税率

我国出口税则为一栏税率，即出口税率。

自2024年1月1日起，继续对铬铁等107项商品征收出口关税，对其中68项商品实施出口暂定税率。

四、税率的适用（★★）

情形	适用税率
进出口货物一般规定	海关接受该货物申报进口或者出口之日实施的税率
进口货物到达前，经海关核准先行申报	装载此货物的运输工具申报进境之日实施的税率
因超过规定期限未申报而由海关依法变卖的进口货物	
进口转关运输货物	指运地海关接受该货物申报进口之日实施的税率。货物运抵指运地前，经海关核准先行申报的，应当适用装载该货物的运输工具抵达指运地之日实施的税率
出口转关运输货物	启运地海关接受该货物申报出口之日实施的税率
经海关批准，实行集中申报的进出口货物	每次货物进出口时海关接受该货物申报之日实施的税率
因纳税义务人违反规定需要追征税款的进出口货物	违反规定的行为发生之日实施的税率。行为发生之日不能确定的，适用海关发现该行为之日实施的税率
已申报进境并放行的保税货物、减免税货物、租赁货物或者已申报进出境并放行的暂时进出境货物	有下列情形之一需要缴纳税款的，应适用海关接受纳税义务人申报办理纳税手续之日实施的税率： （1）保税货物经批准不复运出境的。 （2）减免税货物经批准转让或者移作他用的。 （3）暂时进境货物经批准不复运出境，以及暂时出境货物经批准不复运进境的。 （4）租赁进口货物，分期缴纳税款的

提示：纳税人补征或者退还进出口货物关税，应当按照表格内容的规定确定适用的税率。

｜典例研习·10-3 模拟单项选择题

下列关于我国关税税率运用的表述中，正确的是（　　）。

A.经海关批准，实行集中申报的进出口货物，应当适用海关接受该货物第一次申报之日实施的税率

B.因超过规定期限未申报而由海关依法变卖的进口货物，适用变卖之日实施的税率

C.出口转关运输货物，应当适用指运地海关接受该货物申报出口之日实施的税率

D.进口仪器到达前，经海关核准先行申报的，适用装载此仪器的运输工具申报进境之日实施的税率

🔍 **斯尔解析** 本题考查关税税率的适用。

选项A不当选，经海关批准，实行集中申报的进出口货物，应当适用每次货物进出口时海关接受该货物申报之日实施的税率。

选项B不当选，因超过规定期限未申报而由海关依法变卖的进口货物，其税款计征应当适用装载该货物的运输工具申报进境之日实施的税率。

选项C不当选，出口转关运输货物，应当适用启运地海关接受该货物申报出口之日实施的税率。

🔺 **本题答案** D

｜典例研习·10-4 2022年单项选择题

下列关税适用税率的表述中，错误的是（　　）。

A.因纳税义务人违反规定需要追征税款的进出口货物，适用海关发现该行为之日实施的税率

B.暂时进境货物经批准不复运出境的，适用海关接受申报办理手续之日实施的税率

C.进口货物到达前，经海关核准先行申报的，适用装载该货物的运输工具申报进境之日实施的税率

D.进出口货物，适用海关接受该货物申报进口或者出口之日实施的税率

🔍 **斯尔解析** 本题考查关税税率的适用。

选项A当选，因纳税义务人违反规定需要追征税款的进出口货物，应当适用违反规定的行为发生之日实施的税率；行为发生之日不能确定的，适用海关发现该行为之日实施的税率。

🔺 **本题答案** A

第三节　关税完税价格与应纳税额的计算

一、关税完税价格

依据《海关法》，进出口货物的完税价格，由海关以该货物的成交价格为基础审查确定（以下或简称"成交价格估价方法"）。成交价格不能确定时，完税价格由海关依法估定

（以下或简称"进口货物海关估价方法"）。

完税价格按照一般货物进口、特殊货物进口、出口货物及进境物品等情形分别确定。

（一）一般进口货物的完税价格（★★★）

1.完税价格确定的基本原则

依据《关税条例》，进口货物的完税价格由海关以符合相关规定所列条件的成交价格以及该货物运抵中华人民共和国境内输入地点起卸前的运输及其相关费用、保险费为基础审查确定。

简而言之，进口货物的完税价格包括货物的货价、货物运抵我国境内输入地点起卸前的运输及其相关费用、保险费三大部分。

其中：

（1）运输及其相关费用，应当按照由买方实际支付或者应当支付的费用计算。

①如果进口货物的运输及其相关费用无法确定的，海关应当按照该货物进口同期的正常运输成本审查确定。

②进口运输工具（即运输工具本身是进口货物），其利用自身动力进境的，审查确定完税价格时，不再另行计入运费。

（2）保险费应当按照实际支付的费用计算。如果进口货物的保险费无法确定或者未实际发生，海关应当按照"货价"和"运费"两者总额的3‰计算保险费，即：

保险费＝（货价+运费）×3‰

提示：邮运进口的货物，应当以邮费作为运输及其相关费用、保险费。

原理详解

在按成交价格估价方法确定完税价格时，除上述三部分费用外，还要特别注意应计入完税价格的调整项目（未包括在该货物实付、应付价格中的费用或者价值），这是考试的重点所在。关税完税价格的组成部分如下图。

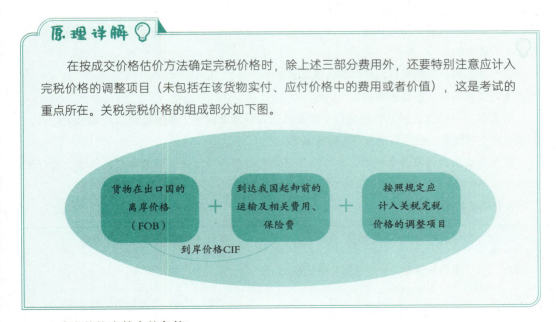

2.成交价格应符合的条件

进口货物的成交价格，是指卖方向中华人民共和国境内销售该货物时，买方为进口该货物向卖方实付、应付的，并按照规定调整后的价款总额，包括直接支付的价款和间接支付的价款。

应符合以下条件：

（1）卖方对买方处置或使用进口货物不予限制。有下列情形之一的，应当视为对买方处置或者使用进口货物进行了限制：

①进口货物只能用于展示或者免费赠送的。

②进口货物只能销售给指定第三方的。

③进口货物加工为成品后只能销售给卖方或者指定第三方的。

（2）货价不得受到使得该货成交价格无法确定的条件或者因素的影响。有下列情形之一的，应当视为进口货物的价格受到了无法确定的条件或者因素的影响：

①进口货物的价格是以买方向卖方购买一定数量的其他货物为条件而确定的。

②进口货物的价格是以买方向卖方销售其他货物为条件而确定的。

（3）卖方不得直接或间接获得因买方销售、处置或者使用进口货物而产生的任何收益。或者虽有收益，但是能够按照规定进行调整。

（4）符合独立交易原则，买卖双方之间没有特殊关系，或虽然有特殊关系，但是按照规定未对成交价格产生影响。

有下列情形之一的，应当认为买卖双方存在特殊关系：

①买卖双方为同一家族成员的。

②买卖双方互为商业上的高级职员或者董事的。

③一方直接或者间接地受另一方控制的。

④买卖双方都直接或者间接地受第三方控制的。

⑤买卖双方共同直接或者间接地控制第三方的。

⑥一方直接或者间接地拥有、控制或者持有对方5%以上（含5%)公开发行的有表决权的股票或者股份的。

⑦一方是另一方的雇员、高级职员或者董事的。

⑧买卖双方是同一合伙的成员的。

买卖双方在经营上相互有联系，一方是另一方的独家代理、独家经销或者独家受让人，如果符合上述规定，也应当视为存在特殊关系。

提示：成交价格符合条件的，才可以使用成交价格估价方法，如果不符合条件，则应使用海关估价方法。

3.完税价格的调整项目

计入完税价格的调整项目	不计入完税价格的调整项目
由买方负担的除购货佣金以外的佣金和经纪费	购货佣金
由买方负担的与该货物视为一体的容器费用	厂房、机械或者设备等货物进口后发生的建设、安装、装配、维修或者技术援助费用
由买方负担的包装材料费用和包装劳务费用	进口货物运抵我国境内输入地点起卸后发生的运输及其相关费用、保险费

续表

计入完税价格的调整项目	不计入完税价格的调整项目
与该货物的生产和向我国境内销售有关的料件、工具、模具、消耗材料及类似货物的价款，以及在境外开发、设计等相关服务的费用	进口关税、进口环节海关代征税及其他国内税
与该货物有关并作为卖方向我国销售该货物的一项条件，应由买方向卖方或者有关方直接或间接支付的特许权使用费	—
卖方直接或间接从买方对该货物进口后转售、处置或使用所得中获得的收益	—

精程答疑

问题： "中介经纪费""卖方佣金"和"购货佣金"有什么区别？应如何区分？

解答： （1）"经纪费""中介费"是指买方为购买进口货物向代表买卖双方利益的经纪人或第三方代理人支付的中介经纪费用，应计入完税价格。

（2）"卖方佣金"为了进口货物而向卖方的代理人或者第三方代理人支付的佣金、中介佣金等，需计入完税价格。

（3）"购货佣金"是指买方为购买进口货物向代表自己的采购代理人而支付的劳务费用，不应计入完税价格。

原理详解

如何理解应计入完税价格的项目？

注意上述调整项目实际都是与进口的货物直接相关的，也包括了与该货物进口到我国直接相关并构成货物向我国销售的条件的特许权使用费。

虽然一般情形下海关关税只针对有形货物征收，但是少数纳税人在某些情况下为了降低关税税负，会低报进口货物的货价，将剩余部分货款以特许权使用费形式汇出我国，从而造成了关税的流失。设置调整项目是为了将这类费用调整纳入关税的计税基础中，防止我国关税的流失。

解题高手👍

命题角度：判断完税价格的组成。

关税的完税价格为关税中的高频考点，主要有以下两种考查方式：

（1）以选择题的形式直接考查完税价格调整项目的辨析，例如：依据关税的有关规定，下列各项中不应计入进口关税完税价格的是（ ）。

（2）在计算类型的题目中给出迷惑条件，需要自己组成关税的完税价格，一般会结合运费及其相关费用和保险费的相关规定一并考查。

典例研习·10-5 模拟多项选择题

下列税费中，应计入进口货物关税完税价格的有（ ）。

A.由买方负担的购货佣金

B.进口货物运抵我国境内输入地点起卸后的保险费

C.报关时海关代征的增值税和消费税

D.由买方负担的与进口货物视为一体的容器费用

E.由买方负担的境外包装劳务费用

⑤斯尔解析 本题考查关税完税价格的调整项目。

选项DE当选，应计入关税的完税价格。

选项ABC不当选，不计入关税的完税价格。

▲本题答案 DE

典例研习·10-6

某进出口公司从美国进口一批化工原料共500吨，货物以境外口岸离岸价格成交，单价折合人民币为20 000元，买方承担境外包装费每吨500元，另向卖方支付的佣金每吨1 000元，另向自己的采购代理人支付佣金5 000元，已知该货物运抵中国海关境内输入地起卸前的运输及其相关费用、保险费为每吨2 000元，进口后另发生运输和装卸费用300元/吨，已知上述金额均以人民币计价，计算该批化工原料的关税完税价格。

⑤斯尔解析 计入进口货物完税价格的，包括货价、支付的佣金（不包括买方向自己采购代理人支付的购货佣金）、买方负担的包装费和容器费、进口途中的运费和保险费（不包括进口后发生的运输装卸费）。

完税价格＝（20 000+500+1 000+2 000）×500÷10 000 =1 175（万元）

4.进口货物完税价格确定的其他方法——海关估价方法

进口货物的成交价格不符合规定条件或成交价格不能确定的，海关经了解有关情况，并且与纳税义务人进行价格磋商后，依次以下列方法审查确定该货物的完税价格。

提示：海关不可以直接估定进口价格，而是需要与纳税人进行价格磋商。

次序	估价方法	具体规定
1	相同货物成交价格估价方法	海关以与进口货物同时或者大约同时向中国境内销售的相同货物的成交价格为基础审查确定
2	类似货物成交价格估价方法	海关以与进口货物同时或者大约同时向中国境内销售的类似货物的成交价格为基础审查确定
3	倒扣价格估价方法	海关以进口货物、相同或类似进口货物在境内的销售价格为基础，扣除境内发生的有关费用后，审查确定进口货物完税价格的估价方法
4	计算价格估价方法	海关以生产该货物所使用的料件成本和加工费、向境内销售同等级或同种类货物通常的利润和一般费用（包括直接费用和间接费用）、运抵境内输入地点起卸前的运输及其相关费用和保险费的总和为基础，审查确定进口货物完税价格的估价方法
5	合理估价方法	海关在采用合理方法确定进口货物的完税价格时，不得使用以下价格： （1）境内生产的货物在境内的销售价格。 （2）可供选择的价格中较高的价格。 （3）货物在出口地市场的销售价格。 （4）以计算价格估价方法规定之外的价值或者费用计算的相同或者类似货物的价格。 （5）出口到第三国或者地区的货物的销售价格。 （6）最低限价或者武断、虚构的价格

提示：（1）采用相同货物估价法或者类似货物估价法时，若有多批相同货物完全符合条件，应采用其中最低的价格。

（2）以上所列的各种估价方法应依次使用，即当完税价格按列在前面的估价方法无法确定时，才能使用后一种估价方法。但是应进口商的要求，第3种和第4种方法的使用次序可以颠倒。

（二）特殊进口货物的完税价格（★★★）

进口货物情形	完税价格规定
运往境外修理的货物	出境时已向海关报明，并在规定期限内复运进境的，以境外修理费和物料费为基础审查确定完税价格
运往境外加工的货物	出境时已向海关报明，并在规定期限内复运进境的，以境外加工费、料件费、复运进境的运输及相关费用、保险费为基础审查确定完税价格

进口货物情形	完税价格规定
暂时进境的货物	按照一般进口货物完税价格确定的有关规定，审查确定完税价格
租赁方式进口的货物	（1）以租金方式对外支付的租赁货物，在租赁期间以海关审定的租金作为完税价格，利息应当予以计入。 （2）留购的租赁货物，以海关审定的留购价格作为完税价格。 （3）承租人申请一次性缴纳税款的，可按照"进口货物海关估价方法"确定完税价格，或者按照海关审查确定的租金总额作为完税价格
留购的进口货样	以海关审定的留购价格作为完税价格
予以补税的减免税货物	（1）特定地区、特定企业或者特定用途的特定减免税进口货物，应当接受海关监管。 提示： 进口减免税货物的监管年限： 船舶、飞机为8年。机动车辆为6年。其他货物为3年。 （2）监管年限内转让等原因需要补税的，以海关审定的该货物原进口时的价格，扣除折旧部分价值作为完税价格。公式为： 补税的完税价格=减免税货物原进口时的完税价格×［1−减免税货物已进口时间÷（监管年限×12）］ 提示：上述公式中，减免税货物已进口时间自货物放行之日起按月计算，不足一个月但超过15日的，按照一个月计算。不超过15日的，不予计算。 （3）减免税申请人将减免税货物移作他用，需要补缴税款的： 补税的完税价格=减免税货物原进口时的完税价格×［需要补缴税款的时间÷（监管年限×365）］ 提示：上述公式中，需要补缴税款的时间为减免税货物移作他用的实际时间，按日计算，每日实际使用不满8小时的或者超过8小时的均按1日计算
不存在成交价格的进口货物	易货贸易、寄售、捐赠、赠送等不存在成交价格的进口货物，由海关与纳税人进行价格磋商后，按照"进口货物海关估价方法"估定完税价格
进口软件介质	进口载有专供数据处理设备用软件的介质，具有下列情形之一的，应当以介质本身的价值或者成本为基础审查确定完税价格： （1）介质本身的价值或者成本与所载软件的价值分列。 （2）介质本身的价值或者成本与所载软件的价值虽未分列，但是纳税人能够提供介质本身的价值或者成本的证明文件，或者能提供所载软件价值的证明文件。 提示：含有美术、摄影、声音、图像、影视、游戏、电子出版物的介质不适用上述规定

典例研习·10-7　2022年单项选择题

下列关于特殊进口货物关税完税价格的确定中，错误的是（　　）。

A.经海关批准留购的暂时进境货物，以海关审查确定的留购价格作为完税价格

B.寄售、捐赠等不存在成交价格的进口货物，以市场交易价格为完税价格

C.运往境外加工的货物，出境时已向海关报明并在海关规定期限内复运进境，以境外加工费、料件费、复运进境的运输及相关费用、保险费为基础审查确定完税价格

D.留购的租赁货物，以海关审定的留购价格作为完税价格

斯尔解析 本题考查特殊进口货物关税完税价格的确定。

选项B当选，寄售、捐赠等不存在成交价格的进口货物，海关与纳税人进行价格磋商后，依次以下列方法审查确定该货物的完税价格：

（1）相同货物成交价格估价方法。

（2）类似货物成交价格估价方法。

（3）倒扣价格估价方法。

（4）计算价格估价方法。

（5）其他合理估价方法。

本题答案 B

典例研习·10-8　模拟单项选择题

某大学进口一台仪器用于教学，进口时海关审定的完税价格为30万元，满足特定免税条件，免征进口环节的关税，使用9个月后，将该仪器转让给某企业，已知转让价格为20万元，转让时已计提折旧9万元，已知适用的关税税率为20%，转让时该仪器需要补交的关税为（　　）万元。

A.4　　　　　　　　　　　　　B.4.2

C.4.5　　　　　　　　　　　　D.6

斯尔解析 本题考查特殊进口货物关税应纳税额的计算。

选项C当选，科教用品属于关税的特定减免税进口货物，应当接受海关监管，其监管为3年。在监管年限内转让或移作他用需要补税的，补税的完税价格=海关审定的该货物原进口时的价格×［1−申请补税时实际已使用的时间（月）÷（监管年限×12）］。

故，转让时应该缴纳的关税=30×［1−9÷（3×12）］×20%=4.5（万元）。

选项A不当选，误将转让价格作为计算关税的计税依据。

选项B不当选，误将进口时海关审定的完税价格减去折旧费作为计算关税的计税依据。

选项D不当选，误将进口时海关审定的完税价格作为计算关税的计税依据。

提示：对于关税特定减免税货物的监管年限是需要记忆的，其中船舶、飞机为8年；机动车辆为6年；其他货物为3年。

本题答案 C

（三）公式定价进口货物完税价格确定

公式定价，是指在向中华人民共和国境内销售货物所签订的合同中，买卖双方未以具体明确的数值约定货物价格，而是以约定的定价公式确定货物结算价格的定价方式。结算价格是指买方为购买该货物实付、应付的价款总额。对同时符合下列条件的进口货物，以合同约定定价公式所确定的结算价格为基础确定完税价格：

（1）在货物运抵中华人民共和国境内前或保税货物内销前，买卖双方已书面约定定价公式。

（2）结算价格取决于买卖双方均无法控制的客观条件和因素。

（3）自货物申报进口之日起6个月内，能够根据合同约定的定价公式确定结算价格。

（4）结算价格符合《中华人民共和国海关审定进出口货物完税价格办法》中成交价格的有关规定。

公式定价货物进口时结算价格不能确定，以暂定价格申报的，纳税义务人应当向海关办理税款担保。

（四）出口货物的完税价格（★）

1.以成交价格为基础的完税价格

出口货物的完税价格由海关以该货物的成交价格为基础审查确定，并应当包括货物运至中华人民共和国境内输出地点装载前的运输及其相关费用、保险费。

下列不应计入出口货物的完税价格：

（1）出口关税。

（2）在货物价款中单独列明的货物运至中华人民共和国境内输出地点装载后的运输及其相关费用、保险费。

2.出口货物海关估价方法

出口货物的成交价格不能确定时，海关与纳税义务人进行价格磋商后，依次以下列价格审查确定该货物的完税价格：

（1）同时或大约同时向同一国家或地区出口的相同货物的成交价格。

（2）同时或大约同时向同一国家或地区出口的类似货物的成交价格。

（3）根据境内生产相同或类似货物的成本、利润和一般费用（包括直接费用和间接费用）、境内发生的运输及其相关费用、保险费计算所得的价格。

（4）按照合理方法估定的价格。

原理详解

出口货物的海关估价方法实际上与进口货物的海关估价方法类似。前两种都是相同货物、类似货物估价方法。但出口货物的海关估价方法中，由于我国海关无法获得出口货物在境外销售环节的价格，所以无法采用进口货物的"倒扣价格估价方法"，而只能采用把成本、利润和其他费用正向计算加总的"计算价格估价方法"。

二、应纳税额的计算（★★★）

（一）从价税

以货物的价格作为计税方式而征收的税，税率为货物价格的百分比。以完税价格乘以关税税则中规定的税率，就可得出应纳税额。

目前我国海关计征关税标准主要是从价税。

关税税额＝应税进（出）口货物数量×单位完税价格×税率

> **原理详解** 💡
>
> 成交价格的三种价格形式：
>
> 进口货物的成交价格，因有不同的成交条件而有不同的价格形式，常用的价格条款，有FOB、CFR和CIF三种。
>
> （1）"FOB"又称离岸价格，该价格未包含运费，也未包含保险费。
>
> （2）"CFR"又称"离岸加运费价格"，该价格包含了运费，但未包含保险费。
>
> （3）"CIF"又称"到岸价格"，价格中已包含了价格、运费及保险费，因此其范围与关税完税价格基本相同。

（二）从量税

按货物的计量单位（重量、长度、面积、容积、数量等）作为计税方式，以每一计量单位应纳的关税金额作为税率。

关税税额＝应税进（出）口货物数量×单位货物税额

（三）复合税

复合税又称混合税。征税时既采用从量又采用从价两种税率计征税款。复合税有较好的相互补偿作用，特别是在物价波动时可以减少对财政收入的影响，又能起到一定的保护作用。

关税税额＝应税进（出）口货物数量×单位货物税额＋应税进（出）口货物数量×单位完税价格×税率

（四）滑准税

滑准税又称滑动税，是在税则中预先按产品的价格高低分档制定若干不同的税率，然后根据进出口商品价格的变动而增减进出口税率的一种关税。商品价格上涨，采用较低税率，商品价格下跌则采用较高税率，其目的是使该种商品的国内市场价格保持稳定，免受或少受国际市场价格波动的影响。滑准税的优点在于它能平衡物价，保护国内产业发展。其基本计算方法与从价税大致相同。

关税税额＝应税进（出）口货物数量×单位完税价格×滑准税税率

解题高手👍

命题角度：关税与消费税、增值税的结合。

进口环节消费税和增值税的组价公式中包括关税完税价格、关税和消费税，不包括增值税。

进口货物		组成计税价格
非应税消费品		关税完税价格+关税
应税消费品	从价	（关税完税价格+关税）÷（1-消费税比例税率）
	从量	关税完税价格+关税+进口数量×消费税定额税率
	复合	（关税完税价格+关税+进口数量×消费税定额税率）÷（1-消费税比例税率）

典例研习·10-9 教材例题改编

我国从国外进口一批钢材共计10 000千克，成交价格为FOB伦敦2.5英镑/千克。已知单位运费为0.5英镑，保险费无法确定，钢材进口关税税率为10%，海关填发税款缴款书当日的英镑中间价为100英镑=879.06元人民币。请计算应征关税税额。

斯尔解析

保险费用无法确定，保险费=（FOB+运费）×3‰。

关税完税价格=（FOB+运费）×（1+3‰）=（2.5+0.5）×10 000×（1+3‰）÷100×879.06=264 509.15（元人民币）

应纳关税税额=264 509.15×10%=26 450.92（元人民币）

典例研习·10-10

某商场于2023年2月进口一批高档美容修饰类化妆品。该批货物在国外的买价120万元，货物运抵我国入关前发生的运输及其他费用为10万元、保险费为10万元，该商场另支付买方佣金5万元。货物报关后，该商场按规定缴纳了进口环节的增值税和消费税并取得了海关开具的缴款书。将化妆品从海关运往商场所在地取得了运输费增值税专用发票，注明运输费用5万元，增值税税额0.45万元。该批化妆品当月在国内全部销售，取得不含税销售额520万元。

已知：假定化妆品进口关税税率20%、增值税税率13%、消费税税率15%。

分别计算该批化妆品进口环节应缴纳的关税、增值税、消费税和国内销售环节应缴纳的增值税。

⑤斯尔解析

（1）应缴纳的关税=（120+10+10）×20%=28（万元）。

（2）进口应税消费品，应缴纳的进口环节增值税、消费税的计税价格为应税消费品的组成计税价格。

组成计税价格=（关税完税价格+关税）÷（1−消费税税率）=（140+28）÷（1−15%）=197.65（万元）

（3）进口环节应缴纳的增值税=197.65×13%=25.69（万元）。

（4）进口环节应缴纳的消费税=197.65×15%=29.65（万元）。

（5）国内销售环节应缴纳的增值税=520×13%−25.69−0.45=41.46（万元）。

📞陷阱提示

关税的计税基础为关税完税价格，包括货物的买价、运抵我国入关前发生的运输及其他费用、保险费，但买方佣金不包括在其中。

计算当期应缴纳的增值税时，一定不要忘记将进口环节缴纳的增值税税额作为内销环节可以抵扣的进项税额。

三、跨境电子商务零售进口税收政策（★）

内容	具体规定
纳税义务人	购买跨境电子商务零售进口商品的个人
代收代缴义务人	电子商务企业、电子商务交易平台企业或物流企业
计税依据	实际交易价格（包括货物零售价格、运费和保险费）
交易限值	（1）单次交易限值为人民币5 000元。个人年度交易限值为26 000元。 （2）限值以内的，关税税率暂设为零，进口环节增值税、消费税暂按法定应纳税额的70%征收。 （3）完税价格超过单次限制的，全额征收。超过年度限值的，按一般贸易管理
计征规定	自海关放行之日起30日内退货的，可申请退税，并相应调整个人年度交易总额

提示：此处规定同增值税规定。

第四节　减免规定

一、法定减免税（★★）

法定减免税法中明确列出的减税或免税。符合税法规定可予减免税的下列进出口货物，纳税义务人无须提出申请，海关可按规定直接予以减免税。海关对法定减免税货物一般不进行后续管理。

下列进出口货物予以减征或免征关税：

（1）关税税额在人民币50元以下的一票货物，可免征关税。

（2）无商业价值的广告品和货样，可免征关税。

（3）外国政府、国际组织无偿赠送的物资，可免征关税。

（4）进出境运输工具装载的途中必需的燃料、物料和饮食用品，可免征关税。

（5）在海关放行前损失的货物，可免征关税。

（6）在海关放行前遭受损坏的货物，可以根据海关认定的受损程度减征关税。

（7）中华人民共和国缔结或者参加的国际条约规定减征、免征关税的货物、物品，按照规定予以减免关税。

（8）规定数额以内的物品，可免征关税。

（9）法律规定减征、免征关税的其他货物、物品。

> **典例研习·10-11** （模拟多项选择题）
>
> 下列进口货物中，属于法定减免关税的有（　　）。
>
> A.关税税额为人民币80元的一票货物
>
> B.具有商业价值的广告品
>
> C.外国政府无偿赠送的物资
>
> D.在海关放行前损失的货物
>
> E.科教用品
>
> 【斯尔解析】本题考查关税的减免。
>
> 选项A不当选，关税税额在人民币50元以下的一票货物，可免征关税。
>
> 选项B不当选，无商业价值的广告品和货样，可免征关税。
>
> 选项E不当选，科教用品属于特定减免。
>
> ▲本题答案　CD

二、暂时免税

暂时进境或者暂时出境的下列货物，在进境或者出境时纳税义务人向海关缴纳相当于应纳税款的保证金或者提供其他担保的，可以暂不缴纳关税，并应当自进境或者出境之日起6个月内复运出境或者复运进境。需要延长期限的，纳税义务人应按规定向海关办理延期手续。

（1）在展览会、交易会、会议及类似活动中展示或者使用的货物。

（2）文化、体育交流活动中使用的表演、比赛用品。

（3）进行新闻报道或者摄制电影、电视节目使用的仪器、设备及用品。

（4）开展科研、教学、医疗活动使用的仪器、设备及用品。

（5）在上述第（1）项至第（4）项所列活动中使用的交通工具及特种车辆。

（6）货样。

（7）供安装、调试、检测设备时使用的仪器、工具。

（8）盛装货物的容器。

（9）其他用于非商业目的的货物。

上述暂时进境货物在规定的期限内未复运出境的，或者暂时出境货物在规定的期限内未复运进境的，海关应当依法征收关税。

命题角度：关税暂时免税政策的两个重要特点。

（1）在暂时进境或者出境时纳税人需要提供纳税保证金或者纳税担保，有了担保才可以暂时不缴纳关税暂时入境。

（2）暂时进出境的货物应当自进境或者出境之日起6个月内复运出境或者复运进境，否则就要交税。

三、特定减免税（★）

特定减免税也称政策性减免税，是在法定减免税之外，按照国际通行规则和我国实际情况制定发布的有关进出口货物减免关税的政策。特定减免税货物一般有地区、企业和用途的限制，海关需要进行后续管理，也需要减免税统计。

（1）科教用品。

对科学研究机构、技术开发机构、学校、党校（行政学院）、图书馆进口国内不能生产或性能不能满足需求的科学研究、科技开发和教学用品，免征进口关税和进口环节增值税、消费税。

（2）残疾人专用品。

对残疾人专用品、有关单位进口国内不能生产的特定残疾人专用品，免征进口关税和进口环节增值税、消费税。

（3）慈善捐赠物资。

对我国关境外自然人、法人或者其他组织等境外捐赠人，无偿向经民政部或省级民政部门登记注册且被评定为5A级的、以人道救助和发展慈善事业为宗旨的社会团体或基金会、中国红十字会总会等七家全国性慈善或福利组织，以及国务院有关部门和各省、自治区、直辖市人民政府捐赠的，直接用于慈善事业的物资，免征进口关税和进口环节增值税。

（4）重大技术装备。

对符合条件的企业及核电项目业主为生产国家支持发展的重大技术装备或产品而确有必要进口的部分关键零部件及原材料，免征关税和进口环节增值税。

国家各部门每年对新申请享受进口税收政策的企业及核电项目业主进行认定，每3年对已享受进口税收政策企业及核电项目业主进行复核。

取得免税资格的企业及核电项目业主可向主管海关提出申请，选择放弃免征进口环节增值税，只免征进口关税。企业及核电项目业主主动放弃免征进口环节增值税后，36个月内不得再次申请免征进口环节增值税。

（5）集成电路和软件产业。

国家鼓励的重点集成电路设计企业和软件企业，以及集成电路生产企业和先进封装测试企业进口自用设备，及按照合同随设备进口的技术（含软件）及配套件、备件，免征进口关税。

（6）科普用品。

①对公众开放的科技馆、自然博物馆、天文馆（站、台）、气象台（站）、地震台（站），以及高校和科研机构所属对外开放的科普基地，进口以下商品免征进口关税和进口环节增值税：

a.为从境外购买自用科普影视作品播映权而进口的拷贝、工作带、硬盘，以及以其他形式进口自用的承载科普影视作品的拷贝、工作带、硬盘。

b.国内不能生产或性能不能满足需求的自用科普仪器设备、科普展品、科普专用软件等科普用品。

②进口下列科普用品免征进口关税和进口环节增值税：

a.科普仪器设备。

b.科普展品。

c.科普专用软件。

（7）国家综合性消防救援队伍进口消防救援设备。

①自2023年1月1日至2025年12月31日，对国家综合性消防救援队伍进口国内不能生产或性能不能满足需求的消防救援装备，免征关税和进口环节增值税、消费税。

② 自2023年1月1日至2023年10月23日前，国家综合性消防救援队伍已进口的装备所缴纳的进口税款，符合本政策规定的，依申请准予退还。

四、临时减免税（★）

由国务院对某个单位、某类商品、某个项目或某批进出口货物的特殊情况，给予特别照顾，一案一批，专文下达的减免税。一般有单位、品种、期限、金额或数量等限制，不能比照执行。

五、减免税管理（★）

（一）减免税办理

减免税申请人应当向其主管海关申请办理减免税审核确认、减免税货物税款担保、减免税货物后续管理等相关业务。

（二）进口减免税货物监管

（1）在海关监管年限内，减免税申请人应当按照海关规定保管、使用进口减免税货物，并依法接受海关监管。

（2）除海关总署另有规定外，进口减免税货物的监管年限为：船舶、飞机8年，机动车辆6年，其他货物3年。监管年限自货物进口放行之日起计算。

（3）在海关监管年限内，减免税申请人应当于每年6月30日（含当日）以前向主管海关提交《减免税货物使用状况报告书》，报告减免税货物使用状况。超过规定期限未提交的，海关按照有关规定将其列入信用信息异常名录。

（4）减免税货物海关监管年限届满的，自动解除监管。对海关监管年限内的减免税货物，减免税申请人要求提前解除监管的，应当向主管海关提出申请，并办理补缴税款手续。

（三）减免税货物办理抵押、转让、移作他用或其他处置管理

情形	管理要求
转让给进口同一货物享受同等减免税优惠待遇的其他单位的	按照规定办理减免税货物结转手续
转让给不享受进口税收优惠政策或者进口同一货物不享受同等减免税优惠待遇的其他单位的	事先向主管海关申请办理减免税货物补缴税款手续
向银行或者非银行金融机构办理贷款抵押的	向主管海关提出申请，随附相关材料，并以海关依法认可的财产、权利提供税款担保

第五节　征收管理

一、关税的申报和缴纳（★）

1.关税申报

进出口货物应向货物的进出境地海关申报。申报期限要求如下：

（1）进口货物的纳税义务人应当自运输工具申报进境之日起14日内申报。

（2）出口货物的纳税义务人除海关特准外，应当在货物运抵海关监管区后、装货的24小时以前申报。

2.缴纳期限

海关计征税款并填发税款缴款书。

纳税义务人应当自海关填发税款缴款书之日起15日内，向指定银行缴纳关税税款。

纳税义务人因不可抗力或者国家税收政策调整不能按期缴纳税款的，依法提供税款担保后，可以直接向海关办理延期缴纳税款手续，延期纳税最长不超过6个月。

二、关税的强制执行（★）

关税的强制执行主要包括征收滞纳金、保全措施及强制措施。

1.征收关税滞纳金

（1）滞纳金自关税缴纳期限届满滞纳之日起，至纳税义务人缴纳关税之日止，按滞纳税款万分之五的比例按日征收。（休息日或法定节假日不予扣除）

关税滞纳金金额=滞纳关税税额×滞纳金征收比率×滞纳天数

（2）滞纳金的起征点为50元。

｜ 典例研习·10-12　模拟单项选择题

某公司进口一批货物，海关于2023年11月1日填发税款缴款书，但公司迟至11月27日才缴纳500万元的关税。海关应征收关税滞纳金（　　）。

A.2.75万元

B.3万元

C.6.5万元

D.6.75万元

🔍斯尔解析　本题考查征收关税滞纳金的计算。

选项B当选，纳税人应当自海关填发税款缴款书之日起15日内缴纳税款，海关于2023年11月1日填发税款缴款书，所以在11月15日缴纳期限届满，从缴纳期限届满滞纳之日起，至纳税义务人缴清关税之日止，从16日到27日，共滞纳12天，海关应征收关税滞纳金=500×12×0.5‰=3（万元）。

🔺本题答案　B

2.保全措施

出口货物的纳税义务人在规定的纳税期限内有明显的转移、藏匿其应税货物以及其他财产迹象的，海关可以责令纳税义务人提供担保。纳税义务人不能提供担保的，海关可以采取以下税收保全措施：

（1）书面通知纳税义务人开户银行或者其他金融机构暂停支付纳税义务人相当于应纳税款的存款。

（2）扣留纳税义务人价值相当于应纳税款的货物或者其他财产。

3.强制措施

纳税义务人自缴纳税款期限届满之日起3个月仍未缴纳税款，经直属海关关长或者其授权的隶属海关关长批准，海关可以采取强制扣缴、变价抵缴等强制措施：

（1）书面通知纳税义务人开户银行或者其他金融机构从其存款中扣缴税款。

（2）将纳税义务人的应税货物依法变卖，或者扣留并依法变卖其价值相当于应纳税款的货物或者其他财产，以变卖所得抵缴税款。

提示：海关采取强制措施时，对上述纳税义务人、担保人未缴纳的滞纳金同时强制执行。进出境物品的纳税义务人，应当在物品放行前缴纳税款。

三、关税退还（★）

1.申请退还

有下列情形之一的，纳税义务人自缴纳税款之日起1年内，可以申请退还关税，并应当以书面形式向海关说明理由，提供原缴款凭证及相关资料：

（1）已征进口关税的货物，因品质或者规格原因，原状退货复运出境的，可申请退还进口环节的关税，同时免征出口环节的关税。

（2）已征出口关税的货物，因品质或者规格原因，原状退货复运进境，并已重新缴纳因出口而退还的国内环节有关税收的，可申请退还出口环节的关税，同时免征进口环节的关税。

（3）已征出口关税的货物，因故未装运出口，申报退关的，可申请退还出口环节的关税。

（4）因残损、短少、品质不良或者规格不符原因，由进出口货物的发货人、承运人或者保险公司免费补偿或者更换的相同货物，进出口时不征收关税。被免费更换的原进口货物不退运出境或者原出口货物不退运进境的，海关应当对原进出口货物重新按照规定征收关税。

2.多征税款退还

海关发现多征税款，立即通知纳税义务人办理退还。

纳税义务人发现多缴税款的，自缴纳税款之日起1年内，可以以书面形式要求海关退还多缴的税款并加算银行同期活期存款利息。

提示：纳税人申请退还的，海关应当自受理退税申请之日起30日内查实并通知纳税义务人办理退还手续。纳税义务人应当自收到通知之日起3个月内办理有关退税手续。

四、关税的补征和追征（★）

进出口货物放行后，非因纳税人违反海关规定造成短征关税的，称为补征。由于纳税人违反海关规定造成短征关税的，称为追征。

情形	具体规定
补征	海关发现少征或漏征税款，应当自缴纳税款或者货物、物品放行之日起1年内补征税款
追征	海关可以自纳税义务人缴纳税款或者货物、物品放行之日起3年内追征，并从缴纳税款或者货物、物品放行之日起按日加收少征或者漏征税款万分之五的滞纳金

典例研习·10-13 （2021年多项选择题）

关于关税征收管理，下列说法正确的有（　　）。

A.纳税人因不可抗力原因不能按期缴纳税款的，延期纳税最长不超过6个月

B.进口货物放行后，海关发现少征税款的，应当自缴纳税款或者货物放行之日起1年内向纳税人补征

C.进出口货物的纳税人，应当自海关填发税款缴款书之日起14日内缴纳税款

D.纳税人逾期缴纳关税的，由海关征收滞纳金

E.已征出口关税的货物，因故未装运出口申请退关的，纳税人可以自缴纳税款之日起1年内，申请退还关税

⑤斯尔解析 本题考查征收关税的征收管理。

选项C不当选，进出口货物的纳税人，应当自海关填发税款缴款书之日起15日内缴纳税款。

▲本题答案 ABDE

五、海关行政复议（★）!变

1.行政复议申请

公民法人或者其他组织认为海关行政行为侵犯其合法权益的，可以自知道或者应当知道该行政行为之日起60日内提出行政复议申请；但是法律规定的申请期限超过60日的除外。

2.行政复议机关及机构

海关总署直属海关是海关行政复议机关。对海关行政行为不服的，向作出该行政行为的海关的上一级海关提出行政复议申请。对海关总署作出的行政行为不服的，向海关总署提出行政复议申请。

3.行政复议前置情形

有下列情形之一的，申请人应当先向海关申请行政复议，对海关行政复议决定不服的，可以再依法向人民法院提起行政诉讼：

（1）对海关当场作出的行政处罚决定不服。

（2）认为海关未履行法定职责。

（3）申请政府信息公开，海关不予公开。

（4）同海关发生纳税争议。

4.行政复议受理

海关行政复议机关应当自收到行政复议申请之日起5日内进行审查。

5.行政复议案件审理及行政复议决定

海关行政复议机关依照《行政复议法》规定适用普通程序或者简易程序审理行政复议案件。适用普通程序审理的行政复议案件，海关行政复议机关应当自受理申请之日起60日内作

出行政复议决定；适用简易程序审理的行政复议案件，海关行政复议机关应当自受理申请之日起30日内作出行政复议决定。

6.行政复议不服或超限期未回复

申请人不服海关行政复议决定或者海关行政复议机关受理后超过行政复议期限不作答复的，申请人可以自收到决定书之日起或者行政复议期限届满之日起15日内，依法向人民法院提起行政诉讼。

典例研习在线题库

至此，税法（Ⅰ）的学习已经进行了92%，继续加油呀！

92%

第十一章　非税收入

重要程度：次重点章节

平均分值：预计10分左右

考核题型：单项选择题、多项选择题

本章提示：本章为税法（Ⅰ）中新增章节，共收录了十四个非税收入，其中教育费附加和地方教育附加、文化事业建设费和残疾人就业保障金需要按照计算的程度把握，其余非税收入主要掌握收入科目、缴费人、征收范围、计征方式和征收管理

考点精讲

第一节　非税收入概述

一、非税收入的概念

非税收入，是指除税收以外，由各级国家机关、事业单位、代行政府职能的社会团体及其他组织依法利用国家权力、政府信誉、国有资源（资产）所有者权益等取得的各项收入，不包括社会保险费、住房公积金（指计入缴存人个人账户部分）。

二、非税收入的特点

非税收入与税收收入共同组成政府的财政收入，相对于税收的强制性、无偿性和固定性而言，非税收入具有灵活性、非普遍性、不稳定性和资金使用上的特定性等特点。

特点	具体内容
灵活性	表现为形式多样性和时间、标准的灵活性
非普遍性	非税收入总是和社会管理职能结合在一起，有特定的管理对象和征收对象
不稳定性	由于非税收入是对特定行为和特定管理对象征收或在特定的经济形势下征收，一旦该行为或该对象消失或剧减，或者特定经济条件消失，某项非税收入也会随之消失或剧减
资金使用上的特定性	绝大多数非税收入的设立都有明确的目的，资金使用具有特定性

三、非税收入的分类

（一）按照政府对非税收入的管理分类

《管理办法》将现行的非税收入分为12类。

（1）行政事业性收费，是指国家机关、事业单位、代行政府职能的社会团体及其他组织根据法律、行政法规、地方性法规等有关规定，依照国务院规定程序批准，在实施社会公共管理以及向公民、法人和其他组织提供特定公共服务的过程中，向特定对象收取的费用。

按照资金性质分类，行政事业性收费可以分为行政性收费和事业性收费。行政性收费包括行政收费（如商品注册费、证件费、药品审批费）和司法收费（如诉讼费），事业性收费包括考试类收费、培训类收费等。

（2）政府性基金，是指根据法律、行政法规规定，为支持特定公共基础设施建设和公共事业发展，向公民、法人和其他组织无偿征收的具有专项用途的财政资金。

政府性基金可以分为基金（如可再生能源发展基金、国家重大水利工程建设基金）、资金（如国家电影事业发展专项资金等）、附加（如教育费附加）和专项收费（如客运站场建设费等）四种。政府性基金全额纳入财政预算，实行"收支两条线"管理。

（3）罚没收入，是指执法机关依据法律、法规和规章，对公民、法人和非法人组织实施处罚取得的罚款、没收款、没收非法财物的变价收入。

（4）国有资源（资产）有偿使用收入，包括国有资源有偿使用收入和国有资产有偿使用收入。

国有资源有偿使用收入，是指各级政府及其所属部门根据法律、法规，国务院和省、自治区、直辖市人民政府及其财政部门的规定，设立和有偿出让土地、海域、矿产、水、森林、旅游、无线电频率以及城市市政公用设施和公共空间等国有有形或无形资源的开发权、使用权、勘查权、开采权、特许经营权、冠名权、广告权等取得的收入。

国有资产有偿使用收入，是指国家机关、实行公务员管理的事业单位、代行政府职能的社会团体以及其他组织按照国有资产管理规定，对其固定资产和无形资产出租、出售、出让转让等取得的收入，世界文化遗产保护范围内实行特许经营项目的有偿出让收入和世界文化遗产的门票收入，利用政府投资建设的城市道路和公共场地设置停车泊位取得的收入，以及利用其他国有资产取得的收入。

（5）国有资本收益，是指国家以所有者身份依法取得的国有资本投资收益。

（6）彩票公益金收入，是指按照规定比例从彩票发行销售收入中提取的，专项用于社会福利、体育等社会公益事业的资金。彩票公益金收入按照政府性基金管理办法纳入预算，实行"收支两条线"管理，结余结转下年继续使用，不得用于平衡财政一般预算。

（7）特许经营收入，是指国家依法特许企业、组织或个人垄断经营某种产品或服务而获得的收入。

（8）中央银行收入，是指中央银行在履行中央银行职能、开展业务经营过程中发生的全部收入包括利息收入、业务收入、其他收入。

（9）以政府名义接受的捐赠收入，是指以各级政府、国家机关、实行公务员管理的事业单位、代行政府职能的社会团体以及其他组织名义接受的非定向捐赠货币收入，不包括定向捐赠货币收入、实物捐赠收入以及以不实行公务员管理的事业单位、不代行政府职能的社会团体、企业、个人或者其他民间组织名义接受的捐赠收入。

（10）主管部门集中收入，是指国家机关、实行公务员管理的事业单位、代行政府职能的社会团体及其他组织集中所属事业单位收入。这部分收入必须经同级财政部门批准。随着事业单位体制改革的深入，主管部门应当与事业单位财务实行逐步脱钩。

（11）政府收入的利息收入，是指税收和非税收入产生的利息收入。政府收入的利息收入按照中国人民银行规定计息，统一纳入非税收入管理范围。

（12）其他非税收入，是指除上述11项之外的其他非税收入。其他非税收入不包括社会保险费、住房公积金（指计入缴存个人账户部分）。

（二）按照预算管理分类

从预算列报看，我国非税收入项目分别列示在一般公共预算、政府性基金预算和国有资本经营预算三本预算之中。因此，可以将非税收入分为一般公共预算中的非税收入、政府性基金预算中的非税收入和国有资本经营预算中的非税收入三类，以《2024年政府收支分类科目》为例加以说明。

1.一般公共预算中的非税收入

一般公共预算中的非税收入有8类，主要包括专项收入、行政事业性收费收入、罚没收入、国有资本经营收入、国有资源（资产）有偿使用收入、捐赠收入、政府住房基金收入和其他收入。其中，专项收入包括教育费附加收入、铀产品出售收入、三峡库区移民专项收入、场外核应急准备收入、地方教育附加收入、文化事业建设费收入、残疾人就业保障金收入、教育资金收入、农田水利建设资金收入、森林植被恢复费、水利建设专项收入、油价调控风险准备金收入和其他专项收入。

2.政府性基金预算中的非税收入

政府性基金预算中的非税收入包括政府性基金收入和专项债务对应项目专项收入，如农网还贷资金收入、铁路建设基金收入、国家重大水利工程建设基金收入等。

3.国有资本经营预算中的非税收入

国有资本经营预算中的非税收入仅包括国有资本经营收入一项，主要是利润收入、股利和股息收入、产权转让收入、清算收入、其他国有资本经营预算收入。

（三）按照征收依据分类

根据征收依据不同，非税收入大致可以分为四类。

1.依据政治权力征收的非税收入

政府行使政治权力取得的非税收入有：政府性基金、罚没收入、对政府颁发的证照按照成本收取的工本费等。

2.依据财产权利征收的非税收入

国有财产包括国有资产和国有资源，政府利用国有财产取得的非税收入主要是国有资源（资产）有偿使用收入。

3.依据政府信誉取得的非税收入

利用政府信誉取得的最常见的非税收入为政府发行的彩票收入和接受捐赠收入。

4.依据提供的公共服务或公共产品取得的非税收入

根据提供公共服务方式的不同，政府提供的公共服务可分为两类：一类是由政府直接生产并向社会和公众提供，另一类是由政府向私人部门或"第三方机构"购买后向社会和公众提供。

一般情况下，政府提供的纯公共产品是免费的，只有对局部的特定对象提供准公共产品，才基于成本原则收取一定的价款，从而形成提供准公共产品的收入。

政府提供准公共服务取得的收入也分为两类：一类是政府向特定对象出售其生产的商品和服务取得的收入，属于非税收入，如公共停车泊位收入等。另一类是政府将从私人部门或"第三方机构"购买的公共服务提供给特定主体而取得的收入，这类收入不属于非税收入。

解题高手 👍

命题角度：非税收入的分类。

分类标准	具体内容
按照政府对非税收入的管理分类	(1) 行政事业性收费。 (2) 政府性基金。 (3) 罚没收入。 (4) 国有资源（资产）有偿使用收入。 (5) 国有资本收益。 (6) 彩票公益金收入。 (7) 特许经营收入。 (8) 中央银行收入。 (9) 以政府名义接受的捐赠收入。 (10) 主管部门集中收入。 (11) 政府收入的利息收入。 (12) 其他非税收入
按照预算管理分类	(1) 一般公共预算中的非税收入。 (2) 政府性基金预算中的非税收入。 (3) 国有资本经营预算中的非税收入
按照征收依据分类	(1) 依据政治权力征收的非税收入。 (2) 依据财产权利征收的非税收入。 (3) 依据政府信誉取得的非税收入。 (4) 依据提供的公共服务或公共产品取得的非税收入

第二节　非税收入的政策内容

一、教育费附加和地方教育附加

517 11-2-1

　　教育费附加及地方教育附加是对缴纳增值税、消费税的单位和个人，就其实际缴纳的税额为计算依据征收的一种附加费。

要素	具体内容
收入科目	均列为一般公共预算收入科目，其中教育费附加是中央和地方共用收入科目，地方教育附加是地方收入科目
缴费人	凡缴纳增值税、消费税的单位和个人，为教育费附加及地方教育附加的缴费人
征收范围	与城市维护建设税的征税范围保持一致
计费依据	与城市维护建设税的计税依据保持一致
附加率	教育费附加的附加率为3%；地方教育附加的附加率为2%
计算公式	应纳教育费附加=（实际缴纳的增值税+实际缴纳的消费税）×3% 应纳地方教育附加=（实际缴纳的增值税+实际缴纳的消费税）×2%
减免规定	（1）对由于减免增值税、消费税而发生退税的，可同时退还已征收的教育费附加。但对出口产品退还增值税、消费税的，不退还已征收的教育费附加。 （2）对国家重大水利工程建设基金免征教育费附加。 （3）自2023年1月1日至2027年12月31日，对增值税小规模纳税人、小型微利企业和个体工商户减半征收教育费附加、地方教育附加。 （4）自2016年2月1日起，按月纳税的月销售额或营业额不超过10万元（按季度纳税的季度销售额或营业额不超过30万元）的缴纳义务人，免征教育费附加、地方教育附加
征收管理	与城市维护建设税保持一致

原理详解 💡

　　教育费附加及地方教育附加与城市维护建设税的特点一致，没有特定的课税对象，是附加于增值税和消费税征收的一种附加费，二者名义上是一种专项资金，但实质上具有税的性质，也具有特定用途。日常征管过程中也是随着城市维护建设税一起管理、一并征收。

　　教育费附加及地方教育附加的规定基本跟城市维护建设税保持一致，同学们一并记忆即可。

典例研习·11-1 （教材例题）

　　地处市区的某企业，2024年3月实际缴纳国内增值税247万元、缴纳国内消费税300万元，因故被加收滞纳金0.25万元。请计算该企业应缴纳的教育费附加和地方教育附加。

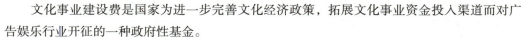

> **斯尔解析**
>
> 　　教育费附加和地方教育附加的计税依据包括实际缴纳的国内增值税和消费税，不包括被加收的滞纳金，故：
>
> 　　应缴纳教育费附加=（247+300）×3%=16.41（万元）
>
> 　　应缴纳地方教育附加=（247+300）×2%=10.94（万元）

二、文化事业建设费

　　文化事业建设费是国家为进一步完善文化经济政策，拓展文化事业资金投入渠道而对广告娱乐行业开征的一种政府性基金。

要素	具体内容
收入科目	列为一般公共预算收入科目，是中央和地方共用收入科目
缴费人和扣缴义务人	（1）在中华人民共和国境内提供广告服务的广告媒介单位和户外广告经营单位。 （2）在中华人民共和国境内提供娱乐服务的单位和个人。 （3）中华人民共和国境外的广告媒介单位和户外广告经营单位在境内提供广告服务，在境内未设有经营机构的，以广告服务接受方为文化事业建设费的扣缴义务人
征收范围	广告服务和娱乐服务
计费依据	（1）广告服务的计费依据为缴纳义务人提供广告服务取得的全部含税价款和价外费用，减除支付给其他广告公司或广告发布者的含税广告发布费后的余额。 （2）娱乐服务计费依据为缴纳义务人提供娱乐服务取得的全部含税价款和价外费用
计费比率	3%
计算公式	应缴费额=计费依据×3% 按规定扣缴文化事业建设费的，扣缴义务人应按下列公式计算应扣缴费额： 应扣缴费额 = 支付的广告服务含税价款×3%
优惠政策	（1）增值税小规模纳税人中月销售额不超过2万元（按季纳税6万元）的企业和非企业性单位提供的广告服务，免征文化事业建设费。 （2）未达到增值税起征点的提供娱乐服务的单位和个人，免征文化事业建设费。 （3）自2019年7月1日至2024年12月31日，对归属中央收入的文化事业建设费，按照缴纳义务人应缴费额的50%减征；对归属地方收入的文化事业建设费，由各省（区、市）决定在应缴费额50%的幅度内减征
征收管理	同增值税保持一致

解题高手 👍

命题角度1：文化事业建设费的征收范围。

（1）广告服务，是指增值税征税范围中"广告服务"范围内的服务。

具体指利用图书、报纸、杂志、广播、电视、电影、幻灯、路牌、招贴、橱窗、霓虹灯、灯箱、互联网等各种形式为客户的商品、经营服务项目、文体节目或者通告、声明等委托事项进行宣传和提供相关服务的业务活动。包括广告代理和广告的发布、播映、宣传、展示等。

广告设计属于设计服务，不征收文化事业建设费。

公交车的车身出租给某公司用于发布广告，应按经营租赁服务缴纳增值税，不征收文化事业建设费。

（2）娱乐服务，是指增值税征税范围中"娱乐服务"范围内的服务。

为娱乐活动同时提供场所和服务的业务。具体包括：歌厅、舞厅、夜总会、酒吧、台球、高尔夫球、保龄球、游艺（包括射击、狩猎、跑马、游戏机、蹦极、卡丁车、热气球、动力伞、射箭、飞镖）。

（3）广告服务业的征缴范围不包括个人（含个体工商户），而娱乐服务业包括个人。

命题角度2：文化事业建设费的计算。

（1）文化事业建设费的计税依据是含增值税的金额。

（2）广告服务的计费销售额有扣除项目，娱乐服务计费销售额无扣除项目。

（3）小规模纳税人以含增值税的销售额判断是否可以享受免征优惠。有减除项目的，按照减除后的销售额确定。

（4）计算应缴费额时要注意减征规定。

典例研习·11-2 模拟计算题

A公司是从事广告业务的增值税小规模纳税人，2024年1月取得广告费价税合计20199元，并且开具了1%的增值税普通发票，A公司是否需要缴纳文化事业建设费，如需缴纳，计算应缴纳的费额。（当地减征比例为50%）

⑤斯尔解析

A公司的价税合计销售额超过2万元，需要缴纳文化事业建设费。

应缴纳的文化事业建设费=20199×3%×50%=302.99（元）

三、残疾人就业保障金

残疾人就业保障金（以下简称残保金），是指为保障残疾人权益，由未按规定安排残疾人就业的机关、团体、企业、事业单位和民办非企业单位缴纳，主要用于支持残疾人就业和保障残疾人生活的资金。

要素	具体内容
收入科目	列为一般公共预算收入科目，是中央和地方共用收入科目
缴费人	未按规定比例安排残疾人就业的机关、团体、企业、事业单位和民办非企业单位（以下简称用人单位）
征收范围	用人单位安排残疾人就业达不到其所在地省、自治区、直辖市人民政府规定比例的（最低不得低于本单位在职职工总数的1.5%）
计算公式	残保金按上年用人单位安排残疾人就业未达到规定比例的差额人数和本单位在职职工年平均工资之积计算缴纳。计算公式如下： 残保金年缴纳额=（上年用人单位在职职工人数×所在地省、自治区、直辖市人民政府安排残疾人就业比例–上年用人单位实际安排的残疾人就业人数）×上年用人单位在职职工年平均工资
相关规定	（1）上年用人单位在职职工，是指用人单位在编人员或依法与用人单位签订1年以上（含1年）劳动合同（服务协议）的人员。季节性用工应当折算为年平均用工人数。 （2）上年用人单位安排残疾人就业未达到规定比例的差额人数，以公式计算结果为准，可以不是整数。 （3）用人单位依法以劳务派遣方式接受残疾人在本单位就业的，由派遣单位和接受单位通过签订协议的方式协商一致后，将残疾人人数计入其中一方的实际安排残疾人就业人数和在职职工人数，不得重复计算。 （4）用人单位将残疾人录用为在编人员或依法与就业年龄段内的残疾人签订1年以上（含1年）劳动合同（服务协议），且实际支付的工资不低于当地最低工资标准，并足额缴纳社会保险费的，方可计入用人单位所安排的残疾人就业人数。 （5）用人单位安排1名持有《中华人民共和国残疾人证》（1至2级）或《中华人民共和国残疾军人证》（1至3级）的人员就业的，按照安排2名残疾人就业计算。 （6）用人单位跨地区招用残疾人的，应当计入所安排的残疾人就业人数。 （7）残保金征收标准上限，按照当地社会平均工资的2倍执行

续表

要素	具体内容
优惠政策	（1）小微企业减免。 自工商登记（现为市场主体登记）注册之日起3年内，对安排残疾人就业未达到规定比例、在职职工总数20人以下（含20人）的小微企业，免征残保金。 自2020年1月1日至2027年12月31日，在职职工人数在30人（含）以下的企业，暂免征收残保金。 （2）分档征收。 自2020年1月1日至2027年12月31日，对残保金实行分档减缴政策。 其中：用人单位安排残疾人就业比例达到1%（含）以上，但未达到所在地省、自治区、直辖市人民政府规定比例的，按规定应缴费额的50%缴纳残保金；用人单位安排残疾人就业比例在1%以下的，按规定应缴费额的90%缴纳残保金。 （3）困难减免。 用人单位遇不可抗力自然灾害或其他突发事件遭受重大直接经济损失，可以申请减免或者缓缴残保金。 用人单位申请减免残保金的最高限额不得超过1年的残保金应缴额，申请缓缴残保金的最长期限不得超过6个月
征收管理	残保金按年计算，缴纳时间各省、自治区、直辖市规定各不相同

｜ 典例研习 · 11-3 （模拟单项选择题）

甲公司2023年在职职工工资总额为710万，年职工总数为80人。实际安排残疾人1人，当地社会平均工资是6万元，要求的残疾人就业安排比例是1.5%。那么2024年丙公司应缴纳残保金（　　）元。

A.8 875　　　　　　　　　　B.15 975

C.12 000　　　　　　　　　　D.21 600

⑤斯尔解析 本题考查残保金年缴纳额的计算。

选项A当选，保障金年缴纳额=（上年用人单位在职职工人数×所在地省、自治区、直辖市人民政府规定的安排残疾人就业比例－上年用人单位实际安排的残疾人就业人数）×上年用人单位在职职工年平均工资。

残疾人就业保障金征收标准上限，按照当地社会平均工资2倍执行。

用人单位安排残疾人就业比例达到1%（含）以上，但未达到所在地省、自治区、直辖市人民政府规定比例的，按规定应缴费额的50%缴纳残疾人就业保障金；用人单位安排残疾人就业比例在1%以下的，按规定应缴费额的90%缴纳残疾人就业保障金。

因为丙公司2023年在职职工年平均工资为710÷80=8.875万元，残疾人就业保障金征收标准上限=6×2=12（万元）。8.875万元<12万元，所以采用8.875万元计算。当地要求的残疾人就业安排比例是1.5%，实际公司安排残疾人1人，安置比例小于1.5%，但是大于1%（实际是1÷80=1.25%），所以按照应纳费额的50%缴纳。

2024年甲公司应缴纳残疾人就业保障金为（80×1.5%−1）×87750×50%=8875元。

选项B不当选，误按规定应缴费额的90%计算。

选项C不当选，误按照当地社会平均工资2倍计算。

选项D不当选，误按当地社会平均工资2倍和应缴费额的90%计算。

本题答案 A

四、可再生能源发展基金

可再生能源发展基金，包括国家财政公共预算安排的专项资金（以下简称可再生能源发展专项资金）和依法向电力用户征收的可再生能源电价附加收入等政府性基金。

可再生能源发展专项资金由中央财政从年度公共预算中予以安排（不含国务院投资主管部门安排的中央预算内基本建设专项资金）。

可再生能源电价附加在除西藏自治区以外的全国范围内，对各省、自治区、直辖市扣除农业生产用电（含农业排灌用电）后的销售电量征收。

要素	具体内容
收入科目	列为政府性基金预算收入科目，收入全部上缴中央国库
缴费人	除西藏自治区以外的全国范围内的电力用户
征收范围	对各省、自治区、直辖市扣除农业生产用电（含农业排灌用电）后的销售电量征收。 具体包括： （1）省级电网企业（含各级子公司）销售给电力用户的电量。 （2）省级电网企业扣除合理线损后的趸售电量（即实际销售给转供单位的电量，不含趸售给各级子公司的电量）。 （3）省级电网企业对境外销售电量。 （4）企业自备电厂自发自用电量。 （5）地方独立电网（含地方供电企业，下同）销售电量（不含省级电网企业销售给地方独立电网的电量）。 （6）大用户与发电企业直接交易的电量。 提示：省（自治区、直辖市）际间交易电量，计入受电省份的销售电量征收可再生能源电价附加

续表

要素	具体内容
征收标准	（1）居民生活用电征收标准为8厘／千瓦时。 （2）居民生活和农业生产以外全部销售电量的征收标准为1.9分／千瓦时（不含新疆维吾尔自治区、西藏自治区）。 （3）新疆维吾尔自治区征收标准为1.5分／千瓦时
计算公式	应缴可再生能源电价附加 = 销售电量×征收标准
优惠政策	对分布式光伏发电自发自用电量免收可再生能源电价附加
征收管理	可再生能源电价附加按月申报，次年3月底前省级电网企业和地方独立电网企业根据全年实际销售电量进行汇算清缴

五、大中型水库移民后期扶持基金

大中型水库移民后期扶持基金，是国家为扶持大中型水库农村移民解决生产生活问题而设立的政府性基金。

要素	具体内容
收入科目	列为政府性基金预算收入科目，是中央收入科目
缴费人	除西藏自治区外，其他省（自治区、直辖市）范围内的电力用户为缴费人，由各省级电网企业在向电力用户收取电费时一并代征
征收范围	大中型水库移民后期扶持基金对省级电网企业在本省（自治区、直辖市）区域内全部销售电量加价征收，但下列电量实行免征： （1）农业生产用电量。 （2）省级电网企业网间销售电量（由买入方在最终销售环节向用户收取）。 （3）经国务院批准，可以免除缴纳的其他电量
计费方法	根据水库和水电站实际上网销售电量（扣除免征电量）加价征收
计算公式	应缴大中型水库移民后期扶持基金 = 实际上网销售电量（扣除免征电量）×征收标准 提示：各地征收标准不完全相同，现行征收标准在各省标准基础上降低25%
优惠政策	对分布式光伏发电自发自用电量免收大中型水库移民后期扶持基金
征收管理	由省级电网企业、地方独立电网企业属地化管理自备电厂于每月15日前申报缴纳。根据省级电网企业、地方独立电网企业、属地化管理自备电厂全年实际销售电量，在次年3月底前完成对当地省级电网企业、地方独立电网企业属地化管理自备电厂全年应缴大中型水库移民后期扶持基金的清算和征缴

六、油价调控风险准备金

油价调控风险准备金，是指当国际市场原油价格低于国家规定的成品油价格调控下限时，由中华人民共和国境内生产、委托加工和进口汽油、柴油的成品油生产经营企业，按照汽油柴油的销售数量和规定的征收标准（成品油价格未调金额）全额上缴并纳入中央财政预算管理的政策性收入。

要素	具体内容
收入科目	列为一般公共预算收入科目，设立专项账户存储，全额上缴中央国库
缴费人	在中华人民共和国境内生产、委托加工和进口汽油、柴油的成品油生产经营企业
征收范围	当国际市场原油价格低于每桶40美元调控下限时，成品油价格未调金额全部纳入风险准备金
计费方法	按照汽油、柴油的销售数量和规定的征收标准申报缴纳
计征依据	缴费人于相邻两个调价窗口期之间实际销售数量。 按照以下规定确定： （1）直接生产销售汽油、柴油的（不包括销售未经生产加工的外购汽油、柴油），其销售数量以发票开具日期及数量为准。如无法提供发票的，以无法确定销售日期的全月销售量和窗口期占全月时间比合理确定。 （2）进口汽油、柴油的，其销售数量以报关日期及报关数量为准。 （3）委托加工汽油、柴油的，其销售数量按已委托加工合同签署日期及交货凭证确认。如没有交货凭证的，以月度总交货量和窗口期占全月时间比合理确定。 （4）来料加工贸易以及直接用于一般贸易出口的汽油、柴油，不纳入油价调控风险准备金征收范围
计征标准	按照成品油价格未调金额确定。 具体由国家发展和改革委员会、财政部根据国际原油价格变动情况，按照现行成品油价格形成机制计算核定，于每季度前10个工作日内，将上季度每次调价窗口期的征收标准，书面告知征收机关
计算公式	应缴油价调控风险准备金＝相邻两个调价窗口期之间实际销售数量×征收标准
征收管理	（1）缴费人可以选择按季度或者按年度缴纳油价调控风险准备金。具体缴纳方式由缴费人报征收机关核准。缴纳方式一经确定，不得随意变更。 （2）按季度缴纳的，缴费人应于季度终了2个月内申报并缴纳应缴费款。按年度缴纳的，缴费人应于次年2月底前申报缴纳应缴费款。 （3）缴费人有两个及以上从事成品油生产经营企业的，可由征收机关指定集团公司或其他公司实行汇总缴纳

七、石油特别收益金

石油特别收益金，是指国家对石油开采企业销售国产原油因价格超过一定水平所获得的超额收入按比例征收的收益金。

1.一般规定

要素	具体内容
收入科目	列为一般公共预算收入科目
缴费人	在中华人民共和国陆地领域和所辖海域独立开采并销售原油的企业，以及在上述领域以合资、合作等方式开采并销售原油的其他企业（以下简称合资合作企业）
征收范围	凡在中华人民共和国陆地领域和所辖海域开采的石油，无论其是否在中国境内销售，均应按规定缴纳石油特别收益金。 提示：中外合作油田按规定上缴国家的石油增值税、矿区使用费、国家留成油不征收石油特别收益金
计费方法	（1）石油特别收益金实行五级超额累进从价定率计征。 （2）按石油开采企业销售原油的月加权平均价格确定。 （3）起征点为65美元／桶
计算公式	应缴石油特别收益金 =［（石油开采企业销售原油的月加权平均价格-65）×征收率-速算扣除数］×销售量×美元兑换人民币汇率
征收管理	（1）缴纳期限。 石油特别收益金实行按月计算、按季申报，按月缴纳。 （2）申报地点。 中央石油开采企业及地方石油开采企业向企业所在地征收机关申报缴纳石油特别收益金。合资合作企业应当缴纳的石油特别收益金由合资合作的各方中拥有石油勘探和开采许可证的一方企业统一向征收机关申报

2.石油特别收益金征收比率及速算扣除数

原油价格（美元/桶）	征收比率	速算扣除数（美元/桶）
65~70（含）	20%	0
70~75（含）	25%	0.25
75~80（含）	30%	0.75
80~85（含）	35%	1.5
85以上	40%	2.5

八、免税商品特许经营费

免税商品特许经营费，是指对中国免税品（集团）总公司的免税商品经营业务，设立在机场、港口、车站和陆路边境口岸和海关监管特定区域的免税商店，以及在出境飞机、火车、轮船上向出境的国际旅客、驻华外交官和国际海员等提供免税商品购物服务的特种销售业务征收的一项非税收入。

免税商品，是指免征关税、进口环节税的进口商品和实行退（免）税（增值税、消费税）进入免税店销售的国产商品。

要素	具体内容
收入科目	列为一般公共预算收入科目的，为中央收入科目
缴费人	包括中国免税品（集团）总公司、深圳市国有免税商品（集团）有限公司、珠海免税企业（集团）有限公司、中国中旅（集团）公司、中国出国人员服务总公司、上海浦东国际机场免税店、海南离岛旅客免税购物商店，以及其他经营免税商品或代理销售免税商品的企业。 提示：海南离岛旅客免税购物商店，是指对乘飞机离岛（不包括离境）旅客实行限次、限值、限量和限品种免进口税购物的经营场所
征收范围	免税商品经营业务包括：中国免税品（集团）总公司的免税商品经营业务，设立在机场、港口、车站、陆路边境口岸和海关监管特定区域的免税商店以及在出境飞机、火车、轮船上向出境的国际旅客、驻华外交官和国际海员等提供免税商品购物服务的特种销售业务
计费方法	（1）一般按照经营免税商品业务年销售收入的1%上缴免税商品特许经营费。 （2）海南离岛旅客免税购物商店按经营免税商品业务年销售收入的4%缴纳免税商品特许经营费
征收管理	免税商品特许经营费缴纳企业应于年度终了后5个月内向税务部门申报缴纳。由企业所在地税务部门负责征收

九、国家留成油收入

国家留成油，是指在中华人民共和国陆地领域和所辖海域对外合作勘探开发生产石油的企业（以下简称石油企业），按规定缴纳增值税和矿区使用费后，在余额油分配时根据石油合同的约定比例留给国家的权益，是以实物形态表现的财政资金。

国家留成油收入，是指石油企业应上缴的国家留成油随合作油田生产的原油对外销售实现的变价款收入，属于中央财政非税收入。

要素	具体内容
收入科目	列为一般公共预算收入科目的，为中央收入科目
缴费人	中石油、中石化、中海油三大石油企业
征收范围	在中华人民共和国陆地领域和所辖海域内，对外合作勘探开发生产石油的企业实现的国家留成油变价款
计费方法	以对外合作项目石油合同约定为依据。 留成油收入=（总收入−增值税、矿区使用费等）×合同约定的比例
征收管理	中海油按月申报缴纳，中石化、中石油按年申报缴纳

十、国有土地使用权出让收入

国有土地使用权出让收入，是指政府以出让、划拨等方式配置国有土地使用权取得的全部土地价款，包括受让人支付的征地和拆迁补偿费用、土地前期开发费用和土地出让收益等。

提示：国有土地使用权出让，是指国家以土地所有者的身份将土地使用权在一定年限内让与土地使用者，并由土地使用者向国家支付土地使用权出让金的行为。

要素		具体内容
收入科目		列为政府性基金预算
缴费人		依法取得国有土地使用权的受让人，承租国有土地使用权的承租人，转让已购公有住房、房改房和经济适用住房的房产所有人，包括企业组织、社会团体和个人
征收范围	一般规定	（1）以招标、拍卖、挂牌和协议方式出让国有土地使用权所确定的总成交价款（不含代收代缴的税费）。 （2）转让划拨国有土地使用权或依法利用原划拨土地进行经营性建设应当补缴的土地价款。 （3）处置抵押划拨国有土地使用权应当补缴的土地价款。 （4）转让房改房、经济适用住房按照规定应当补缴的土地价款，改变出让国有土地使用权土地用途、容积率等土地使用条件应当补缴的土地价款。 （5）其他和国有土地使用权出让或变更有关的收入
	特殊规定	还包括： （1）国土资源管理部门依法出租国有土地向承租者收取的土地租金收入。 （2）出租划拨土地上的房屋应当上缴的土地收益。 （3）土地使用者以划拨方式取得国有土地使用权，依法向市、县人民政府缴纳的土地补偿费、安置补助费、地上附着物和青苗补偿费、拆迁补偿费等费用（不含征地管理费）。 提示：按照规定依法向国有土地使用权受让人收取的定金、保证金和预付款，在国有土地使用权出让合同生效后可以抵作土地价款。划拨土地的预付款也按照上述要求管理

续表

要素	具体内容
计费方法	（1）以招标、拍卖、挂牌方式出让国有土地使用权的，根据中标结果成交结果确定。不得低于国家规定的最低价标准。 （2）以协议方式出让国有土地使用权的，按照协商一致且议定的出让价确定。最低价不得低于新增建设用地的土地有偿使用费、征地（拆迁）补偿费以及按照国家规定应当缴纳的有关税费之和；有基准地价的地区，协议出让最低价不得低于出让地块所在级别基准地价的70%。 （3）已购公有住房和经济适用住房上市出售补缴国有土地使用权出让收入的，计算公式为： 补缴金额=标定地价（元/平方米）×缴纳比例（≥10%）×上市房屋分摊土地面积（平方米）×年期修正系数
优惠政策	暂无相关优惠政策。任何地区、部门和单位都不得以"招商引资""旧城改造""国有企业改制"等各种名义减免国有土地使用权出让收入，实行"零地价"甚至"负地价"，或者以土地换项目、先征后返、补贴等形式变相减免国有土地使用权出让收入
征收管理	自然资源部门向税务部门推送合同、缴费人、缴费金额等费源信息，缴费人通过《非税收入通用申报表》向税务部门申报缴纳国有土地使用权出让收入

十一、矿产资源专项收入

矿产资源专项收入，是指国家基于自然资源所有权对在中华人民共和国领域及管辖海域勘查、开采矿产资源的探矿权人或采矿权人收取的各项收入。

其中矿产资源包括能源矿产、金属矿产、非金属矿产和水气矿产。矿产资源专项收入包括矿业权占用费和矿业权出让收益。

（一）矿业权占用费收入

要素	具体内容
收入科目	列为一般公共预算收入科目，是中央与地方共用的收入科目
缴费人	申请并获得在中华人民共和国领域及管辖海域的矿产资源探矿权和采矿权的矿业权人
征收范围	在中华人民共和国领域及管辖海域勘查、开采的矿产资源。包括探矿权使用费和采矿权使用费
计费方法	根据矿产品价格变动情况和经济发展需要实行动态调整
征收管理	矿业权人在办理勘查、采矿登记或年检时，缴纳矿业权占用费

（二）矿业权出让收益

要素		具体内容
收入科目		列为一般公共预算收入科目，是中央与地方共用的收入科目
缴费人		指在中华人民共和国领域及管辖海域勘查、开采矿产资源的矿业权人
征收范围		在中华人民共和国领域及管辖海域勘查、开采的矿产资源。包括探矿权出让收益和采矿权出让收益
出让方式		包括竞争出让和协议出让
计费方法	按矿业权出让收益率形式征收	（1）适用范围：《矿种目录》内144个矿种，占法定173个矿种的83.2%。 （2）计算公式： 矿业权出让收益 = 探矿权（采矿权）成交价 + 逐年征收的采矿权出让收益 逐年征收的采矿权出让收益 = 年度矿产品销售收入×矿业权出让收益率 提示：竞争方式出让的成交价按竞争结果确定，协议方式出让的成交价按起始价确定
	按出让金额形式征收	（1）适用范围：除《矿种目录》所列矿种以外的矿种。 （2）出让金额的确定： 竞争方式出让的金额按竞争结果确定，协议方式出让的金额按照评估值、矿业权出让收益市场基准价测算值就高确定。 （3）可按照以下原则分期缴纳：出让收益首次征收比例不得低于出让收益的10%且不高于20%，矿业权人自愿一次性缴清的除外；剩余部分在转采或取得采矿权证后，在采矿许可证有效期内按年度分期缴清采矿许可证有效期内按年度期缴清。其中，矿山生产规模为中型及以上的，均摊征收年限不少于采矿许可证有效期的一半
	其他规定	矿业权转让时，未缴纳的矿业权出让收益及涉及的相关费用，缴纳义务由受让人承担
征收管理		（1）征收地点。 矿业权出让收益原则上按照矿业权属地征收。矿业权范围跨市、县级行政区域的，具体征收机关由有关省（自治区、直辖市、计划单列市）税务部门会同同级财政、自然资源主管部门确定；跨省级行政区域，以及同时跨省级行政区域与其他我国管辖海域的，具体征收机由国家税务总局会同财政部、自然资源部确定。 （2）缴纳期限。 ①按出让金额形式征收的，矿业权人在收到缴款通知书之日起30日内，按缴款通知及时缴纳矿业权出让收益。分期缴纳矿业权出让收益的矿业权人，首期出让收益按缴款通知书缴纳，剩余部分按矿业权合同约定的时间缴纳。 ②按矿业权出让收益率形式征收的，矿业权人在收到缴款通知书之日起30日内，按缴款通知及时缴纳矿业权出让收益（成交价部分）。按矿业权出让收益率逐年缴纳的部分，缴款时间最迟不晚于次年2月底

十二、海域使用金和无居民海岛使用金

（一）海域使用金

海域使用金，是指国家以海域所有者身份依法出让海域使用权，而向取得海域使用权的单位和个人收取的费用。

要素		具体内容
收入科目		列为一般公共预算收入科目，是中央与地方共用的收入科目
缴费人		使用海域的单位和个人
征收范围		国家实行海域有偿使用制度。单位和个人使用海域，应当按照国务院的规定缴纳海域使用金。 提示：海域，是指中华人民共和国内水、领海的水面、水体、海床和底土。其中内水，是指中华人民共和国领海基线向陆地一侧至海岸线的海域
计费方法		统一按照用海类型、海域等别以及相应的海域使用金征收标准计算征收。 （1）对填海造地、非透水构筑物、跨海桥梁和海底隧道等项目用海实行一次性计征海域使用金，对其他项目用海按照使用年限逐年计征海域使用金。 （2）使用海域不超过6个月的，按年收标准的50%一次性计征；超过6个月不足1年的，按年征收标准一次性计征。 （3）经营性临时用海按年征收标准的25%一次性计征。 （4）金额度超过1亿元的，可以在3年时间内分次缴纳。首次缴纳额度不得低于总额度的50%
优惠政策	免缴	（1）军事用海。 （2）用于政府行政管理目的的公务船舶专用码头用海。 （3）航道、避风（避难）锚地、航标、由政府还贷的跨海桥梁及海底隧道等非经营性交通基础设施用海。 （4）教学、科研、防灾减灾、海难搜救打捞、渔港等非经营性公益事业用海
	减免	（1）除避风（避难）以外的其他锚地、出入海通道等公用设施用海。 （2）列入国家发展和改革委员会公布的国家重点建设项目名单的项目用海。 （3）遭受自然灾害或者意外事故，经核实经济损失达正常收益60%以上的养殖用海。 提示：养殖用海海域使用金的减免幅度，由省、自治区、直辖市、计划单列市财政部门、海洋行政主管部门作出规定，并报财政部、国家海洋局备案
征收管理		（1）地方人民政府管理海域以外以及跨省（自治区、直辖市）管理海域的项目用海缴纳的海域使用金，就地全额缴入中央国库。 （2）养殖用海缴纳的海域使用金，就地全额缴入同级地方国库。 （3）除上述两类以外的其他用海项目缴纳的海域使用金，30%缴入中央国库，70%缴入用海项目所在地的省级地方国库

（二）无居民海岛使用金

无居民海岛使用金，是指国家在一定年限内出让无居民海岛使用权，由无居民海岛使用者依法向国家缴纳的无居民海岛使用权价款，不包括无居民海岛使用者取得无居民海岛使用权应当依法缴纳的其他相关税费。

要素	具体内容
收入科目	列为一般公共预算收入科目，是中央与地方共用的收入科目
缴费人	通过申请审批方式或招标、拍卖、挂牌的方式取得无居民海岛使用权的单位和个人
征收范围	单位和个人利用无居民海岛，应当经国务院或者沿海省、自治区、直辖市人民政府依法批准，按照相关规定缴纳无居民海岛使用金
计费方法	（1）实行最低价限制制度。最低价标准由国务院财政部门会同国务院海洋主管部门确定，并适时进行调整。无居民海岛使用权出让价款不得低于无居民海岛使用权出让最低价。 （2）金额度超过1亿元的，可以在3年时间内分次缴纳。首次缴纳额度不得低于总额度的50%
优惠政策	下列用岛免缴无居民海岛使用金： （1）国防用岛。 （2）公务用岛，指各级国家行政机关或者其他承担公共事务管理任务的单位依法履行公共事务管理职责的用岛。 （3）教学用岛，指非经营性的教学和科研项目用岛。 （4）防灾减灾用岛。 （5）非经营性公用基础设施建设用岛，包括非经营性码头、桥梁、道路建设用岛，非经营性供水、供电设施建设用岛，不包括为上述非经营性基础设施提供配套服务的经营性用岛。 （6）基础测绘和气象观测用岛。 （7）国务院财政部门、海洋主管部门认定的其他公益事业用岛
征收管理	（1）按照批准的使用年限实行一次性计征。 （2）20%缴入中央国库，80%缴入地方国库

十三、水土保待补偿费

水土保持补偿费，是指对损坏水土保持设施和地貌植被、不能恢复原有水土保持功能的生产建设单位和个人征收并主要用于水土流失预防治理的资金。

水土保持补偿费属于行政事业性收费，属于中央地方共享收入，主要用于被损坏水土保持设施和地貌植被恢复治理工程建设。

要素	具体内容
收入科目	列为一般公共预算收入科目，是中央与地方共用的收入科目
缴费人	在山区、丘陵区、风沙区以及水土保持规划确定的容易发生水土流失的其他区域开办生产建设项目或者从事其他生产建设活动，损坏水土保持设施、地貌植被，不能恢复原有水土保持功能的单位和个人
征收范围	在山区、丘陵区、风沙区以及水土保持规划确定的容易发生水土流失的其他区域开办生产建设项目或者从事其他生产建设活动，损坏水土保持设施、地貌植被，不能恢复原有水土保持功能的行为。 提示：从事其他生产建设活动包括取土、挖砂、采石（不含河道采砂），烧制砖、瓦、瓷、石灰，排放废弃土、石、渣
计费方法	（1）对一般性生产建设项目，按照征占用土地面积一次性计征。 （2）开采矿产资源的，建设期间，按照征占用土地面积一次性计征。 开采期间，石油、天然气以外的矿产资源按照开采量（采掘、采剥总量）计征。石油、天然气根据油、气生产井（不包括水井、勘探井）占地面积按年征收。 （3）取土、挖砂（河道采砂除外）、采石以及烧制砖、瓦、瓷、石灰的，根据取土、挖砂、采石量计征。 （4）排放废弃土、石、渣的，根据土、石、渣量计征
优惠政策	下列情形免征水土保持补偿费： （1）建设学校、幼儿园、医院、养老服务设施、孤儿院、福利院等公益性工程项目的。 （2）农民依法利用农村集体土地新建、翻建自用住房的。 （3）按照相关规划开展小型农田水利建设、田间土地整治建设和农村集中供水工程建设的。 （4）建设保障性安居工程、市政生态环境保护基础设施项目的。 （5）建设军事设施的。 （6）按照水土保持规划开展水土流失治理活动的
征收管理	按次缴纳的，应于项目开工前或建设活动开始前缴纳。 按期缴纳的，在期满之日起15日内申报缴纳

十四、防空地下室易地建设费

防空地下室易地建设费，是指在人防重点城市的市区（直辖市含近郊区）新建民用建筑，因条件限制不能同步配套建设防空地下室，由建设单位提出易地建设申请，经有批准权限的人防主管部门批准后，按应建防空地下室的建筑面积和规定的易地建设费标准缴纳的建设费用。

要素		具体内容
收入科目		列为一般公共预算收入科目，是中央与地方共用的收入科目
缴费人		需要缴纳防空地下室易地建设费的建设单位
征收范围		在全国范围征收，征收对象为在人防重点城市的市区（直辖市含近郊区）新建的民用建筑
计费方法		应缴防空地下室易地建设费 = 应建防空地下室建筑面积×征收标准
优惠政策	免征	（1）临时民用建筑和不增加面积的危房翻新改造商品住宅项目。 （2）因遭受水灾、火灾或其他不可抗拒的灾害造成损坏后按原面积修复的民用建筑。 （3）对廉租住房和经济适用住房建设、棚户区改造、旧住宅区整治。 （4）对所有中小学校"校舍安全工程"建设所涉及的防空地下室易地建设费。 （5）用于提供社区养老、托育、家政服务的房产、土地，确因地质条件等原因无法修建防空地下室的。 （6）保障性住房项目。 提示：保障性住房项目免收各项行政事业性收费和政府性基金，包括防空地下室易地建设费、城市基础设施配套费、教育费附加和地方教育附加等
	减半征收	（1）享受政府优惠政策建设的廉租房、经济适用房等居民住房。 （2）新建幼儿园、学校教学楼、养老院及为残疾人修建的生活服务设施等民用建筑
征收管理		按次申报缴纳

典例研习在线题库

至此，税法（Ⅰ）的学习已经100%完成，辛苦了，今年必过！

100%

不要让来之不易的收获被时间偷偷带走，写下你的心得和感悟吧！

逢考必过！

一句话总结……